岩波講座　基礎数学

スペクトル理論 II

監修

小平邦彦

編集

岩堀長慶
河田敬義
*藤田　宏
*小松彦三郎
田村一郎
服部晶夫
飯高　茂

岩波講座　基礎数学

解 析 学(II) xi

スペクトル理論 II

黒 田 成 俊

岩 波 書 店

目　　次

まえがき

本講では，Schrödinger 作用素

$$Hu(x) = -\triangle u(x) + V(x)u(x)$$

のスペクトル理論を，主として散乱理論の視点から解説する．

“スペクトル理論II”の内容として想定されるのは，偏微分作用素に関するスペクトル理論であろうが，それは多岐にわたり，そのすべてを解説するのは不可能である．まず頭に浮ぶのは，有界領域における自己共役楕円型作用素の問題である．これは，正則な問題(考える領域は有界で微分作用素の係数は領域の境界上までこめて十分滑らかな場合)であって，レゾルベントがコンパクト作用素であることを示すことによって，固有関数展開が得られる．この方向へ進めば，固有値の漸近分布の理論が主な話題になったであろう．一方，‘スペクトル理論’を広く解釈すれば，発展方程式との関連を念頭におきつつ，楕円型作用素のレゾルベントの評価について論じるのも，スペクトル理論の範囲内であろうか．

本講で，これらの多分より標準的な題材を採らず，敢えて Schrödinger 作用素のスペクトル理論に話を限ったのは，次のような理由による．

(1) Schrödinger 作用素は，正則ではない問題で，そのスペクトル理論では連続スペクトルが主役である．ところが，偏微分の場合，正則でない問題に対しては，常微分のときのような完全な理論は存在しないし，多分期待できないから，Schrödinger 作用素という特別な，しかし物理的に興味のある作用素について詳論することは，無意味なことではないであろう．

(2) Schrödinger 作用素の理論は，現在も発展中であるが，2体問題に対する Schrödinger 作用素でポテンシャル $V(x)$ が短距離型(§3.4参照)の場合については，現時点である程度まとまった形で解説することができる．

(3) かりにうまくいけば，数理物理学に関連した解析学の問題の一つの姿を，小冊子の分量内で見て頂けると期待できる．

このような選択の結果，著者にとっては，ホーム・グランドに留まれるという利があったが，我田引水というお叱りは覚悟している．

さて，話をSchrödinger作用素に限っても，なお話題は限りない．実際，最近一段落をみたM. ReedとB. Simonの大著(巻末の参考書[7])においては，第X章-第XIII章の計1004ページの相当の部分が，Schrödinger作用素のスペクトル理論・散乱理論とその関連事項にあてられ，これらに関しておよそすべてのことが書かれている．本講では，逆に，散乱理論の中心問題である波動作用素の存在と完全性の問題に話をしぼり，それにまつわる諸方法の概要を説明することによって，序論としてのまとまりを得ることを目指した．

本講では説明の必要に応じて極く最近発表された成果もとり入れたが(第4章後半)，一方，説明のスタイルは，本講座の“関数解析”のI, IIの基本部分と，IIIのスペクトル定理に関する部分程度の予備知識があれば，困難なく読めるように配慮したつもりである．スペクトル定理関係の基本事項は，§2.1-§2.3にまとめておいた．そのうち§2.3は読みにくいかもしれないが，適当に要点をつかんで，先へ進まれることを希望する．§3.3のc), d), e)はその後を読むのに不可欠ではない．§4.4-§4.5の説明は，なお十分整理しきれていないことをおそれる．なお，第1章は物理的な言葉ではじまっている．しかし，本講を読まれるのに，量子力学に関する素養は，持っておられるにこしたことはないが，必要ではない．

入門書という本講の性格に鑑み，文献の引用については，変則的な方針を採用した．すなわち，個々の定理の出典について，特に基本的な場合は別として，1970年頃までのものは，人名と年代のみを示し，それ以降のものは巻末の文献表を用いて出典を明示した(二,三の例外はある)．本講に関係した文献だけを並べると偏ってしまうので，文献表は余り大きくしたくないという気持があったからである．現在，完備した文献表に接するのは容易だから(176ページ参照)，進んで勉強される読者はそれらを見て頂きたい．

第1章　序　　論

この章では，数学的厳密性にとらわれないで，本講の一つの背景を説明する．きちんとした話のはじまる第2章から読みはじめられてもよい．

§1.1　Schrödinger 方程式

3次元空間 $\boldsymbol{R}^3$ の中を，質量 m の粒子がポテンシャル $V(x)$ の作用のもとで運動しているという系を考える．系が非相対論的量子力学に従うとすれば，系の運動は Schrödinger 方程式

$$(1.1)\qquad i\hbar\frac{\partial}{\partial t}\psi(x,t) = -\frac{\hbar^2}{2m}\triangle\psi(x,t)+V(x)\psi(x,t),$$
$$x\in\boldsymbol{R}^3,\quad -\infty<t<\infty$$

によって記述される．ここで，$\psi(x,t)$ は時刻 t における系の波動関数であり，粒子のスピンは考えていない．また，h を Planck の定数として，$\hbar=h/2\pi$ である．(ちなみに，$h=6.6256\times10^{-27}$ erg·sec, 電子の場合 $m=9.1091\times10^{-28}$ gr.)

(1.1) の右辺に登場している作用素

$$(1.2)\qquad \mathscr{H}u(x) = -\frac{\hbar^2}{2m}\triangle u(x)+V(x)u(x)$$

をこの系の**ハミルトニアン** (Hamiltonian) という．$\mathscr{H}$ を用いれば (1.1) は

$$(1.3)\qquad i\hbar\frac{d}{dt}\tilde{\psi}(t) = \mathscr{H}\tilde{\psi}(t)$$

という抽象的な形に書ける．ここで，各 t において，$\psi(x,t)$ を x の関数として捉えて $\tilde{\psi}(t)$ と書いた．いいかえれば，$\psi(x,t)$ を x を変数とするある関数空間の要素とみたものが $\tilde{\psi}(t)$ である．

(1.1) または (1.3) を解くには，初期条件

$$(1.4)\qquad \psi(x,0) = \psi_0(x),$$

または

(1.5)
$$\tilde{\psi}(0)=\tilde{\psi}_0$$

を指定せねばならない．条件(1.5)のもとでは，(1.3)の解は，形式的に

(1.6)
$$\tilde{\psi}(t)=e^{-(i/\hbar)t\mathscr{H}}\tilde{\psi}_0$$

と書くことができる．まず例をあげよう．簡単のため，1次元空間 $\boldsymbol{R}^1$ の中を運動する粒子を考える．

例 1.1　自由粒子　すなわち $V(x)=0$ の場合．t を固定し，$\psi(x,t)$ を x について Fourier 変換したものを

$$\hat{\psi}(\xi,t)=\frac{1}{(2\pi)^{1/2}}\int_{-\infty}^{\infty}\psi(x,t)e^{-i\xi x}dx$$

とおく．(1.1)の両辺の Fourier 変換をとると(ただし $x\in\boldsymbol{R}^1$, $V(x)=0$ とする)

$$i\hbar\frac{d}{dt}\hat{\psi}(\xi,t)=\frac{\hbar^2}{2m}\xi^2\hat{\psi}(\xi,t)$$

が得られる．この方程式は簡単に解けて

$$\hat{\psi}(\xi,t)=e^{-i\hbar t\xi^2/2m}\hat{\psi}_0(\xi).$$

ただし，$\hat{\psi}_0$ は初期関数 ψ_0 の Fourier 変換である．したがって，Fourier 変換の反転公式を用いると

(1.7)
$$\begin{aligned}\psi(x,t)&=\frac{1}{(2\pi)^{1/2}}\int_{-\infty}^{\infty}e^{-i\hbar t\xi^2/2m+i\xi x}\hat{\psi}_0(\xi)d\xi\\&=\frac{1}{2\pi}\int_{-\infty}^{\infty}e^{-i\hbar t\xi^2/2m+i\xi x}d\xi\int_{-\infty}^{\infty}\psi_0(y)e^{-i\xi y}dy\end{aligned}$$

が得られる．この右辺で形式的に積分順序を交換し，そうしてできた ξ での積分を，あたかも収束するごとく扱って形式的に計算すると

(1.8)
$$\psi(x,t)=\left(\frac{m}{2\pi i\hbar t}\right)^{1/2}\int_{-\infty}^{\infty}e^{-m|x-y|^2/2i\hbar t}\psi_0(y)dy$$

が導かれる．途中，乱暴な推論を用いたが，これで $V=0$ のときの $e^{-(i/\hbar)t\mathscr{H}}$ の形が求められた．この $e^{-(i/\hbar)t\mathscr{H}}$ が，L^2 におけるユニタリ作用素になることは，§3.2で正確に証明する(定理3.7)．

注　(1.8)の右辺の積分は，たとえば ψ_0 が有界な台をもつ(すなわち $|x|>R$ ならば，$\psi_0(x)=0$)連続関数のとき絶対収束する．さらに，そのとき積分記号下での微分が許される．そこで微分を実際に実行すれば，(1.8)の $\psi(x,t)$ が(1.1)をみたすことが容易に確かめられる．——

例 1.2　調和振動子　粒子は $\boldsymbol{R}^1$ の中を運動するとし，

$$V(x) = \frac{1}{2}m\omega^2 x^2 \tag{1.9}$$

であるとする．この場合，$\mathcal{H}$ の固有値 E_n と E_n に対応する正規化された固有関数 $\phi_n(x)$ は

$$E_n = \hbar\omega(n+1/2), \quad n = 0, 1, 2, \cdots, \tag{1.10}$$

$$\phi_n(x) = \left(\frac{\alpha}{\pi^{1/2}n!}\right)^{1/2} H_n(\sqrt{2}\,\alpha x)e^{-\alpha^2x^2/2}, \quad \alpha = \left(\frac{m\omega}{\hbar}\right)^{1/2} \tag{1.11}$$

で与えられる．ここで，H_n は n 次の Hermite 多項式である(参考書 [16]，§2.4)[1]．固有関数系 $\{\phi_n\}_{n=0,1,\cdots}$ は $L^2(\boldsymbol{R}^1)$ の完全正規直交系をなすことが知られている．そして，熱方程式に対する Fourier の方法(本講座“数理物理に現われる偏微分方程式”§1.5 参照)と同様にして，$\psi(x,t)$ は

$$\psi(x,t) = \sum_{n=0}^{\infty} e^{-(i/\hbar)E_n t}\phi_n(x)\int_{-\infty}^{\infty}\psi_0(y)\phi_n(y)\,dy \tag{1.12}$$

で与えられる．$t \neq k\pi/\omega$, $k=0, \pm 1, \cdots$ ならばこの和は計算できて

$$\psi(x,t) = \int_{-\infty}^{\infty} U(x,y\,;t)\psi_0(y)\,dy,$$

$$U(x,y\,;t) = e^{-\pi i/4}\left(\frac{\alpha^2}{2\pi\sin\omega t}\right)^{1/2} e^{i\alpha^2\{(x^2+y^2)\cot\omega t - 2xy\,\mathrm{cosec}\,\omega t\}/2}$$

となる(参考書 [16]，§17.2)．ただし，$(\sin\omega t)^{1/2}$ の偏角は，$\omega t \in (0,\pi)$ のとき 0 とし，以下 ωt が π 増すごとに，$-\pi/2$ ずつ増すものとする．——

例 1.2 においては，固有値問題

$$\mathcal{H}u = Eu$$

の固有値は離散的で，対応する固有関数は完全系をなした．このとき，$\mathcal{H}$ は**離散スペクトル**を持つという．例 1.1 では Fourier 変換を使ったので，固有値問題が表にでて来なかったが，$\varphi(x,\xi) = (2\pi)^{-1/2}e^{i\xi x}$, $\mathcal{H} = -(\hbar^2/2m)\,d^2/dx^2$ とおけば

$$\mathcal{H}\varphi(x,\xi) = \frac{\hbar^2}{2m}\xi^2\varphi(x,\xi) \tag{1.13}$$

が成り立つから，$\varphi(x,\xi)$ は $\mathcal{H}$ の‘一般化された’固有関数である．‘一般化された’といった理由は，$\varphi(x,\xi)$ は $L^2(\boldsymbol{R}^1)$ に属さないからである．こう考えると，

---

1) H_n の定義にはいろいろな流儀がある．ここでは，本講座“関数解析 I”に合わせて，$H_n(x) = (-1)^n e^{x^2/2}(d^n/dx^n)(e^{-x^2/2})$ を用いたので，上の ϕ_n の表式は引用した書物のものとみかけ上異なっている．

(1.12) と (1.7) の第1行との間の類似性が読みとれるであろう．(1.13) の‘固有値’ $(\hbar^2/2m)\xi^2$ は任意の正の値をとる．このとき，$\mathcal{H}$ は $[0, \infty)$ に**連続スペクトル**をもつという．

次に，$\mathcal{H}$ のスペクトルのこのような違いが，(1.1) の解の局所減衰の性質にどう反映するかを，上の例を用いて考察する．まず，一般に (1.4) をみたす (1.1) の解 $\psi(x,t)$ に対して，周知のように，

$$\int_{R^n}|\psi(x,t)|^2dx = \int_{R^n}|\psi_0(x)|^2dx \tag{1.14}$$

が成り立つことに注意しよう．すなわち，$\psi(\cdot,t)$ の $L^2(\boldsymbol{R}^n)$ のノルムは一定で，L^2 ノルムの意味では解の減衰はない．

次に，例1.2を考え，(1.12) の右辺が有限項 ($n=N$ の項) できれている場合をとりあげる．これは，初期関数 $\psi_0(x)$ が $\phi_0, \phi_1, \cdots, \phi_N$ の線型結合で書けている場合である．H_n は n 次の多項式だから，この場合 ($c, \alpha>0$ はある定数)

$$|\psi(x,t)| \leqq c(1+|x|^N)e^{-\alpha^2x^2/2} \tag{1.15}$$

が成り立つ．これと (1.14) を合わせて考えると，この場合量子力学的粒子の存在確率密度 $|\psi(x,t)|^2$ は，t に関して一様に原点の近傍に局在しているということができる．(1.12) が有限項で切れないときには，(1.15) のような評価はもはや成立しないけれども，$0<\varepsilon<1$ なる任意の ε に対して $R=R_\varepsilon$ を十分大きくとれば

$$\int_{-R}^{R}|\psi(x,t)|^2dx \geqq (1-\varepsilon)\int_{-\infty}^{\infty}|\psi_0(x)|^2dx \tag{1.16}$$

が成り立つことを示すことができる．この意味で，$|\psi(x,t)|^2$ はやはり原点の近傍に局在しているといってよい．$\psi(x,t)$ のこのような性質は，$\mathcal{H}$ のスペクトルの離散性に特徴的な性質である．

今度は，例1.1に移り (1.8) を考察する．ここで，もし初期関数 $\psi_0(x)$ が可積分であるとすると，(1.8) の右辺の積分の絶対値は $\int_{-\infty}^{\infty}|\psi_0(y)|dy$ をこえない．したがって，そのとき

$$|\psi(x,t)| \leqq ct^{-1/2} \tag{1.17}$$

が成り立つ．ゆえに，任意の $R>0$ に対して

$$\lim_{t\to\infty}\int_{-R}^{R}|\psi(x,t)|^2dx = 0 \tag{1.18}$$

である．これと(1.14)を合わせて考えれば，状況は例1.2の場合と逆であって，粒子は時間の経過と共に無限遠へ逃げていくことがわかる．(必ずしも可積分ではない一般の ψ_0 に対しても(1.18)が成り立つことは証明できる．定理2.8と命題3.6を組み合わせればよい．) $\psi(x,t)$ のこの性質は $\mathscr{H}$ のスペクトルの連続性(正確には絶対連続性)に特徴的な性質である．

一般に，$\mathscr{H}$ のスペクトルが離散的な部分と連続な部分とを含むときは，$\psi(x,t)$ は原点の近くに留まる成分と，無限遠に逃げていく成分とにわかれる．

このように，$\mathscr{H}$ のスペクトルの研究は，それによって $\mathscr{H}$ の構造が解明されるという点で重要であると同時に，(1.1)のような方程式の解の性質を調べる一つの基礎になるという点でも興味深い．

偏微分作用素(1.2)に対しては，常微分における Sturm-Liouville 作用素の場合のような詳細な一般論を作るのは困難である．量子力学との関連で一番よく研究されているのは，2体問題に対応する Schrödinger 作用素であって，その場合，(1.2)で $V(x)\to 0$, $|x|\to\infty$ と仮定するのが普通である．本講では，このような V のうち，いわゆる短距離型の条件

(1.19) $$V(x)=O(|x|^{-1-\varepsilon}),\qquad |x|\to\infty,\qquad \varepsilon>0$$

をみたすものに限り，主として $\mathscr{H}$ の連続スペクトルの構造を調べる．

いま，とりあえず V の台が有界であると仮定し，

$$\mathscr{H}_1=-\frac{\hbar^2}{2m}\Delta,\qquad \mathscr{H}_2=-\frac{\hbar^2}{2m}\Delta+V(x)$$

とおく．もし $\mathscr{H}_2$ のスペクトルが(絶対)連続ならば，$\mathscr{H}_2$ を用いた解 $\psi_2(x,t)$ に対しても，(1.18)が成り立つであろう．ただし，積分は $\int_{|x|<R}$ とする．すると，$|t|$ が大きいとき，密度分布 $|\psi_2(x,t)|^2$ の大部分は $V(x)=0$ のところに位置する．したがって，$|t|$ が大きいとき

$$\mathscr{H}_2\psi_2(x,t)\sim\mathscr{H}_1\psi_2(x,t)$$

となる．このことから，たとえば $t\to\infty$ のとき，$\psi_2(x,t)$ は $\mathscr{H}_1$ を用いた(1.1)の解 $\psi_1(x,t)$ に漸近的に等しくなるのではないかと期待される：

$$\psi_2(x,t)\sim\psi_1(x,t),\qquad t\to\infty.$$

ただし，$\psi_2(x,t)$ と $\psi_1(x,t)$ の初期関数は同じではない．作用素

$$W_+:\ \psi_1(x,0)\longmapsto\psi_2(x,0)$$

は**波動作用素**(wave operator)とよばれる．($\mathcal{H}_2$ のスペクトルが絶対連続でない場合でも，$\psi_2(x,t)$ の初期関数 $\psi_2(x,0)$ が $\mathcal{H}_2$ に関して絶対連続な成分のみをもっていれば，上と同様のことが起るであろう.) ところが，W_+ を調べることによって，$\mathcal{H}_2$ のスペクトルの性質が調べることができるのである(第4章)．このような視点から，$\mathcal{H}_2$ のスペクトルの理論的研究をするのが，数学的散乱理論の方法である．本講では，主として数学的散乱理論の方法を用いて，短距離型ポテンシャルをもつ Schrödinger 作用素の連続スペクトルについて調べる．

§1.2 Schrödinger 作用素

抽象的な形に書いた Schrödinger 方程式(1.3)を取り扱うのに最も適した関数空間は Hilbert 空間 $L^2(\boldsymbol{R}^3)$ である．このことは，量子力学の数学的理論でよく知られていることであるが，(1.14)からも推察がつく．

前節の二つの例において，$\mathcal{H}$ の(一般)固有関数の完全系から $e^{-(i/\hbar)t\mathcal{H}}$ を構成する方法を述べた．これを抽象化したのが，Hilbert 空間におけるスペクトル分解を用いる構成である．すなわち，$\mathcal{H}$ のスペクトル分解 $E(\lambda)$——その正確な意味は第2章で復習する——を用いれば，$e^{-(i/\hbar)t\mathcal{H}}$ は

$$e^{-(i/\hbar)t\mathcal{H}}=\int_{-\infty}^{\infty}e^{-(i/\hbar)t\lambda}dE(\lambda)$$

と書ける．このようなスペクトル分解をもつ作用素は，自己共役作用素とよばれ，条件 $\mathcal{H}^*=\mathcal{H}$ で特徴づけられる．そこで，第一の問題は，(1.2)のような形式的微分作用素から出発して，$L^2(\boldsymbol{R}^3)$ における自己共役作用素 H が自然な方法で確定できるか，ということになる．これを Schrödinger 作用素の自己共役性の問題という．そして，H を $\mathcal{H}$ の自己共役な実現(selfadjoint realization)という．自己共役性の問題は，加藤敏夫によって，はじめて研究された(巻末の文献[22])．この時に始まる Schrödinger 作用素のスペクトル理論の研究の歴史については，同じ著者による解説(文献[26])をみられるとよい．

本講では，$\hbar, m$ をパラメータとして動かしたりしないので，簡単のため以後 $\hbar=1$，$m=1/2$ とする．物理的には，そのような単位系をとることに相当する．そして，$u(x)\mapsto V(x)u(x)$ という掛け算作用素を V と書いて，

$$H=-\Delta+V$$

とおき，H またはその自己共役な実現を **Schrödinger 作用素**という．自己共役作用素としての Schrödinger 作用素のスペクトルを調べるのが本講の課題である．

附 ‘自己共役’は‘Hermite 対称’とは同義ではない．このことは，量子力学の教科書には明確に書いてあるとは限らないので，例を用いて簡単に解説しておく．以下に述べる視点は B. Simon (文献 [30]) によって強調されたものである．

簡単のため，有限区間 $[0,1]$ を考え，そこにおける形式的微分作用素

$$Lu(x) = -u''(x), \qquad 0 < x < 1$$

を考察する．いま，$u \mapsto -u''$ という写像によって，$L^2(0,1)$ における作用素 H を定めようというのであるが，一般に作用素を定めるには，その定義域を指定せねばならない．そこで，次の三つの定義域を考えよう．ただし，簡単のため，$L^2(0,1)$ を L^2 と書く．

$$\mathcal{D}_{\max} = \{u \in L^2 \mid u'' \in L^2\}^{1)},$$
$$\mathcal{D} = \{u \in \mathcal{D}_{\max} \mid u(0) = u(1) = 0\},$$
$$\mathcal{D}_{\min} = \{u \in \mathcal{D} \mid u'(0) = u'(1) = 0\}.$$

もちろん，$\mathcal{D}_{\min} \subset \mathcal{D} \subset \mathcal{D}_{\max} \subset L^2$ である．いま，写像 $u \mapsto -u''$ によって決まる作用素で，$\mathcal{D}_{\max}$, $\mathcal{D}$, $\mathcal{D}_{\min}$ を定義域とするものを $H_{\max}$, H, $H_{\min}$ と書く．そこで，これらの作用素を用いて，(1.3) に相当する方程式を解くことを考えてみよう．

H は，固有関数の完全系 $\{\sqrt{2}\sin n\pi x\}_{n=1,2,\cdots}$ をもつ．したがって，H に対する (1.3) は (1.12) と同じようにして解ける．くりかえすと

$$\text{(1.20)} \qquad \begin{cases} i\dfrac{d}{dt}\tilde{\psi}(t) = H\tilde{\psi}(t), \\ \tilde{\psi}(0) = \tilde{\psi}_0 \end{cases}$$

は一意的に解ける．

次に (1.20) の右辺で H を $H_{\min}$ に変えたものを考える．いま，そのような (1.20) が解 $\tilde{\psi}(t) = \psi(x,t)$ をもったとすると，$\psi(x,t)$ は $\mathcal{D}_{\min}$ に属さねばならないから

$$\psi(0,t) = \partial_x\psi(0,t) = \psi(1,t) = \partial_x\psi(1,t) = 0$$

1) ここで，u'' は‘一般化された導関数’の意味にとらねばならないが，この章ではそういう細かいことにはこだわらない．

をみたす．そこで，ψ を $(0,1)$ の外では 0 として全空間に延長すると，延長された ψ は滑らかで，全空間で

$$i\frac{\partial}{\partial t}\psi(x,t) = -\frac{\partial^2}{\partial x^2}\psi(x,t)$$

をみたす．($x=0,1$ のところは除かねばならないが，そのことは問題にしなくてもすむ.) したがって，$\psi(x,t)$ は (1.8) のように表わされる．ただし ψ_0 は $(0,1)$ の外では 0 である．ところが，(1.8) の右辺が，任意の t につき $(0,1)$ の外で 0 であるなら，実は $\psi_0=0$ でなければならないことを示すことができる（第3章問題4参照)．以上により，(1.20) で H を $H_{\min}$ に変えたものは，恒等的に 0 以外の解を持ち得ないことがわかった．

最後に，(1.20) で H を $H_{\max}$ に変える．そして，$\tilde{\psi}_0=\psi_0(x)$ は区間の両端 $0,1$ の近くでは 0 であるとしよう．そのとき，(1.20) は無数の解をもつ．詳しい推論は省くが，次のように考えればよかろう．H の定義域 $\mathcal{D}$ を決めた境界条件 $u(0)=u(1)=0$ は，Dirichlet 条件と言われる．これは，いわば両端点における波の反射のされ方をきめる条件である．このような境界条件は，Dirichlet 条件に限らない．たとえば Neumann 条件 $u'(0)=0$，弾性結合の条件 $u'(0)=\sigma u(0)$ などがある．さて，上のような ψ_0 から出発すると，それぞれの境界条件に応じて，それぞれの解ができる．ところが，$H_{\max}$ には境界条件はついていないから，これらの解は，すべて，(1.20) で H を $H_{\max}$ に変えた式の解になるであろう．こうして，H を $H_{\max}$ に変えると，(1.20) は無数の解をもつことがわかった．

$H_{\min}$, H, $H_{\max}$ のうち，H だけが自己共役である．$H_{\min}$ は Hermite 対称であるが自己共役ではない．$H_{\max}$ は Hermite 対称でもない．実際，$H_{\min}{}^*=H_{\max}$ であることがわかる．

このように，自己共役性は，(1.20) が任意の $\tilde{\psi}_0$ に対して一意解をもつこととして特徴づけられる．ただし，ある Hermite 対称な作用素 $H_{\min}$ とその共役作用素 $H_{\min}{}^*=H_{\max}$ との間にある作用素に限っての話である．以上で，自己共役性に関する解説を終る．

第2章　自己共役作用素のスペクトル理論

§2.1　自己共役作用素

本講では，Schrödinger 作用素を例にとって，偏微分作用素のスペクトル理論の一端を紹介するのであるが，そのとき枠組を与えるのは，関数解析，詳しくは線型作用素のスペクトル理論である．関数解析からの用語や記号は，原則として，本講座“関数解析 I, II, III”にならう[1]．この章では，記号の定義を兼ねて要点を復習し，かつ二,三の補充をする．特に，§2.4 と §2.5 は本講を通じて重要な役割りを演じるであろう．

a）一般的記号

本講では，特に断わらない限り，$X, Y, \cdots$ は複素 Hilbert 空間とする．X の要素は原則として $u, v, \cdots$ で表わし，X のノルム，内積はそれぞれ $\|u\|$ または $\|u\|_X$，(u, v) または $(u, v)_X$ で表わす．X の部分集合 M の X における**閉包**を $\overline{M}$ で表わす．

線型作用素 A の**定義域**，**値域**をそれぞれ $\mathcal{D}(A), \mathcal{R}(A)$ で表わす．A が X から Y への作用素であるとは，$\mathcal{D}(A) \subset X$，$\mathcal{R}(A) \subset Y$ であることをいう．また，作用素 A の**零点の集合**，すなわち $\ker A$ を $\mathcal{N}(A)$ と書く．

X から Y への連続 (有界) な線型作用素で，$\mathcal{D}(A)=X$ であるものの全体を $\mathcal{L}(X, Y)$ と書き，$\mathcal{L}(X, X)=\mathcal{L}(X)$ と略記する．また，$\mathcal{L}_C(X, Y) \subset \mathcal{L}(X, Y)$ はコンパクト作用素の全体を表わし，$\mathcal{L}_C(X, X)=\mathcal{L}_C(X)$ と略記する．$A \in \mathcal{L}(X, Y)$ に対して，$\|A\|$ は**作用素ノルム** (関数解析・定義 4.3) を表わす．$\mathcal{L}(X, Y)$ における収束としては，

ノルムによる収束：　$A_n \longrightarrow A \iff \|A_n - A\| \longrightarrow 0$；

強収束：　$A_n \longrightarrow A$ (強) $\iff \|A_n u - Au\| \longrightarrow 0,\ \forall u \in X$；

弱収束：　$A_n \longrightarrow A$ (弱) $\iff (A_n u, v) \longrightarrow (Au, v),\ \forall u \in X,\ \forall v \in Y$

1）以下，“関数解析 I, II, III”の定理などを引用するときには，簡単に，関数解析・定理 3.1 などと書く．

が用いられる．これらをそれぞれ

$$\lim_{n\to\infty} A_n = A, \qquad \operatorname{s-lim}_{n\to\infty} A_n = A, \qquad \operatorname{w-lim}_{n\to\infty} A_n = A$$

と書く．本講では，強収束がよく用いられる．

本講では，X から Y への**閉作用素**(関数解析・定義 5.4) の全体を $\mathscr{C}(X, Y)$ と書く．また，$\mathscr{C}(X, X) = \mathscr{C}(X)$ と略記する．A が前閉作用素であるとき，A の**閉包**を $\tilde{A}$ で表わす．

A が X から Y への線型作用素で，$\mathscr{D}(A)$ が X で稠密 $(\overline{\mathscr{D}(A)} = X)$ であるとき，A の**共役作用素** A^* は，関係

$$(Au, v)_Y = (u, A^*v)_X, \qquad \forall u \in \mathscr{D}(A),\ \forall v \in \mathscr{D}(A^*)$$

を成り立たせるような Y から X への線型作用素のうちで，定義域が最大のものとして定義される．いいかえれば

$$\mathscr{D}(A^*) = \left\{ v \in Y \;\middle|\; \begin{array}{l} (Au, v)_Y = (u, w)_X,\ \ \forall u \in \mathscr{D}(A) \\ \text{なる } w \in X \text{ が存在する} \end{array} \right\}$$

である．$v \in \mathscr{D}(A^*)$ のとき，上のような w は一意的で，$A^*v = w$ となる．

b）レゾルベント，スペクトル

$A \in \mathscr{C}(X)$ とする．複素数 $z \in \boldsymbol{C}$ は次の (a), (b), (c) いずれかに分類される．ここで，I は X における恒等作用素である．

(a) $zI - A$ は 1 対 1 であり，かつ $\mathscr{R}(zI - A) = X$.

(b) $zI - A$ は 1 対 1 であるが $\mathscr{R}(zI - A) \neq X$.

(c) $zI - A$ は 1 対 1 でない．

条件 (a) をみたす $z \in \boldsymbol{C}$ の全体を A の**レゾルベント集合**といい，$\rho(A)$ で表わす．また，$\boldsymbol{C} \setminus \rho(A)$ (すなわち，条件 (b) または (c) をみたす z の全体) を A の**スペクトル**といい，$\sigma(A)$ で表わす．条件 (c) をみたす $z \in \boldsymbol{C}$ の全体を A の**点スペクトル**といい，$\sigma_p(A)$ で表わす．$z \in \sigma_p(A)$ は，z が A の**固有値**であることと同値である．そのとき，$\mathscr{N}(zI - A)$ を固有値 z に属する**固有空間**，固有空間の次元 $\dim \mathscr{N}(zI - A)$ を固有値 z の**多重度**という．

$z \in \rho(A)$ のときは，$(zI - A)^{-1} \in \mathscr{L}(X)$ である (閉グラフ定理 (関数解析・定理 5.7) による)．そこで，

$$R(z) = R_A(z) = R(z\,; A) = (zI - A)^{-1}, \qquad z \in \rho(A)$$

と書き，これを A の**レゾルベント**という．

約束 以下，簡単のため $zI-A$ を $z-A$ と略記する．——

レゾルベントに対しては，**レゾルベント方程式**

$$R(z_2)-R(z_1)=(z_1-z_2)R(z_1)R(z_2)$$
$$=(z_1-z_2)R(z_2)R(z_1), \qquad \forall z_1, z_2\in\rho(A)$$

が成り立つ．$\rho(A)$ は $\boldsymbol{C}$ の開集合であり，レゾルベント $R(z)$ は $\rho(A)$ 上の $\mathscr{L}(X)$ 値正則関数である．

c）対称作用素，自己共役作用素

A は X における線型作用素で $\mathscr{D}(A)$ は X で稠密であるとする．$A\subset A^*$ のとき[1] A は**対称**であるといい，$A=A^*$ のとき**自己共役**であるという．自己共役作用素は閉作用素である．対称作用素は前閉作用素でその閉包も対称作用素である．

本講では，今後，対称作用素，自己共役作用素を表わすのに，原則として文字 H を用いる．

H が対称であることと，任意の $u\in\mathscr{D}(H)$ に対して (Hu,u) が実数であることとは同値である．(ただし $\overline{\mathscr{D}(H)}=X$ は仮定している．) H に対して，条件

(2.1) $$(Hu,u)\geqq\gamma_0\|u\|^2, \qquad \forall u\in\mathscr{D}(H)$$

をみたすような実数 γ_0 が存在するとき，H は**下に有界**であるといい，γ_0 を H の下界という．(2.1) が成り立つことを

(2.2) $$H\geqq\gamma_0 I \quad \text{または} \quad H\geqq\gamma_0$$

と書く．H の下界の上限を H の下限という．

命題 2.1 H が対称作用素，$\mathrm{Im}\, z\neq 0$ ならば

(2.3) $$\|(z-H)u\|\geqq|\mathrm{Im}\, z|\,\|u\|, \qquad \forall u\in\mathscr{D}(H)$$

が成り立つ．特に，$z-H$ は 1 対 1 である．もし，$H\geqq\gamma_0$ ならば，

(2.4) $$\|(\gamma-H)u\|\geqq(\gamma_0-\gamma)\|u\|, \qquad \forall\gamma<\gamma_0.$$ ——

対称作用素 H が自己共役な拡張をもつかどうかについて，次の三つの場合がある．

(1) H の閉包 $\tilde{H}$ が自己共役である．

(2) H は自己共役な拡張をもつが，$\tilde{H}$ は自己共役ではない．

(3) H は自己共役な拡張をもたない．

---

1) すなわち，$\mathscr{D}(A)\subset\mathscr{D}(A^*)$，$A^*u=Au\ (\forall u\in\mathscr{D}(A))$．

(1) が成り立つとき，H は**本質的に自己共役**であるという．(2) が成り立つときには，H の自己共役な拡張は無数にある．

命題 2.2 対称作用素 H に対して，次の条件 (i), (ii), (iii) は同値である．ただし，(i) で括弧の中を読むときは，(ii), (iii) でも括弧の中を読む．

(i) H は自己共役 (本質的に自己共役) である．

(ii) $\mathrm{Im}\, z \neq 0$ なる任意の z に対して $\mathcal{R}(z-H) = X$ $(\overline{\mathcal{R}(z-H)} = X)$.

(iii) $\mathrm{Im}\, z_\pm \gtrless 0$ なるある z_+ および z_- に対して $\mathcal{R}(z_\pm - H) = X$ $(\overline{\mathcal{R}(z_\pm - H)} = X)$.

もし $H \geqq \gamma_0$ ならば，(ii), (iii) は次の (ii′), (iii′) におきかえられる．

(ii′) $z \notin [\gamma_0, \infty)$ ならば $\mathcal{R}(z-H) = X$ $(\overline{\mathcal{R}(z-H)} = X)$.

(iii′) $\gamma < \gamma_0$ なるある γ に対して $\mathcal{R}(\gamma - H) = X$ $(\overline{\mathcal{R}(\gamma-H)} = X)$.

系 H が自己共役ならば

$$\pi_\pm \equiv \{z \in \boldsymbol{C} \mid \mathrm{Im}\, z \gtrless 0\} \subset \rho(H), \tag{2.5}$$

したがって，$\sigma(H) \subset \boldsymbol{R}^1$ である．レゾルベントに対しては，次の評価が成り立つ．

$$\|R(z\,;H)\| \leqq |\mathrm{Im}\, z|^{-1}, \qquad \mathrm{Im}\, z \neq 0. \tag{2.6}$$

命題 2.2′ 対称作用素 H が自己共役な拡張をもつための必要十分条件は，$\dim \mathcal{N}(H^* - i) = \dim \mathcal{N}(H^* + i)$ が成り立つことである．

注 $\mathcal{N}$ が可分でない場合も含めて，$\dim \mathcal{N}$ とは $\mathcal{N}$ の完全正規直交系の濃度のことである．——

以上の命題の証明については，関数解析・第10章を参照されたい．

H が自己共役な拡張をもつための一つの十分条件をあげておこう．(複素) Hilbert 空間 X における作用素 J が，条件

$$\mathcal{D}(J) = X, \qquad \mathcal{R}(J) = X,$$
$$J(\alpha u + \beta v) = \bar{\alpha} Ju + \bar{\beta} Jv, \qquad \text{(共役線型性)}$$
$$(Ju, Jv) = (v, u),$$
$$J^2 = I$$

をみたすとき，J は X における**対合** (conjugation) であるという．$X = L^2$ における $Ju(x) = \overline{u(x)}$ は対合の一例である．

X における対称作用素 H と対合 J が，条件

$$JH = HJ$$

をみたすとき，H は J に関する**実作用素**であるという．

注　等式 $JH=HJ$ は，両辺の定義域が等しい，すなわち $[u\in\mathcal{D}(H)\Leftrightarrow Ju\in\mathcal{D}(H)]$ という主張を含む．――

命題 2.2″　H が J に関する実作用素であれば，H は自己共役な拡張をもつ．

証明の概略　$JH=HJ$ から，簡単な考察で $JH^*=H^*J$ が導かれる．そうすると，$J\mathcal{N}(H^*-i)=\mathcal{N}(H^*+i)$ が成り立ち，命題 2.2′ で述べた条件がみたされていることがわかる．∎

d）ユニタリ同値

A, B をそれぞれ X, Y における線型作用素とする．X から Y の上へのユニタリ作用素 U で，条件

$$A=U^{-1}BU \tag{2.7}$$

をみたすものが存在するとき，A と B とはユニタリ同値であるという．ユニタリ同値な二つの作用素の抽象的な構造は同じであると考えてよい．（ただし，具体的な空間での表現は異なる．）たとえば，(2.7) が成り立つとき，A が閉（自己共役，対称，…）は B が閉（自己共役，対称，…）と同値であり，次の関係が成り立つ．

$$\rho(A)=\rho(B),\qquad \sigma(A)=\sigma(B),$$
$$R(z\,;A)=U^{-1}R(z\,;B)\,U.$$

§2.2　スペクトル分解定理

a）単位の分解とレゾルベントの表現

自己共役作用素のスペクトル分解定理は，本講の基本であるので，定理の形を述べ，二，三の解説を加える．証明はつけない．（詳しいことは，関数解析 III を参照されたい．）

以下，X は Hilbert 空間とし，$\mathcal{B}_1$ は $\boldsymbol{R}^1$ の Borel 集合全体からなる集合族とする．また，X における正射影作用素のことを，単に**射影作用素**と呼び，その全体を $\mathcal{P}(X)$ で表わす．

定義 2.1　$\mathcal{B}_1$ から $\mathcal{P}(X)$ への写像 $E\ (E(\varDelta)\in\mathcal{P}(X),\ \varDelta\in\mathcal{B}_1)$ が条件

(i)　　$E(\phi)=0,\qquad E(\boldsymbol{R}^1)=I,$

(ii)（直交性）　$E(\varDelta_1\cap\varDelta_2)=E(\varDelta_1)E(\varDelta_2),$

(iii) (強完全加法性) $\varDelta=\sum_{k=1}^{\infty}\varDelta_k$ (直和), $\varDelta_k\in\mathcal{B}_1$ のとき

$$E(\varDelta)u=\sum_{k=1}^{\infty}E(\varDelta_k)u, \qquad \forall u\in X \qquad (\text{和は強収束})$$

をみたすとき, $\{E(\varDelta)\}_{\varDelta\in\mathcal{B}_1}$ は $\boldsymbol{R}^1$ 上の**単位の分解**(または**スペクトル測度**)であるという. $\{E(\varDelta)\}_{\varDelta\in\mathcal{B}_1}$ のことを, 簡単に $\{E(\varDelta)\}$ または $E(\varDelta)$ と書くこともある.

例 2.1 X を可分とし, $\{\varphi_n\}_{n\in\boldsymbol{N}}$ を X の完全正規直交系とする. 別に, $\boldsymbol{R}^1$ 上の点列 $\{a_n\}_{n\in\boldsymbol{N}}$ を用意する. 射影作用素 $E(\varDelta)$ を次の関係によって定義すれば, $E(\varDelta)$ は $\boldsymbol{R}^1$ 上のスペクトル測度である[1].

$$E(\varDelta)X=\sum_{a_n\in\varDelta}\oplus\{\alpha\varphi_n\}=\sum_{a_n\in\varDelta}\oplus\overline{\mathrm{L.h.}[\{\varphi_n\}]}.$$

(ここで, $\{\alpha\varphi_n\}$ は φ_n の生成する1次元部分空間, $\overline{\mathrm{L.h.}[A]}$ $(A\subset X)$ は A の生成する X の閉部分空間を表わす.)

例 2.2 $X=L^2(\boldsymbol{R}^1)$ とし, $E(\varDelta)$ を

$$(E(\varDelta)u)(x)=\chi_\varDelta(x)u(x)^{2)} \tag{2.8}$$

なる掛け算作用素とすると, $E(\varDelta)$ は $\boldsymbol{R}^1$ 上の単位の分解である. ——

単位の分解 $E(\varDelta)$ が与えられたとする. $u,v\in X$ を固定して

$$\rho_{u,v}(\varDelta)=(E(\varDelta)u,v), \qquad \varDelta\in\mathcal{B}_1 \tag{2.9}$$

とおくと, $\rho_{u,v}$ は $\boldsymbol{R}^1$ 上の測度(次の注参照)であり, $\boldsymbol{R}^1$ 上の有界な連続関数は, この測度に関して可積分である. その積分を

$$\int_{-\infty}^{\infty}f(\lambda)\,d\rho_{u,v}(\lambda)=\int_{-\infty}^{\infty}f(\lambda)\,d(E(\lambda)u,v) \tag{2.10}$$

と書く. なお, 簡単のため今後

$$\rho_u(\varDelta)=\rho_{u,u}(\varDelta) \tag{2.9$'$}$$

と書く.

注 $\rho_{u,v}$ は複素数値である. 測度は非負値であるという慣用に従えば, $\rho_{u,v}$ を複素数値完全加法的集合関数とよぶべきであるが, 本講では, 簡単のため, (複素数値)測度とよぶ. $\rho_{u,v}$ による積分を考えるときには, まず $\rho_{u,v}$ を実部と虚部にわけ, 次にそのおのおのを正の部分と負の部分に分解すればよい. (Jordan の分解, 本講座"測度と積分"第7

---

1) $E(\phi)=0$ とする. 今後, 単位の分解を定義するに際して, $E(\phi)=0$ はいちいち書かない.

2) $\chi_\varDelta$ は集合 $\varDelta$ の定義関数を表わす: $\chi_\varDelta(x)=1$ $(x\in\varDelta)$; $\chi_\varDelta(x)=0$ $(x\notin\varDelta)$. この記号は, 今後断わりなしに用いる.

章参照．ただし，上の $\rho_{u,v}$ に対しては具体的な分解 $\rho_{u,v}=4^{-1}(\rho_{u+v}-\rho_{u-v}+i\rho_{u+iv}-i\rho_{u-iv})$ を用いればよい．）なお，(2.10) の右辺で，$d(E(\lambda)u,v)$ は今のところ単なる記法以上の意味はないが，後の注意 2.1 で，$(E(\lambda)u,v)$ にも意味があることを述べる．——

定理 2.1（スペクトル分解定理——レゾルベントの表現）　H を X における自己共役作用素とする．そのとき，関係

$$(2.11)\qquad (R(z\,;H)u,v)=\int_{-\infty}^{\infty}\frac{1}{z-\lambda}d(E(\lambda)u,v),$$

$$\forall u,v\in X,\quad \forall z\ (\mathrm{Im}\,z\neq 0)$$

が成り立つような $\boldsymbol{R}^1$ 上の単位の分解 $E(\varDelta)$ が一意的に定まる．そして，関係 (2.11) により，X における自己共役作用素全体と，$\boldsymbol{R}^1$ 上の単位の分解全体とが，1 対 1 に対応する．

定義 2.2　(2.11) により定まる $E(\varDelta)$ を，H **に対応する単位の分解**という．E が H と対応することを強調するときには，$E_H(\varDelta)$ という記号を用いる．——

定理 2.1 では，レゾルベントを単位の分解を用いて表わしたが，逆に単位の分解をレゾルベントを用いて表わすことができる．すなわち，次の公式が成り立つ．

$$(2.12)\qquad E_H((a,b))$$

$$=\operatorname*{s\text{-}lim}_{\delta\downarrow 0}\operatorname*{s\text{-}lim}_{\varepsilon\downarrow 0}\frac{1}{2\pi i}\int_{a+\delta}^{b-\delta}[R(\lambda-i\varepsilon\,;H)-R(\lambda+i\varepsilon\,;H)]d\lambda$$

（関数解析・定理 13.3）．特に，$E_H(\{a\})=E_H(\{b\})=0$ ならば

$$(2.13)\qquad E_H((a,b))=\operatorname*{s\text{-}lim}_{\varepsilon\downarrow 0}\frac{1}{2\pi i}\int_a^b[R(\lambda-i\varepsilon\,;H)-R(\lambda+i\varepsilon\,;H)]d\lambda$$

が成り立つ．

b)　H の関数，スペクトル分解

(2.10) の積分は，f が有界な Borel 可測関数である場合にも定義できる[1]．そして，右辺の絶対値は $\sup_{\lambda\in\boldsymbol{R}^1}|f(\lambda)|\cdot\|u\|\|v\|$ を越えない（下の (2.20) で $f(\lambda)=g(\lambda)=1$ とすると，$\int_{-\infty}^{\infty}d|\rho_{u\,v}|(\lambda)\leqq\|u\|\|v\|$ となることを用いる）．ゆえに，Riesz の定理を使えば

$$(2.14)\qquad (f(H)u,v)=\int_{-\infty}^{\infty}f(\lambda)\,d(E(\lambda)u,v),\qquad \forall u,v\in X$$

---

1)　一応 f を Borel 可測関数として説明するが，本講で用いるのは，f が連続である場合がほとんどである．連続でないものがでてくるのは，区間の定義関数くらいであろう．

となるような $f(H)\in\mathcal{L}(X)$ が一意的に定まることがわかる．この $f(H)$ を記号

$$f(H)=\int_{-\infty}^{\infty}f(\lambda)\,dE(\lambda) \tag{2.15}$$

によって表わす．特に，(2.11) により

$$R(z\,;H)=\int_{-\infty}^{\infty}\frac{1}{z-\lambda}dE(\lambda) \tag{2.16}$$

である．本講でよく出てくるのは $f_t(\lambda)=e^{-it\lambda}$, $t\in\boldsymbol{R}^1$ の場合で，そのとき $f_t(H)$ のことを簡単に e^{-itH} または $\exp(-itH)$ と書く：

$$e^{-itH}=\exp(-itH)=f_t(H),\qquad f_t(\lambda)=e^{-it\lambda}. \tag{2.17}$$

f が必ずしも有界でない場合の $f(H)$ は次のように定義される．

$$\mathcal{D}(f(H))=\left\{u\in X\,\middle|\,\int_{-\infty}^{\infty}|f(\lambda)|^2d(E(\lambda)u,u)<\infty\right\}, \tag{2.18}$$

$$(f(H)u,v)=\int_{-\infty}^{\infty}f(\lambda)\,d(E(\lambda)u,v),\quad \forall u\in\mathcal{D}(f(H)),\ \forall v\in X. \tag{2.19}$$

一般に，測度 $\rho_{u,v}(\varDelta)=(E(\varDelta)u,v)$ の全変動 (total variation) を $|\rho_{u,v}|(\varDelta)$ で表わすとき（これは $|\rho_{u,v}(\varDelta)|$ とはちがう）

$$\int_{-\infty}^{\infty}|f(\lambda)g(\lambda)|d|\rho_{u,v}|(\lambda) \leqq\left(\int_{-\infty}^{\infty}|f(\lambda)|^2d\rho_u(\lambda)\right)^{1/2}\left(\int_{-\infty}^{\infty}|g(\lambda)|^2d\rho_v(\lambda)\right)^{1/2} \tag{2.20}$$

が成り立つから，$u\in\mathcal{D}(f(H))$ ならば (2.19) の右辺の積分は収束し，その絶対値は $\left(\int_{-\infty}^{\infty}|f(\lambda)|^2d(E(\lambda)u,u)\right)^{1/2}\|v\|$ を越えない（(2.20) で $g\equiv1$ とせよ）．ゆえに，(2.19) により X の要素 $f(H)u$ が定まるのである (Riesz の定理)．

(2.18), (2.19) によって定まる $f(H)$ を記号

$$f(H)=\int_{-\infty}^{\infty}f(\lambda)\,dE(\lambda)$$

によって表わす．

命題 2.3 (関数解析・定理 11.13 参照)　$f(H)$ は定義域が稠密な閉作用素で，

$$\|f(H)u\|^2=\int_{-\infty}^{\infty}|f(\lambda)|^2d(E(\lambda)u,u),\qquad \forall u\in\mathcal{D}(f(H)) \tag{2.21}$$

が成り立つ．さらに次の諸関係が成り立つ．

(i) $f(H)^* = \bar{f}(H)$，特に f が実数値ならば $f(H)$ は自己共役．

(ii) $(\alpha f)(H) = \alpha f(H)$．

(iii) $(f+g)(H) \supset f(H)+g(H)$，ここで，$f, g$ の少なくとも一方が有界ならば等号が成立．

(iv) $(fg)(H) \supset f(H)g(H)$，ここで，g が有界ならば等号が成立．

(v) $f(H)E(\varDelta) \supset E(\varDelta)f(H)$，$\forall \varDelta \in \mathcal{B}_1$．

(vi) $\mathbf{1}$ を定数関数 $\mathbf{1}(\lambda)=1$ とすると，$\mathbf{1}(H) = I$．

定理 2.2 (スペクトル分解定理——H の表現) H を X における自己共役作用素とする．そのとき，関係

$$H = \int_{-\infty}^{\infty} \lambda dE(\lambda) \tag{2.22}$$

が成り立つような $\boldsymbol{R}^1$ 上の単位の分解 $E(\varDelta)$ が一意的に定まる．そして，関係 (2.22) により，X における自己共役作用素全体と，$\boldsymbol{R}^1$ 上の単位の分解全体とが，1 対 1 に対応する．——

(2.22) を H の**スペクトル分解**という．

注 定理 2.2 で得られる $E(\varDelta)$ は，定理 2.1 で得られる $E(\varDelta)$ と一致する．この両定理の一方は，命題 2.3 を用いて他方から導ける．どちらを先に証明するかは，スペクトル分解定理の証明の方針による．——

f が実数値の場合，$H, f(H)$ に対応する単位の分解 $E_H(\varDelta), E_{f(H)}(\varDelta)$ の間には，次の関係がある．

$$E_{f(H)}(\varDelta) = E_H(f^{-1}(\varDelta)), \qquad \varDelta \in \mathcal{B}_1. \tag{2.23}$$

ここで，$f^{-1}(\varDelta) = \{\lambda \in \boldsymbol{R}^1 \mid f(\lambda) \in \varDelta\}$．

注意 2.1 $E(\varDelta)$ を $\boldsymbol{R}^1$ 上の単位の分解とし，

$$\tilde{E}(\lambda) = E((-\infty, \lambda]) \in \mathcal{P}(X), \qquad \lambda \in \boldsymbol{R}^1 \tag{2.24}$$

とおくと，$\tilde{E}(\lambda)$ は次の性質をもつ．

(i′) $\displaystyle \operatorname*{s-lim}_{\lambda\to-\infty} \tilde{E}(\lambda) = 0, \qquad \operatorname*{s-lim}_{\lambda\to\infty} \tilde{E}(\lambda) = I.$

(ii′) (直交性) $\tilde{E}(\lambda)\tilde{E}(\mu) = \tilde{E}(\min\{\lambda, \mu\})$．

(iii′) (右強連続性) $\displaystyle \operatorname*{s-lim}_{\varepsilon\downarrow 0} \tilde{E}(\lambda+\varepsilon) = \tilde{E}(\lambda)$．

逆に，X における射影作用素の族 $\{E(\lambda)\}_{\lambda\in\boldsymbol{R}^1}$ で，条件 (i′), (ii′), (iii′) をみたすものが与えられたとき，関係 (2.24) が成り立つような $\boldsymbol{R}^1$ 上の単位の分解 $E(\varDelta)$

が一意的に定まる．このように，定義2.1の条件(i), (ii), (iii)をみたす $E(\varDelta)$ と，上の条件(i′), (ii′), (iii′)をみたす $\tilde{E}(\lambda)$ とは，1対1に対応する．$\{\tilde{E}(\lambda)\}_{\lambda\in\boldsymbol{R}^1}$ のことを単位の分解とよぶこともある．さて，

$$\tilde{\rho}_{u,v}(\lambda) = (\tilde{E}(\lambda)u, v), \qquad \lambda\in\boldsymbol{R}^1,\ u, v\in X,$$

$\tilde{\rho}_u=\tilde{\rho}_{u,u}$ とおくと，$\tilde{\rho}_u$ は $\boldsymbol{R}^1$ 上の有界な単調非減少関数，したがって $\tilde{\rho}_{u,v}$ は $\boldsymbol{R}^1$ 上の有界変動関数である．そして，(2.14), (2.19)の積分は，Lebesgue-Stieltjes 積分の意味で

$$\begin{aligned}(f(H)u, v) &= \int_{-\infty}^{\infty} f(\lambda)\,d_\lambda\tilde{\rho}_{u,v}(\lambda)\\ &= \int_{-\infty}^{\infty} f(\lambda)\,d_\lambda(\tilde{E}(\lambda)u, v)\end{aligned}$$

と書き直すことができる．今までは，$d(E(\lambda)u, v)$ は $d\rho_{u,v}(\lambda)$ の代りに用いていたにすぎないが，ここで $E(\lambda)$ を $\tilde{E}(\lambda)$ だと思えば，$(E(\lambda)u, v)$ 自体に意味があることがわかった．——

記号の約束　スペクトル理論では，目的に応じて，$E(\varDelta)$ または $\tilde{E}(\lambda)$ を用いるのが便利である．記号を混用しても誤解のおそれはないので，$\tilde{E}(\lambda)$ のことも $E(\lambda)$ と書くことが多い．本講でも，以後 $\tilde{E}(\lambda)$ のことを $E(\lambda)$ と書く．

c）単位の分解とスペクトルの関係

命題 2.4　H を X における自己共役作用素，$H=\displaystyle\int_{-\infty}^{\infty}\lambda dE(\lambda)$ をそのスペクトル分解とする．また，$\lambda\in\boldsymbol{R}^1$ とする．そのとき，次の(i), (ii), (iii)が成り立つ．

(i)　$\lambda\in\rho(H) \iff [E((\lambda-\varepsilon, \lambda+\varepsilon))=0$ なる $\varepsilon>0$ が存在する$]$,

(ii)　$\lambda\in\sigma(H) \iff [E((\lambda-\varepsilon, \lambda+\varepsilon))\neq 0,\ \forall\varepsilon>0]$,

(iii)　$\lambda\in\sigma_p(H) \iff E(\{\lambda\})\neq 0.$

(iii)が成り立つとき，H の固有値 λ に属する固有空間は $E(\{\lambda\})X$ と一致する．

注　(i), (ii)をひらたくいえば，"$\lambda\in\sigma(H)$ は λ が $E(\lambda)$ の'増加点'であることと同値"といえる．なお，$\rho(H)\cap\boldsymbol{R}^1$ は $\boldsymbol{R}^1$ の開集合だから，(i)から

(2.25)　$$E(\rho(H)\cap\boldsymbol{R}^1)=0, \qquad E(\sigma(H))=I$$

が得られる．——

例 2.3　例2.1の $E(\varDelta)$ に対応する自己共役作用素を H とする．任意の $u\in X$ は，完全正規直交系 $\{\varphi_n\}$ を用いて

$$u = \sum_{n=1}^{\infty} (u, \varphi_n) \varphi_n$$

と展開される．このとき

$$\int_{-\infty}^{\infty} \lambda^2 d(E(\lambda)u, u) = \sum_{n=1}^{\infty} a_n{}^2 |(u, \varphi_n)|^2$$

であるから，$u \in \mathcal{D}(H)$ であるための必要十分条件は

$$\sum_{n=1}^{\infty} a_n{}^2 |(u, \varphi_n)|^2 < \infty$$

が成り立つことである．そして，$u \in \mathcal{D}(H)$ に対して

$$Hu = \sum_{n=1}^{\infty} a_n (u, \varphi_n) \varphi_n$$

が成り立つ．特に，$H\varphi_n = a_n \varphi_n$ であり，したがって $\{\varphi_n\}$ は H の固有ベクトルから成る完全正規直交系である．$\varDelta \in \mathcal{B}_1$ が $\{a_n\}$ の点を含まないときには $E(\varDelta) = 0$ であるから，$\sigma(H)$ は $\{a_n\}$ に含まれる点全体の集合の閉包と一致する．

例 2.4　例 2.2 の $E(\varDelta)$ に対応する自己共役作用素 H は掛け算作用素 $(Hu)(x) = xu(x)$ である．H は固有値をもたず，$\sigma(H) = \boldsymbol{R}^1$ である．

問　このことを確かめよ．

§2.3　作用素の分解

$H = \int_{-\infty}^{\infty} \lambda dE(\lambda)$ とする．$\boldsymbol{R}^1 = \sum_{k=1}^{m} \varDelta_k$（直和）と分解すると，$\sum_{k=1}^{m} E(\varDelta_k) = E(\boldsymbol{R}^1) = I$ であり，したがって X は

$$X = \sum_{k=1}^{m} \oplus E(\varDelta_k) X \qquad (k \neq j \Longrightarrow E(\varDelta_k) X \perp E(\varDelta_j) X)$$

と直和に分解される．X のこの分解に応じて，H も $E(\varDelta_k)X$ における作用素 H_k の‘直和’に分解される．これは，命題 2.3 の (v) から導かれるのであるが，次にそれを説明する．なお，H がこのように分解されることは，スペクトル分解定理の一つの意義を示すものである．

この機会に，作用素の直和分解について，少し一般的に考えておく．ただし，直交する成分への分解だけを考える．

定義 2.3　M_k，$k = 1, \cdots, m$ は X の閉部分空間で，互いに直交する（$j \neq k \Longrightarrow M_j \perp M_k$）ものとし，かつ

(2.26) $$X=\sum_{k=1}^{m}\oplus M_k$$

であるとする．M_k の上への射影作用素を P_k と書く．X における作用素 A と，M_k における作用素 A_k $(k=1,\cdots,m)$ に対して，条件

(2.27) $$u\in\mathcal{D}(A)\iff[P_ku\in\mathcal{D}(A_k),\ k=1,\cdots,m],$$

(2.28) $$Au=A_1P_1u+\cdots+A_mP_mu,\qquad u\in\mathcal{D}(A)$$

(右辺は X における和)

が成り立っているとき，A は $A_1,\cdots,A_m$ の**直和**であるといい，

(2.29) $$A=A_1\oplus\cdots\oplus A_m=\sum_{k=1}^{m}\oplus A_k$$

と書く．また，このとき A は X の直和分解 (2.26) に応じて**直和に分解される**といい，A_k を M_k における A の部分という．

命題 2.5 A が (2.26) に応じて直和に分解されるための必要十分条件は，

(2.30) $$A=AP_1+\cdots+AP_m,$$

(2.31) $$AP_ku\in M_k,\qquad \forall u\in\mathcal{D}(A),\ k=1,\cdots,m$$

が成り立つことである．このとき (2.29) において

(2.32) $$\mathcal{D}(A_k)=P_k\mathcal{D}(A)=\mathcal{D}(A)\cap M_k,\qquad A_k=A|_{\mathcal{D}(A_k)}\ [1)]$$

が成り立つ．

証明 必要性 $u\in\mathcal{D}(A_k)$ を X の要素とみれば，$P_ku=u\in\mathcal{D}(A_k)$，$P_ju=0\in\mathcal{D}(A_j)$ $(j\neq k)$ だから，(2.27), (2.28) により

$$u\in\mathcal{D}(A),\qquad Au=A_kP_ku=A_ku.$$

さらに，(2.27) から $P_k\mathcal{D}(A)\subset\mathcal{D}(A_k)$ がでることに注意すれば，(2.32) が得られる．そうすれば，(2.30), (2.31) が (2.27), (2.28) から従うことは明らか．

十分性 (2.30) から $P_k\mathcal{D}(A)\subset\mathcal{D}(A)$ がでる．そこで，

$$A_k=A|_{P_k\mathcal{D}(A)}$$

と定義すれば，(2.31) により，A_k は M_k における作用素とみなせる．そして，(2.27) で $\Longrightarrow$ が成り立つことは明らか．一方，$P_k\mathcal{D}(A)\subset\mathcal{D}(A)$ から $P_k\mathcal{D}(A)=\mathcal{D}(A)\cap M_k$ が従うから，$P_ku\in\mathcal{D}(A_k)=P_k\mathcal{D}(A)$ ならば $P_ku\in\mathcal{D}(A)$．ゆえに (2.27) で $\Longleftarrow$ が成り立つ．(2.28) が成り立つことは，A_k の定義から明らか．▌

---

1) $A|_M$ は作用素 A の M 上への制限を表わす．

定義 2.4 M を X の閉部分空間とし，M 上への射影作用素を P とする．X における線型作用素 A に対して，条件

$$AP \supset PA \tag{2.33}$$

が成り立つとき，M は A を**約する** (reduce) という．——

(2.33) を詳しくいうと，“$u \in \mathcal{D}(A)$ ならば $Pu \in \mathcal{D}(A)$ で，$APu = PAu$ が成り立つ”となる．(2.33) が成り立つことは

$$A(I-P) \supset (I-P)A \tag{2.33$'$}$$

が成り立つことと同値，したがって M が A を約することは，$M^{\perp} = X \ominus M$ が A を約することと同値である．

命題 2.6 $X = \sum_{k=1}^{m} \oplus M_k$ に応じて A が直和に分解されるための必要十分条件は，任意の $k=1, \cdots, m$ に対して，M_k が A を約することである．

証明 必要性 (2.30) により $\mathcal{D}(A) = \bigcap_{j=1}^{m} \mathcal{D}(AP_j) \subset \mathcal{D}(AP_k)$．ゆえに $P_k \mathcal{D}(A) \subset \mathcal{D}(A)$．次に，(2.30) に P_k を作用させて，(2.31) と M_k の直交性を用いれば，任意の $u \in \mathcal{D}(A)$ に対して $P_k A u = P_k A P_k u = A P_k u$．

十分性 $A \supset AP_1 + \cdots + AP_m$ はいつでも成り立つ．ところが，仮定 $AP_k \supset P_k A$ により，$u \in \mathcal{D}(A) \Longrightarrow P_k u \in \mathcal{D}(A)$ だから (2.30) が成り立つ．(2.31) は $AP_k \supset P_k A$ から直ちに出る．▮

$\sum_{k=1}^{m} P_k = I$ であるから，関係 $AP_k \supset P_k A$ は，$m-1$ 個の P_k に対して成り立てば，残りの 1 個に対しても成り立つ．特に，$m=2$ とすると次のようにいえる．

命題 2.7 M が A を約するための必要十分条件は，$X = M \oplus M^{\perp}$ に応じて A が直和に分解されることである．

注意 2.2 M が A を約するとき

$$A(\mathcal{D}(A) \cap M) \subset M, \qquad A(\mathcal{D}(A) \cap M^{\perp}) \subset M^{\perp}$$

が成り立つ．しかし，この関係が成り立っても M が A を約するとは限らない．たとえば，A を $L^2(\boldsymbol{R}^1)$ における微分作用素，$M = L^2(0,1) \subset X$ として考えてみよ．——

A の分解を論じるに際して，条件 (2.33) を，有界作用素の可換性の条件に書き直しておくと便利である．

命題 2.8 M を X の閉部分空間，P を M 上への射影作用素とする．また $A \in \mathcal{C}(X)$ とし，$\rho(A) \neq \phi$ と仮定する．そのとき次の (i), (ii), (iii) は同値である．

(i) M は A を約する.

(ii) 任意の $z\in\rho(A)$ に対して

$$R(z\,;A)P=PR(z\,;A). \tag{2.34}$$

(iii) ある $z\in\rho(A)$ に対して (2.34) が成り立つ.

証明　(i) $\Longrightarrow$ (ii)　任意の $u\in X$ をとり, $v=(z-A)^{-1}u$ とおく. $u=(z-A)v$ に P を作用させ, 仮定 (2.33) を用いて変形すれば,

$$Pu=P(z-A)v=zPv-APv=(z-A)Pv.$$

この両辺に $(z-A)^{-1}$ を作用させれば, (2.34) が得られる.

(ii) $\Longrightarrow$ (iii) は明らか.

(iii) $\Longrightarrow$ (i)　$u\in\mathcal{D}(A)$ ならば, $u=(z-A)^{-1}v$, $v\in X$ と書ける. 仮定により $Pu=P(z-A)^{-1}v=(z-A)^{-1}Pv$ だから $Pu\in\mathcal{D}(A)$ である. そして

$$\begin{aligned}APu&=A(z-A)^{-1}Pv=z(z-A)^{-1}Pv-Pv\\&=P(z(z-A)^{-1}v-v)=PA(z-A)^{-1}v=PAu.\end{aligned}$$

ゆえに, $AP\supset PA$ が成り立つ. ▌

命題 2.9　M, P は上と同様とし, $H=\int_{-\infty}^{\infty}\lambda dE(\lambda)$ は自己共役とする. そのとき, M が H を約するための必要十分条件は,

$$E(\varDelta)P=PE(\varDelta),\qquad \forall\varDelta\in\mathcal{B}_1 \tag{2.35}$$

が成り立つことである.

証明　十分性　(2.35) から命題 2.8 の条件 (iii) を導けばよい. $\mathrm{Im}\,z\neq0$ とする. (2.11) により

$$\begin{aligned}((z-H)^{-1}Pu,v)&=\int_{-\infty}^{\infty}\frac{1}{z-\lambda}d(E(\lambda)Pu,v)=\int_{-\infty}^{\infty}\frac{1}{z-\lambda}d(PE(\lambda)u,v)\\&=\int_{-\infty}^{\infty}\frac{1}{z-\lambda}d(E(\lambda)u,Pv)\\&=((z-H)^{-1}u,Pv)=(P(z-H)^{-1}u,v).\end{aligned}$$

u, v は任意だから $(z-H)^{-1}P=P(z-H)^{-1}$ が成り立つ.

必要性　(2.12) を用いれば, 同じようにしてできるから, 読者に任せる. ▌

最後に, 上に得られた結果を用いて, 自己共役作用素の分解について考える.

定理 2.3　H を X における自己共役作用素とし, $H=\int_{-\infty}^{\infty}\lambda dE(\lambda)$ をそのスペクトル分解とする. X の分解 (2.26) に応じて, H が

$$H=\sum_{k=1}^{m}\oplus H_k$$

と直和に分解されているとき，次の (i)-(iv) が成り立つ．

(i) H_k は M_k における自己共役作用素である．

(ii) $H_k=\int_{-\infty}^{\infty}\lambda dE_k(\lambda)$ を H_k のスペクトル分解とするとき，

$$E_k(\varDelta)=E(\varDelta)|_{M_k}. \tag{2.36}$$

(iii) f を $\boldsymbol{R}^1$ 上の Borel 可測関数とするとき，$f(H)$ は

$$f(H)=\sum_{k=1}^{m}\oplus f(H_k) \tag{2.37}$$

と直和に分解される．

(iv) $\rho(H)=\bigcap_{k=1}^{m}\rho(H_k)$，$\sigma(H)=\bigcup_{k=1}^{m}\sigma(H_k)$ かつ

$$R(z\,;H)=\sum_{k=1}^{m}\oplus R(z\,;H_k).$$

証明 M_k の上への射影作用素を P_k とする．命題2.6, 2.9により，

$$E(\varDelta)P_k=P_kE(\varDelta),\qquad \varDelta\in\mathcal{B}_1,\ k=1,\cdots,m$$

が成り立つことがわかる．ゆえに $E(\varDelta)M_k\subset M_k$ である．よって，

$$\tilde{E}_k(\varDelta)=E(\varDelta)|_{M_k},\qquad \varDelta\in\mathcal{B}_1,\ k=1,\cdots,m$$

とおけば，$\tilde{E}_k(\varDelta)$ は M_k における作用素とみなせる．$\tilde{E}_k(\varDelta)$ が M_k における単位の分解であることは，容易に確かめられる．そこで

$$\tilde{H}_k=\int_{-\infty}^{\infty}\lambda d\tilde{E}_k(\lambda)$$

とおく．$\tilde{H}_k$ は M_k における自己共役作用素である．$u,v\in X$ に対して

$$\begin{aligned}(E(\varDelta)u,v)&=\sum_{k=1}^{m}(P_kE(\varDelta)u,P_kv)=\sum_{k=1}^{m}(E(\varDelta)P_ku,P_kv)\\&=\sum_{k=1}^{m}(\tilde{E}_k(\varDelta)P_ku,P_kv)\end{aligned} \tag{2.38}$$

が成り立つから

$$\int_{-\infty}^{\infty}|f(\lambda)|^2d(E(\lambda)u,u)=\sum_{k=1}^{m}\int_{-\infty}^{\infty}|f(\lambda)|^2d(\tilde{E}_k(\lambda)P_ku,P_ku)$$

が得られる．これより，

$$u\in\mathcal{D}(f(H))\iff[P_ku\in\mathcal{D}(f(\tilde{H}_k)),\ k=1,\cdots,m]$$

が従う．さらに，(2.38)を用いて$(f(H)u,v)$を書き直せば，同様の計算で

$$f(H)u = f(\tilde{H}_1)P_1u+\cdots+f(\tilde{H}_m)P_mu$$

が得られる．こうして，$f(H)$が

$$f(H) = \sum_{k=1}^{m}\oplus f(\tilde{H}_k)$$

と分解されることがわかった．特に$f(\lambda)=\lambda$とすれば，$H=\sum\oplus\tilde{H}_k$であるが，一方$H=\sum\oplus H_k$と仮定されていたから，$\tilde{H}_k=H_k$でなければならない．したがって，$\tilde{E}_k(\varDelta)=E_k(\varDelta)$，$f(\tilde{H}_k)=f(H_k)$となり，定理の(i), (ii), (iii)は証明された．(iv)は，(iii)で$f(\lambda)=z-\lambda$とした関係$z-H=\sum_{k=1}^{m}\oplus(z-H_k)$を用いて容易に示される．∎

定理 2.4 $H=\int_{-\infty}^{\infty}\lambda dE(\lambda)$とする．そのとき，任意の$e\in\mathcal{B}_1$に対して，$M_e\equiv E(e)X$は$H$を約する．$M_e$における$H$の部分を$H_e$とし，$e_0=e\cap\sigma(H)$とおくと，次の(i)-(iv)が成り立つ[1]．

(i) $\mathcal{D}(H_e)=\mathcal{D}(H)\cap M_e$;　$H_eu=Hu$, $u\in\mathcal{D}(H_e)$.

(ii) $(\inf e_0)\|u\|^2\leqq(Hu,u)\leqq(\sup e_0)\|u\|^2$, $u\in\mathcal{D}(H_e)$.

(iii) e_0が有界ならば　$M_e\subset\mathcal{D}(H)$　かつ　$H_e\in\mathcal{L}(M_e)$.

(iv) 特に，$e=[a,b]$，$-\infty<a<b<\infty$のとき

(2.39) $$a\|u\|^2\leqq(Hu,u)\leqq b\|u\|^2,\quad u\in M_{[a,b]}$$

が成り立ち，また$a\leqq\lambda\leqq b$なる任意のλに対して

(2.40) $$\|Hu-\lambda u\|\leqq\max\{\lambda-a,b-\lambda\}\|u\|,\quad u\in M_{[a,b]}.$$

注 (iii)は次の形で用いられることが多い．

(iii′) $e_0=e\cap\sigma(H)$が有界ならば　$HE(e)\in\mathcal{L}(X)$.

証明 M_eの上への射影作用素は$E(e)$にほかならないから，任意の$\varDelta\in\mathcal{B}_1$に対して，$E(\varDelta)E(e)=E(\varDelta\cap e)=E(e)E(\varDelta)$．ゆえに，$M_e$は$H$を約する(命題2.9)．

(i)は(2.32)のいいかえにすぎない．

(ii) $u\in\mathcal{D}(H_e)$なら$E(e)u=u$．これと$E(\rho(H)\cap\boldsymbol{R}^1)=0$ ((2.25))とにより，$\rho_u(\varDelta)=(E(\varDelta)u,u)$とおくとき$\rho_u(\varDelta)=\rho_u(\varDelta\cap e_0)$．したがって

---

1) (ii)において，$\inf e_0=\inf\{\lambda\mid\lambda\in e_0\}\geqq-\infty$，$\sup e_0=\sup\{\lambda\mid\lambda\in e_0\}\leqq\infty$とし，$\alpha>0$のとき$(\pm\infty)\alpha=\pm\infty$，$\alpha=0$のとき$(\pm\infty)\alpha=0$とする．

$$(Hu, u) = \int_{-\infty}^{\infty} \lambda d(E(\lambda)u, u) = \int_{e_0} \lambda d(E(\lambda)u, u)$$
$$\leqq (\sup e_0) \int_{-\infty}^{\infty} d(E(\lambda)u, u) \leqq (\sup e_0)\|u\|^2.$$

もう一方の不等式も同様.

(iii)　(ii) の証明と同様に

$$\int_{-\infty}^{\infty} \lambda^2 d(E(\lambda)u, u) = \int_{e_0} \lambda^2 d(E(\lambda)u, u), \qquad u \in M_e$$

であるが, e_0 が有界なら右辺は任意の $u \in M_e$ に対して有限であるから, $M_e \subset \mathcal{D}(H)$ である.

(iv)　(2.39) は既証. (2.40) を証明するには, (ii) と同様に考えて, 次のようにすればよい.

$$\|Hu - \lambda u\|^2 = \int_{-\infty}^{\infty} |\mu-\lambda|^2 d(E(\mu)u, u) = \int_{[a,b]} |\mu-\lambda|^2 d(E(\mu)u, u)$$
$$\leqq (\max\{\lambda-a, b-\lambda\})^2 \|u\|^2.$$

∎

この定理から, 本節の冒頭に述べた事実が導かれる. すなわち, 次の系が成り立つ.

系　$\boldsymbol{R}^1 = \sum_{k=1}^{m} \varDelta_k$ (直和) とし, $H_{\varDelta_k}$ を定理の通りとすれば,

$$H = \sum_{k=1}^{m} \oplus H_{\varDelta_k}.$$

§2.4　スペクトルの分類

例 2.3 の H は固有ベクトルの完全系をもつが, 例 2.4 の H は固有ベクトルを全くもたない. このように, 両者はいわば正反対の構造をもっている. 一般の H は, 両方の性質をあわせもっているが, スペクトルを適当に分類することによって, 両方の構造を分離することができる. 以下, 二つの分類法について述べる.

この節では, 特に断わらない限り, H は Hilbert 空間 X における自己共役作用素とし, $H = \int_{-\infty}^{\infty} \lambda dE(\lambda)$ をそのスペクトル分解とする.

a) 真性スペクトルと離散スペクトル

$\lambda \in \sigma(H)$ が $\sigma(H)$ の孤立点ならば $E(\{\lambda\}) \neq 0$ だから, λ は H の固有値である.

定義 2.5　$\sigma(H)$ の孤立点で, H の固有値としての多重度が有限であるものの

全体を H の**離散スペクトル** (discrete spectrum) といい，$\sigma_{\mathrm{disc}}(H)$ で表わす．$\sigma(H)\setminus\sigma_{\mathrm{disc}}(H)$ を H の**真性スペクトル** (essential spectrum) といい，$\sigma_{\mathrm{ess}}(H)$ で表わす．$\boldsymbol{R}^1$ の開集合 $\varDelta$ に対して，$\sigma(H)\cap\varDelta\subset\sigma_{\mathrm{disc}}(H)$ が成り立つとき，H は $\varDelta$ で**離散的**であるという．——

定義からすぐわかるように，λ が $\sigma_{\mathrm{ess}}(H)$ に属するための必要十分条件は，λ が $\sigma(H)$ の集積点であるかまたは多重度 ∞ の孤立固有値であることである．

例 2.5　例2.3において，$a_n=1/n$ とすると，

$$\sigma_{\mathrm{disc}}(H)=\{1/n\}_{n\in\boldsymbol{N}},\qquad \sigma_{\mathrm{ess}}(H)=\{0\}.$$

また，例2.4の H に対しては

$$\sigma_{\mathrm{disc}}(H)=\phi,\qquad \sigma_{\mathrm{ess}}(H)=\sigma(H)=\boldsymbol{R}^1.$$

はじめの例のように，離散的なスペクトルの集積点として真性スペクトルが現われることに注意．——

真性スペクトルはコンパクト対称作用素を加えることに対して安定である．より一般に次の定理が成り立つ．

定理 2.5　H_1, H_2 は X における自己共役作用素とし，

$$R(z\,;H_2)-R(z\,;H_1)\in\mathcal{L}_C(X),\qquad z\in\rho(H_1)\cap\rho(H_2) \tag{2.41}$$

であると仮定する．そのとき，次の関係が成り立つ．

$$\sigma_{\mathrm{ess}}(H_2)=\sigma_{\mathrm{ess}}(H_1). \tag{2.42}$$

注1　関係(2.41)は，ある $z_0\in\rho(H_1)\cap\rho(H_2)$ に対して成り立てば，任意の $z\in\rho(H_1)\cap\rho(H_2)$ に対して成り立つ (章末問題2)．

注2　定理2.5は，H_1, H_2 が有界で $H_2-H_1\in\mathcal{L}_C(X)$ という特別の場合に対して，H. Weyl により初めて証明されたもので，真性スペクトルに関する Weyl の定理とよばれる．$H_2=H_1+K,\ K\in\mathcal{L}_C(X)$ ならば，$R(z\,;H_2)-R(z\,;H_1)=R(z\,;H_2)KR(z\,;H_1)$ だから (2.41) が成り立つことに注意．——

定理を証明するために，まず次の命題を証明する．

命題 2.10　$\lambda\in\boldsymbol{R}^1$ に対して，次の条件 (i), (ii), (iii) は同値である．

(i)　$\lambda\in\sigma_{\mathrm{ess}}(H)$．

(ii)　X の点列 $\{u_n\}_{n\in\boldsymbol{N}}$ で，次の条件 (2.43), (2.44) をみたすものが存在する：

$$\|u_n\|=1,\qquad \operatorname*{w-lim}_{n\to\infty}u_n=0, \tag{2.43}$$

$$\lim_{n\to\infty}\{R(z\,;H)u_n-(z-\lambda)^{-1}u_n\}=0,\qquad \forall z\in\rho(H). \tag{2.44}$$

(iii) ある $z \in \rho(H)$, $z \neq \lambda$ に対して，条件 (2.43), (2.44) をみたすような点列 $\{u_n\}_{n\in\boldsymbol{N}}$ が存在する.

証明 (i) $\Longrightarrow$ (ii) (a) λ が多重度 ∞ の固有値である場合. 固有空間 $E(\{\lambda\})X$ は無限次元だから，その中に正規直交系 $\{u_n\}_{n\in\boldsymbol{N}}$ がとれる．一般に，正規直交系は (2.43) をみたす．一方，$R(z\,;H)u_n=(z-\lambda)^{-1}u_n$ が成り立つから，(2.44) は明白である.

(b) λ が $\sigma(H)$ の集積点である場合. $\boldsymbol{R}^1$ の点列 $\{\lambda_n\}$ で，条件

$$\lambda_n \in \sigma(H), \qquad \lambda_n \longrightarrow \lambda\ (n\to\infty), \qquad \lambda_n \neq \lambda, \qquad \lambda_m \neq \lambda_n\ (m\neq n)$$

をみたすものが存在する．この λ_n に対して，区間

$$J_n = (\lambda_n-\varepsilon_n, \lambda_n+\varepsilon_n), \qquad \varepsilon_n > 0$$

を，$J_m \cap J_n = \phi\ (m\neq n)$ であるようにとれる．このとき，必然的に $\varepsilon_n \to 0$ である. $\lambda_n \in \sigma(H)$ だから $E(J_n)X \neq \{0\}$，したがって $u_n \in E(J_n)X$, $\|u_n\|=1$ なる u_n がとれる．$E(J_m)X \perp E(J_n)X\ (m\neq n)$ だから，$\{u_n\}_{n\in\boldsymbol{N}}$ は正規直交系であり，したがって，(2.43) が成り立つ．$z \in \rho(H)$ ならば，十分大きい n に対して，$\mathrm{dis}\,(z, J_n) \geqq \delta > 0$ としてよい．そうすると，

$$\begin{aligned}&\|R(z\,;H)u_n-(z-\lambda)^{-1}u_n\|^2\\&= \int_{J_n} |(z-\mu)^{-1}-(z-\lambda)^{-1}|^2 d(E(\mu)u_n, u_n)\\&\leqq \sup_{\mu\in J_n} |(z-\mu)^{-1}-(z-\lambda)^{-1}|^2 \longrightarrow 0, \qquad n\to\infty\end{aligned}$$

となり，(2.44) も成り立つ.

(ii) $\Longrightarrow$ (iii) は明白.

(iii) $\Longrightarrow$ (i) (iii) を仮定し，$\lambda \in \rho(H) \cup \sigma_{\mathrm{disc}}(H)$ とすれば矛盾がでることを示す.

$$P = E(\{\lambda\}), \qquad Q = I-P$$

とおき

$$X = X_1 \oplus X_2, \qquad X_1 = PX, \qquad X_2 = QX$$

と分解する．($\lambda \in \rho(H)$ のときは $X_1=\{0\}$, $X_2=X$.) このとき，$R(z\,;H)Pu_n=(z-\lambda)^{-1}Pu_n$ だから，(2.44) により

$$\lim_{n\to\infty} \|R(z\,;H)Qu_n-(z-\lambda)^{-1}Qu_n\| = 0 \qquad (2.45)$$

が得られる.

一方, $\lambda \in \rho(H) \cup \sigma_{\mathrm{disc}}(H)$ と仮定したから $\dim PX < \infty$, したがって $P \in \mathcal{L}_C(X)$ である. ゆえに, $\text{w-}\lim u_n = 0$ から

$$\lim_{n\to\infty} Pu_n = 0 \quad したがって \quad \lim_{n\to\infty} \|Qu_n\| = 1$$

が成り立つことがわかる (関数解析・定理 9.2). さらに, $\lambda \in \rho(H) \cup \sigma_{\mathrm{disc}}(H)$ だから, 区間 $(\lambda-\delta, \lambda+\delta)$ が λ 以外には $\sigma(H)$ の点を含まないような $\delta > 0$ が存在する. そうすると,

$$\begin{aligned}
&\|R(z;H)Qu_n - (z-\lambda)^{-1}Qu_n\|^2 \\
&= \int_{|\mu-\lambda|\geqq\delta} |(z-\mu)^{-1} - (z-\lambda)^{-1}|^2 d(E(\mu)Qu_n, Qu_n) \\
&\geqq \inf_{|\mu-\lambda|\geqq\delta} |(z-\mu)^{-1} - (z-\lambda)^{-1}|^2 \cdot \|Qu_n\|^2
\end{aligned}$$

が成り立つ. 右辺の inf の値は正であり, $\|Qu_n\| \to 1$ だから, これは (2.45) と矛盾する. ▮

定理 2.5 の証明　$\lambda \in \sigma_{\mathrm{ess}}(H_1)$ とし, λ, H_1 に対して条件 (2.43), (2.44) をみたす $\{u_n\}$ をとる. $\mathrm{Im}\, z \neq 0$ なる z に対して

$$\begin{aligned}
&R(z;H_2)u_n - (z-\lambda)^{-1}u_n \\
&= \{R(z;H_2) - R(z;H_1)\}u_n + \{R(z;H_1)u_n - (z-\lambda)^{-1}u_n\}
\end{aligned}$$

を考える. 右辺第1項では, { } の中は $\mathcal{L}_C(X)$ に属し (定理の仮定による), $\text{w-}\lim u_n = 0$ だから, 右辺第1項は0に収束する. 一方, $\{u_n\}$ は λ, H_1 に対して (2.44) をみたすから, 右辺第2項も 0 に収束する. したがって, $\{u_n\}$ は λ, H_2 に対しても (2.44) をみたす. ゆえに, 命題 2.10 により $\lambda \in \sigma_{\mathrm{ess}}(H_2)$ であることがわかる. すなわち, $\sigma_{\mathrm{ess}}(H_1) \subset \sigma_{\mathrm{ess}}(H_2)$ が示された. $\sigma_{\mathrm{ess}}(H_2) \subset \sigma_{\mathrm{ess}}(H_1)$ も同様にして示されるから, (2.42) が成り立つ. ▮

b) 絶対連続スペクトルと特異スペクトル

(2.9)′ と同様に $u \in X$ に対して

$$\rho_u(\Delta) = (E(\Delta)u, u), \qquad \Delta \in \mathcal{B}_1$$

とおく. ρ_u は $\mathcal{B}_1$ で定義された非負値測度である.

定義 2.6　(この定義では, 括弧の中を読むときは, いつも括弧の中を読む.) ρ_u が1次元 Lebesgue 測度に関して絶対連続 (特異) であるとき, $u \in X$ は H に

関して**絶対連続(特異)**であるという. H に関して絶対連続(特異)な $u \in X$ の全体を, H に関する**絶対連続部分空間(特異部分空間)**といい, $X_{ac}(H)$ $(X_s(H))$ で表わす. ——

念のため定義の中にでてきた用語の復習をしておこう. $\varDelta \in \mathcal{B}_1$ の Lebesgue 測度を $|\varDelta|$ で表わす. また, 今後, Lebesgue 測度に関して絶対連続(特異)であることを, 単に絶対連続(特異)であるという. 以上の約束のもとで

(2.46) $$\rho_u \text{ が絶対連続} \iff [|\varDelta|=0 \Longrightarrow \rho_u(\varDelta)=0],$$

(2.47) $$\rho_u \text{ が特異} \iff [\varDelta_0 \in \mathcal{B}_1,\ |\varDelta_0|=0,\ \rho_u(\boldsymbol{R}^1 \setminus \varDelta_0)=0 \text{ なる } \varDelta_0 \text{ が存在する}].$$

なお, (2.9) と同様に $\rho_{u,v}(\varDelta)=(E(\varDelta)u, v)$ とおけば, (2.20) において $f=g=\chi_\varDelta$ として

(2.48) $$|\rho_{u,v}(\varDelta)| \leqq \rho_u(\varDelta)^{1/2}\rho_v(\varDelta)^{1/2}, \qquad \varDelta \in \mathcal{B}_1$$

が得られることに注意しておく.

定理 2.6 $X_{ac}(H)$, $X_s(H)$ は X の閉部分空間であり, たがいに直交する. そして

(2.49) $$X = X_{ac}(H) \oplus X_s(H)$$

が成り立つ. $X_{ac}(H)$, $X_s(H)$ は共に H を約する. したがって, (2.49) の分解に応じて H は

(2.50) $$H = H_{ac} \oplus H_s$$

と直和に分解される.

定義 2.7 (2.50) の H_{ac}, H_s をそれぞれ H の**絶対連続な部分**, **特異な部分**という. $H=H_{ac}$ (すなわち $X=X_{ac}(H)$) のとき H は絶対連続であるといい, $H=H_s$ (すなわち $X=X_s(H)$) のとき H は特異であるという. ——

定理 2.6 の証明に入る前に, 次の補題に注意しておく. 補題の証明は容易だから読者に任せる.

補題 2.1 X の部分空間 M, N が次の二つの条件

(i) M と N とは直交する,

(ii) 任意の $u \in X$ は $u=v+w$, $v \in M$, $w \in N$ と表わせる

をみたすとする. そのとき, M, N は X の閉部分空間であり, $X=M \oplus N$ が成り立つ.

定理 2.6 の証明　$X_{ac}\equiv X_{ac}(H)$, $X_s\equiv X_s(H)$ が X の線型部分空間であることは (2.46), (2.47), (2.48) を使って容易に確かめられる．次に，X_{ac}, X_s に補題 2.1 が適用できることを示す．

まず，条件 (i) を検証するため，$u\in X_{ac}$, $v\in X_s$ とする．簡単のため $\Delta^c=\boldsymbol{R}^1\setminus\Delta$ と書くと，(2.47) により，$|\Delta_0|=0$, $\rho_v(\Delta_0{}^c)=0$ なる $\Delta_0\in\mathcal{B}_1$ が存在する．(2.48) を用いれば，任意の $\Delta\in\mathcal{B}_1$ に対して

$$\begin{aligned}|\rho_{u,v}(\Delta)| &\leqq |\rho_{u,v}(\Delta\cap\Delta_0)|+|\rho_{u,v}(\Delta\cap\Delta_0{}^c)|\\ &\leqq \rho_u(\Delta\cap\Delta_0)^{1/2}\rho_v(\Delta\cap\Delta_0)^{1/2}+\rho_u(\Delta\cap\Delta_0{}^c)^{1/2}\rho_v(\Delta\cap\Delta_0{}^c)^{1/2}\end{aligned}$$

が得られるが，右辺第 1 項では $\rho_u(\Delta\cap\Delta_0)=0$ (u の絶対連続性と $|\Delta_0|=0$ とによる)，第 2 項では $\rho_v(\Delta\cap\Delta_0{}^c)=0$ (Δ_0 の定義による) だから，右辺は 0，すなわち $\rho_{u,v}(\Delta)=0$ ($\forall\Delta\in\mathcal{B}_1$) である．したがって，$(u,v)=\int_{-\infty}^{\infty}d\rho_{u,v}(\lambda)=0$ となり，条件 (i) がみたされることがわかった．

次に，条件 (ii) を検証するため，任意の $u\in X$ をとる．測度 ρ_u は Lebesgue 測度に関して絶対連続な測度 $\rho_{u,ac}$ と特異な測度 $\rho_{u,s}$ との和として表わされる (Lebesgue 分解定理，本講座“測度と積分”定理 7.11)：

$$\rho_u(\Delta)=\rho_{u,ac}(\Delta)+\rho_{u,s}(\Delta),\qquad \Delta\in\mathcal{B}_1.$$

$\rho_{u,s}$ の特異性により，$|\Delta_{u,s}|=0$, $\rho_{u,s}(\Delta_{u,s}{}^c)=0$ なる $\Delta_{u,s}\in\mathcal{B}_1$ が存在する．そのとき，$\Delta\subset\Delta_{u,s}{}^c$ ならば $\rho_{u,s}(\Delta)=0$，したがって $\rho_u(\Delta)=\rho_{u,ac}(\Delta)$ である．さて，

$$v=E(\Delta_{u,s}{}^c)u,\qquad w=E(\Delta_{u,s})u$$

とおく．$\rho_v(\Delta)=\rho_u(\Delta\cap\Delta_{u,s}{}^c)=\rho_{u,ac}(\Delta\cap\Delta_{u,s}{}^c)$ だから ρ_v は絶対連続，したがって $v\in X_{ac}$ である．一方，$\rho_w(\Delta)=\rho_u(\Delta\cap\Delta_{u,s})$ だから ρ_w は特異，したがって $w\in X_s$ である．$u=v+w$ は明らかだから，条件 (ii) もみたされることがわかった．

そこで，補題 2.1 を X_{ac}, X_s に適用すれば，定理の主張のうち (2.49) までが成り立つことがわかる．

次に，X_{ac} 上への射影作用素を P_{ac} として，関係

$$P_{ac}E(\Delta)=E(\Delta)P_{ac},\qquad \Delta\in\mathcal{B}_1 \tag{2.51}$$

が示されたとする．そうすれば，X_{ac} が H を約することがわかる (命題 2.9)．一方，分解 (2.49) が成り立っているから，X_s も H を約する．

(2.51) の証明　$u\in X$ に対して $\Delta_{u,s}$ を上のように定め，

$$E(\Delta)u=v+w,$$

$$v = E(\varDelta_{u,s}{}^c)E(\varDelta)u = E(\varDelta_{u,s}{}^c \cap \varDelta)u,$$
$$w = E(\varDelta_{u,s})E(\varDelta)u = E(\varDelta_{u,s} \cap \varDelta)u$$

と分解する．すると，$\rho_v(\varDelta') = \rho_u(\varDelta_{u,s}{}^c \cap \varDelta \cap \varDelta')$ だから ρ_v は絶対連続，したがって $v \in X_{ac}$ である．また，$\rho_w(\varDelta') = \rho_u(\varDelta_{u,s} \cap \varDelta \cap \varDelta')$ だから ρ_w は特異，したがって $w \in X_s$ である．ゆえに，

(2.52) $$P_{ac}E(\varDelta)u = v = E(\varDelta)E(\varDelta_{u,s}{}^c)u$$

が成り立つ．一方，上の条件 (ii) の証明からわかるように，$E(\varDelta_{u,s}{}^c)u = P_{ac}u$ であるから，(2.52) は $P_{ac}E(\varDelta)u = E(\varDelta)P_{ac}u$ を意味する．$u \in X$ は任意だから，(2.51) が示された．▌

例 2.6 例 2.3 の $H = \int_{-\infty}^{\infty} \lambda dE(\lambda)$ を考える．点列 $\{a_n\}$ に現われている点全体の集合を $\varDelta_0$ とすれば，$\varDelta_0$ はたかだか可算集合，したがって $\boldsymbol{R}^1$ の零集合である．そして，任意の $u \in X$ に対して

(2.53) $$\rho_u(\varDelta) = \sum_{a_k \in \varDelta} |(u, \varphi_k)|^2, \qquad \varDelta \in \mathcal{B}_1$$

(ただし $a_k \in \varDelta$ なる a_k がないときは右辺は 0 とする) だから，$\rho_u(\varDelta_0{}^c) = 0$，したがって ρ_u は特異である．すなわち，

$$X_{ac}(H) = \{0\}, \qquad X_s(H) = X, \qquad H = H_s.$$

例 2.7 例 2.4 の $H = \int \lambda dE(\lambda)$ に対しては，

(2.54) $$\rho_u(\varDelta) = \int_{\varDelta} |u(x)|^2 dx, \qquad u \in L^2(\boldsymbol{R}^1),\ \varDelta \in \mathcal{B}_1.$$

したがって，任意の $u \in X$ に対して ρ_u は絶対連続である．すなわち，

$$X_{ac}(H) = X, \qquad X_s(H) = \{0\}, \qquad H = H_{ac}.$$ ——

特異部分空間 $X_s(H)$ はさらに分解することができる．

定義 2.8 H の各固有値 $\lambda \in \sigma_p(H)$ に対応する固有空間 $N(\lambda - H)$ を考え，それら全体が生成する閉部分空間を $X_p(H)$ と書く．すなわち

$$X_p(H) = \overline{\mathrm{L.h.}\,[\bigcup_{\lambda \in \sigma_p(H)} N(\lambda - H)]}.$$

命題 2.11 $X_p(H) \subset X_s(H)$ であり，$X_p(H)$ は H を約する．

証明 $\lambda \in \boldsymbol{R}^1$ に対して，測度 δ_λ を次のように定義する：

$$\delta_\lambda(\varDelta) = 1, \ \lambda \in \varDelta; \qquad \delta_\lambda(\varDelta) = 0, \ \lambda \notin \varDelta.$$

δ_λ は特異な測度である．

$u \in N(\lambda-H)$ ならば $\rho_u(\varDelta)=\delta_\lambda(\varDelta)\|u\|^2$ だから ρ_u は特異，したがって $N(\lambda-H) \subset X_s(H)$ である．$X_s(H)$ は閉部分空間だから，これから $X_p(H) \subset X_s(H)$ が従う．

次に，$X_p \equiv X_p(H)$ 上への射影作用素を P_p として，

$$P_p E(\varDelta) u = E(\varDelta) P_p u, \qquad \varDelta \in \mathcal{B}_1,\ u \in X \tag{2.55}$$

が成り立つことを示す．そうすれば，命題2.9により，X_p が H を約することがわかる．

まず，$u \in N(\lambda-H)$ とすると $E(\varDelta)u=\delta_\lambda(\varDelta)u$，$P_p u=u$ だから (2.55) は成り立つ．このような u の線型結合，その極限に対しても (2.55) は成り立つから，結局 $u \in X_p$ ならば (2.55) は成り立つ．ゆえに，あとは $u \in X_p{}^\perp$ のとき (2.55) が成り立つことを示せばよい．$u \in X_p{}^\perp$ のとき (2.55) の右辺は0である．左辺も0になることをみるために，明白な関係

$$u \in X_p{}^\perp \iff [u \perp N(\lambda-H),\ \forall \lambda \in \sigma_p(H)]$$

に注意する．これにより，任意の $v \in N(\lambda-H)$ に対して

$$(E(\varDelta)u, v) = (u, E(\varDelta)v) = (u, \delta_\lambda(\varDelta)v) = 0$$

が得られる．ここで上の関係をもう一度使えば，$E(\varDelta)u \in X_p{}^\perp$ であることがわかる．ゆえに，$u \in X_p{}^\perp$ のとき (2.55) の左辺も0である．▌

定義 2.9　$X_{sc}(H)=X_s(H) \ominus X_p(H)$ とおく．$X_p(H)$，$X_{sc}(H)$ における H の部分を H_p, H_{sc} と書く．——

今までの結果を次の定理にまとめておく．

定理 2.7　Hilbert 空間 X における自己共役作用素 H が与えられたとき，X は

$$X = X_{ac}(H) \oplus X_s(H) = X_{ac}(H) \oplus X_{sc}(H) \oplus X_p(H) \tag{2.56}$$

と分解され，この分解に応じて H は

$$H = H_{ac} \oplus H_s = H_{ac} \oplus H_{sc} \oplus H_p \tag{2.57}$$

と分解される．(H_{sc} は H の**特異連続**な部分といわれる.)

注　$\sigma(H)=\sigma(H_{ac}) \cup \sigma(H_s)=\sigma(H_{ac}) \cup \sigma(H_{sc}) \cup \sigma(H_p)$ であるが，これらは直和ではない．たとえば，$\sigma(H_{ac})$ と $\sigma(H_s)$ の間に重なりがあり得る．例をあげるため，例2.3の H を H_1，例2.4の H を H_2 とし，$\tilde{X}=X \oplus L^2(\boldsymbol{R}^1)$ において $H=H_1 \oplus H_2$ を考えよう．$\{a_n\}$ にでてくる点全体の集合を $\varDelta_0$，その閉包を $\bar{\varDelta}_0$ とすれば，

$$\sigma(H_{ac}) = \sigma(H_2) = \boldsymbol{R}^1, \qquad \sigma(H_p) = \sigma(H_1) = \bar{\varDelta}_0$$

である．

なお $X_{sc}(H)=\{0\}$. また, $\sigma_p(H)=\Delta_0$ で, それは $\sigma(H_p)$ に等しいとは限らない.

c) 一つの応用

第4章でみるように, 定理2.7で述べた分解は, H の生成するユニタリ群 $\{e^{-itH}\}_{t\in \boldsymbol{R}^1}$ の $t\to\pm\infty$ における挙動を調べるときに有効に用いられる. ここでは, 絶対連続性と e^{-itH} の挙動との間の極く簡単な関係一つだけを, 例として述べておく.

命題 2.12 $u\in X_{ac}(H)$ ならば

$$\operatorname*{w-lim}_{t\to\pm\infty} e^{-itH}u=0.$$

証明 $u\in X_{ac}(H)$ とする. そのとき, 任意の $v\in X$ に対して, $\rho_{u,v}(\Delta)=(E(\Delta)u,v)$ は絶対連続な集合関数である ((2.48) による). さらに, (2.48) により

$$\left|\frac{d}{d\lambda}(E(\lambda)u,v)\right|\leqq\left\{\frac{d}{d\lambda}(E(\lambda)u,u)\right\}^{1/2}\left\{\frac{d}{d\lambda}(E(\lambda)v,v)\right\}^{1/2} \tag{2.58}$$

であることがわかる. ゆえに, $(d/d\lambda)(E(\lambda)u,v)$ は $\boldsymbol{R}^1$ 上で Lebesgue 可積分である. したがって, Riemann-Lebesgue の定理により

$$\begin{aligned}(e^{-itH}u,v)&=\int_{-\infty}^{\infty}e^{-itH}d(E(\lambda)u,v)\\&=\int_{-\infty}^{\infty}e^{-it\lambda}\frac{d}{d\lambda}(E(\lambda)u,v)\,d\lambda\longrightarrow 0,\qquad t\to\pm\infty.\end{aligned}$$

∎

定理 2.8 $X_{ac}(H)$ 上への射影作用素を P_{ac} とする. そのとき, $F\in\mathcal{L}(X)$ かつ $FR(i;H)\in\mathcal{L}_C(X)$ であるような F に対して[1)]

$$\operatorname*{s-lim}_{t\to\pm\infty} Fe^{-itH}P_{ac}=0. \tag{2.59}$$

証明 $\mathcal{D}=\mathcal{D}(H)\cap X_{ac}(H)=P_{ac}\mathcal{D}(H)$ とおけば, $\mathcal{D}$ は $X_{ac}(H)$ で稠密である. したがって,

$$\lim_{t\to\pm\infty} Fe^{-itH}u=0,\qquad \forall u\in\mathcal{D} \tag{2.60}$$

を示せば十分である. $u\in\mathcal{D}(H)$ だから

$$\begin{aligned}Fe^{-itH}u&=FR(i;H)(i-H)e^{-itH}u\\&=FR(i;H)e^{-itH}(i-H)u\end{aligned} \tag{2.61}$$

が成り立つ. ここで $(i-H)u\in X_{ac}(H)$ だから, 命題2.12により $e^{-itH}(i-H)u$

1) 次節で導入する用語を用いれば, F は有界かつ H-コンパクトである.

$\to 0$ (弱). ところが $FR(i;H)$ がコンパクトだから, (2.61) の右辺は0に強収束する. すなわち, (2.60) が成り立つ. ▌

§2.5　線型作用素の摂動

この節では, 線型作用素の摂動の理論の基礎的な部分のうち, 後の章の議論の基本となるものについて述べる.

a) 相対有界性, 相対コンパクト性

定義 2.10　A は X から Y への線型作用素, B は X から Z への線型作用素とする.

(i) $\mathcal{D}(B)\supset\mathcal{D}(A)$ であり, さらに, 条件

$$\|Bu\| \leqq a\|Au\|+b\|u\|, \qquad \forall u\in\mathcal{D}(A) \tag{2.62}$$

をみたすような定数 $a, b\geqq 0$ が存在するとき, B は **A に相対的に有界** (または **A-有界**) であるという. そして, (2.62) が成り立つような $a\geqq 0$ の下限 (ただし b は a に関係してよいとする) を B の **A-限界**という. B の A-限界を $\|B\|_A$ と表わすこともある.

(ii) $\mathcal{D}(B)\supset\mathcal{D}(A)$ であり, さらに, 条件

$$\begin{cases} u_n\in\mathcal{D}(A)\ (\forall n\in \boldsymbol{N}) \text{ かつ } \{\|u_n\|\}_{n\in\boldsymbol{N}},\ \{\|Au_n\|\}_{n\in\boldsymbol{N}} \text{ が有界ならば,} \\ Z \text{ の点列 } \{Bu_n\}_{n\in\boldsymbol{N}} \text{ は } Z \text{ で収束する部分列を含む} \end{cases} \tag{2.63}$$

が成り立つとき, B は **A に相対的にコンパクト** (または **A-コンパクト**) であるという.

注　B の A-限界が0であるとは, 任意の $\varepsilon>0$ に対して, 条件

$$\|Bu\| \leqq \varepsilon\|Au\|+b_\varepsilon\|u\|, \qquad \forall u\in\mathcal{D}(A) \tag{2.64}$$

をみたすような $b_\varepsilon\geqq 0$ が存在することである. $B\in\mathcal{L}(X,Z)$ ならば B は A-有界で, B の A-限界は0である. (実際, $a=0$, $b=\|B\|$ として (2.62) が成り立つ.) しかし, B の A-限界が0であっても, B が (X から Z への作用素として) 有界であるとは限らない. (後の例 2.8, 定理 2.9 をみよ.) ——

命題 2.13　B が A-コンパクトならば, B は A-有界である.

証明　B が A-有界でないとすると, $n\in\boldsymbol{N}$ に対して, 条件

$$\|Bu_n\| \geqq n(\|Au_n\|+\|u_n\|)$$

をみたす $u_n\in\mathcal{D}(A)$ が存在する. u_n に適当な係数を掛けることにより, $\|Au_n\|+\|u_n\|=1$ として差し支えない. そのとき, $\{Bu_n\}$ は収束する部分列を含み得ない.

それは，B が A-コンパクトであることと矛盾する．▮

A がレゾルベントをもつときには，A-有界性，A-コンパクト性はレゾルベントを用いて表わすことができる．

命題 2.14　$A\in\mathscr{C}(X)$ とし，$\rho(A)\neq\phi$ とする．B は X から Z への線型作用素とする．そのとき，次の (i)-(iii) は同値であり，また (i')-(iii') は同値である．

(i)　B は A-有界，

(ii)　$BR(z;A)\in\mathscr{L}(X,Z)$，$\forall z\in\rho(A)$，

(iii)　ある $z\in\rho(A)$ に対して　$BR(z;A)\in\mathscr{L}(X,Z)$．

(i')　B は A-コンパクト，

(ii')　$BR(z;A)\in\mathscr{L}_C(X,Z)$，$\forall z\in\rho(A)$，

(iii')　ある $z\in\rho(A)$ に対して　$BR(z;A)\in\mathscr{L}_C(X,Z)$．

証明　(i) $\Longrightarrow$ (ii)　$AR(z;A)=zR(z;A)-I$ であることを考慮すれば，(2.62) により $\|BR(z;A)u\|\leqq\{a+(a|z|+b)\|R(z;A)\|\}\|u\|$.

(iii) $\Longrightarrow$ (i)　$BR(z;A)$ は X 全体で定義されているから $\mathscr{D}(B)\supset\mathscr{D}(A)$ である．さらに，$u\in\mathscr{D}(A)$ のとき

$$\begin{aligned}(2.64)'\qquad \|Bu\|&=\|BR(z;A)(z-A)u\|\\&\leqq\|BR(z;A)\|\,\|Au\|+|z|\,\|BR(z;A)\|\,\|u\|.\end{aligned}$$

ゆえに (2.62) が成り立つ．

(i') $\Longrightarrow$ (ii')　$\{v_n\}$ が X で有界とし，$u_n=R(z;A)v_n$ とおけば，$\|u_n\|$, $\|Au_n\|$ は有界である．ゆえに，$Bu_n=BR(z;A)v_n$ は Z で収束する部分列を含む．

(iii') $\Longrightarrow$ (i')　$\|u_n\|$, $\|Au_n\|$ が有界ならば $\{(z-A)u_n\}$ は X の有界集合．ゆえに，$Bu_n=BR(z;A)(z-A)u_n$ は Z で収束する部分列を含む．▮

例 2.8　$X=Y=Z=l^2$，$A(\xi_k)=(k\xi_k)$，$B(\xi_k)=(k^\alpha\xi_k)$ とする[1]．$0<\alpha<1$ ならば B は A-コンパクトである．実際，$-1\in\rho(A)$ であり，

$$BR(-1;A)(\xi_k)=(-k^\alpha(1+k)^{-1}\xi_k)$$

だから $BR(-1;A)\in\mathscr{L}_C(X)$ である (関数解析・例 9.5)．また，B の A-限界は 0 である．このことは，次に示す定理 2.9 を用いればわかるが，直接示すことも容易である．すなわち，$0<\alpha<1$ のとき

1)　ここで，l^2 の要素を一般に $\xi=(\xi_k)=(\xi_k)_{k\in\boldsymbol{N}}$ のように表わしている．

$$k^{2\alpha} \leqq \varepsilon^2 k^2 + c_{\alpha,\varepsilon}, \qquad c_{\alpha,\varepsilon} = \varepsilon^{-2\alpha/(1-\alpha)} \alpha^{-1} (1-\alpha) \alpha^{1/(1-\alpha)}$$

が成り立つから，$\|Bu\| \leqq \varepsilon \|Au\| + c_{\alpha,\varepsilon}{}^{1/2} \|u\|$.

注意 2.3　$\mathcal{D}(A)$ は A によるグラフ・ノルム $(\|Au\|^2+\|u\|^2)^{1/2}$ をノルムとして前 Hilbert 空間になる．それを $\mathcal{D}$ で表わし，$\mathcal{D}$ を完備化して得られる Hilbert 空間を $\bar{\mathcal{D}}$ で表わす．$A \in \mathcal{C}(X, Y)$ ならば $\bar{\mathcal{D}} = \mathcal{D}$，また A が前閉作用素ならば $\bar{\mathcal{D}} = \mathcal{D}(\tilde{A})$ とみなせる．$\mathcal{D}$ を用いると，A-有界性，A-コンパクト性は次のようにいい表わせる．B は X から Z への線型作用素で，$\mathcal{D}(B) \supset \mathcal{D}(A)$ とする．そのとき

$$B \text{ が } A\text{-有界} \iff B|_{\mathcal{D}(A)} \in \mathcal{L}(\mathcal{D}, Z),$$

$$B \text{ が } A\text{-コンパクト} \iff B|_{\mathcal{D}(A)} \in \mathcal{L}_C(\mathcal{D}, Z).$$

ただし，$\mathcal{D}$ が完備でない場合にも，$C \in \mathcal{L}_C(\mathcal{D}, Z)$ は，$\|u_n\|_{\mathcal{D}}$ が有界なら $\{Cu_n\}$ が Z で収束する部分列を含むこと，として定義される．このとき，$C \in \mathcal{L}_C(\mathcal{D}, Z)$ なら C は有界で，C の $\bar{\mathcal{D}}$ への有界な拡張を $\tilde{C}$ とするとき，$C \in \mathcal{L}_C(\mathcal{D}, Z)$ は $\tilde{C} \in \mathcal{L}_C(\bar{\mathcal{D}}, Z)$ と同値である．これらの検証は容易だから読者に任せる．

注　ここまでの議論は，X, Y, Z が Banach 空間である場合にも，ほとんどそのままの形で成り立つ．——

定理 2.9　X, Y, Z は Hilbert 空間，$A \in \mathcal{C}(X, Y)$ とし，B は X から Z への線型作用素であるとする．B が A-コンパクトならば B は A-有界で，B の A-限界は 0 である．

証明　その1　$Y=X$ かつ A が X における自己共役作用素である場合には，証明は簡単であるので，まずその場合に証明する．（本講で後に用いるのはこの場合だけである.）任意の $\varepsilon>0$ に対して，(2.64) を示せばよいが，それには

(2.65)
$$\lim_{y\to\infty} \|BR(iy\,;A)\| = 0$$

を証明すれば十分である．実際，(2.64)′ で $z=iy$ とおいてみれば，(2.65) から (2.64) が従うことがわかる．(2.65) を証明するために

(2.66)
$$\begin{cases} BR(iy\,;A) = KL(y), \\ K = BR(i\,;A), \qquad L(y) = (i-A)R(iy\,;A) \end{cases}$$

と書くと，$K \in \mathcal{L}_C(X, Z)$（命題 2.14 による），$L(y) \in \mathcal{L}(X)$ である．ところが

(2.67)
$$\operatorname{s-lim}_{y\to\infty} L(y)^* = \operatorname{s-lim}_{y\to\infty} [R(-iy\,;A)(-i-A)]^{\sim} = 0$$

である．実際，$y \geqq 1$ のとき $\|L(y)^*\| \leqq 1$ であり，$u \in \mathscr{D}(A)$ ならば $\|L(y)^* u\| \leqq y^{-1}(\|u\|+\|Au\|) \to 0$ だから (2.67) が成り立つ．ゆえに，X のコンパクト集合上では，$L(y)^*$ は 0 に一様収束する．このことと $K^* \in \mathscr{L}_C(Z, X)$ であることとから，

$$\lim_{y\to\infty} \|[BR(iy\,;A)]^*\| = \lim_{y\to\infty} \|L(y)^* K^*\| = 0$$

であることがわかるが，これは (2.65) と同値である（関数解析・命題 4.9）．∎

注 この証明は，X が Banach 空間，A が X における (C_0) 半群の生成作用素で，$\mathscr{D}(A^*)$ が X で稠密である場合にも，ほとんどそのまま通用する．

証明 その 2 A が一般の場合の証明には，Hilbert 空間におけるコンパクト作用素の標準形を利用する．(2.64) を示せばよいが，B が A-コンパクトなら B は εA-コンパクトでもあるから，B が A-コンパクトという仮定のもとで

(2.68) $$\|Bu\| \leqq \|Au\|+b\|u\|, \qquad \forall u \in \mathscr{D}(A)$$

なる $b \geqq 0$ の存在を証明すれば十分である．

$\mathscr{D}(A)$ に A によるグラフ・ノルムを入れてできる Hilbert 空間を $\mathscr{D}$ とすれば，$B \in \mathscr{L}_C(\mathscr{D}, Z)$ である（注意 2.3 参照）．B は次の表示をもつ．

(2.69) $$Bu = \sum_k \lambda_k (u, \varphi_k)_{\mathscr{D}} \psi_k, \qquad u \in \mathscr{D}.$$

ここで，$\sum$ は有限和または可算和[1]，$\{\varphi_k\}$ は $\mathscr{D}$ の正規直交系，$\{\psi_k\}$ は Z の正規直交系であり，$\lambda_k > 0$ かつ $\lambda_k \to 0$ $(k\to\infty)$ である．

(2.69) を導くには次のように考えればよい．$B^*B \in \mathscr{L}_C(\mathscr{D})$ かつ $B^*B \geqq 0$ だから，$\mathscr{D}$ の正規直交系 $\{\varphi_k\}$ と，$\mu_k > 0$，$\mu_k \to 0$ $(k\to\infty)$ なる μ_k を用いて

(2.70) $$B^*Bu = \sum_k \mu_k (u, \varphi_k) \varphi_k$$

と書ける（関数解析・§9.4）．一方，B の標準分解[2]によれば

(2.71) $$B = W|B^*B|^{1/2}$$

と書ける．ここで，$W \in \mathscr{L}(\mathscr{D}, Z)$ は $|B^*B|^{1/2} = \sum \mu_k^{1/2}(\cdot, \varphi_k)\varphi_k$ の値域の上で等長である．したがって，$\psi_k = W\varphi_k$ とおけば $\{\psi_k\}$ は Z の正規直交系になる．このことと，(2.70), (2.71) により，$\lambda_k = \mu_k^{1/2}$，$\psi_k = W\varphi_k$ として (2.69) が成り立つことがわかる．

---

1) 以後，可算和の場合を頭において書くが，有限和の場合も同様．

2) 関数解析・§6.4 参照．なお，そこでは A はある Hilbert 空間 X における閉作用素としたが，A が X から Y への閉作用素である場合にも全く同様の議論ができることに注意しておく．

さて，$\lambda_k\to 0$ だから，$k_0\in \boldsymbol{N}$ を $[k\geqq k_0 \Longrightarrow \lambda_k{}^2\leqq 1/2]$ が成り立つようにとれる．そこで，$\alpha=\max\{\lambda_k{}^2\,|\,k=1,\cdots,k_0\}$ とおくと，任意の $u\in\mathcal{D}$ に対して

$$
\begin{aligned}
(2.72)\qquad \|Bu\|_Z{}^2 &= \sum_k \lambda_k{}^2|(u,\varphi_k)_{\mathcal{D}}|^2\\
&\leqq \alpha\sum_{k=1}^{k_0}|(u,\varphi_k)_{\mathcal{D}}|^2+\frac{1}{2}\|u\|_{\mathcal{D}}{}^2
\end{aligned}
$$

が成り立つ．ところが，$\mathcal{D}(A^*A)$ は $\mathcal{D}$ で稠密であるから (関数解析・命題6.16) $\phi_k\in\mathcal{D}(A^*A)$ で

$$\|\phi_k-\varphi_k\|_{\mathcal{D}}{}^2 \leqq (4\alpha k_0)^{-1}$$

であるようなものが存在する．ゆえに，

$$\beta = \max\{\|A^*A\phi_k\|_X+\|\phi_k\|_X\,|\,k=1,\cdots,k_0\}$$

とおくと，(2.72) の右辺で

$$
\begin{aligned}
|(u,\varphi_k)_{\mathcal{D}}|^2 &\leqq 2\{|(u,\varphi_k-\phi_k)_{\mathcal{D}}|^2+|(u,\phi_k)_{\mathcal{D}}|^2\}\\
&\leqq (2\alpha k_0)^{-1}\|u\|_{\mathcal{D}}{}^2+2|(u,A^*A\phi_k)_X+(u,\phi_k)_X|^2\\
&\leqq (2\alpha k_0)^{-1}\|Au\|_Y{}^2+\{(2\alpha k_0)^{-1}+2\beta^2\}\|u\|_X{}^2.
\end{aligned}
$$

この評価を (2.72) の右辺に代入すれば

$$
\begin{aligned}
&\|Bu\|_Z{}^2 \leqq \|Au\|_Y{}^2+\gamma\|u\|_X{}^2,\\
&\gamma = 1+2\alpha\beta^2k_0
\end{aligned}
$$

が得られる．ゆえに $b=\gamma^{1/2}$ として (2.68) が成り立つ．▌

b) 自己共役作用素の摂動

定理 2.10 (加藤-Rellich の定理)　H_0 を Hilbert 空間 X における自己共役作用素，V を X における対称作用素とする．V が H_0-有界で，V の H_0-限界が1より小さいならば，すなわち，$0\leqq a<1$，$b\geqq 0$ かつ条件

$$(2.73)\qquad \|Vu\|\leqq a\|H_0u\|+b\|u\|,\qquad \forall u\in\mathcal{D}(H_0)$$

をみたすような a,b が存在するならば，$H=H_0+V$ は自己共役である．

系　H_0 が本質的に自己共役，V が対称であるとする．V が H_0-有界で，V の H_0-限界が1より小さいならば，$H=H_0+V$ は本質的に自己共役である．このとき，$\tilde{V}$ は $\tilde{H}_0$-有界であり

$$(2.74)\qquad \tilde{H}=\tilde{H}_0+\tilde{V}$$

が成り立つ．ここで，$\tilde{A}$ は A の閉包を表わす．

注1　定理2.10において，$\mathcal{D}(V)\supset\mathcal{D}(H_0)$ だから $\mathcal{D}(H)=\mathcal{D}(H_0)$．

注2 閉作用素の摂動に関しても同様の定理が成り立つ(関数解析・命題5.8参照).

注3 定理2.10はF. Rellich (1939)による. 加藤敏夫は, 文献[22]において, この定理を用いてSchrödinger作用素の自己共役性を研究した. それについては次章で述べる. ——

定理2.10の証明 $H=H_0+V$ が対称であることは明らか. ゆえに, 命題2.2によれば, $y>0$ を十分大きいとして, u に関する方程式

$$(\pm iy-H_0-V)u=v \tag{2.75}$$

が任意の $v\in X$ に対して解をもつことを証明すれば十分である. (2.73)と不等式 $\|R(\pm iy;H_0)\|\leqq y^{-1}$, $\|H_0R(\pm iy;H_0)\|\leqq 1$ とにより

$$\begin{aligned}\|VR(\pm iy;H_0)u\| &\leqq a\|H_0R(\pm iy;H_0)u\|+b\|R(\pm iy;H_0)u\|\\ &\leqq (a+by^{-1})\|u\|\end{aligned}$$

が得られる. $0\leqq a<1$ と仮定したから, $y>0$ が十分大きければ $0\leqq a+by^{-1}<1$. そのような y に対しては, 上の評価により $\|VR(\pm iy;H_0)\|<1$ であり, したがって, $1-VR(\pm iy;H_0)$ は1対1かつ $(1-VR(\pm iy;H_0))^{-1}\in\mathcal{L}(X)$ である. そのとき

$$u=R(\pm iy;H_0)(1-VR(\pm iy;H_0))^{-1}v$$

が(2.75)の解であることは直ちに確かめられる. ∎

系の証明 $u\in\mathcal{D}(\tilde{H}_0)$ であれば, $u_n\to u$, $H_0u_n\to\tilde{H}_0u$ であるような列 $u_n\in\mathcal{D}(H_0)$ が存在する. そのとき, (2.73)により Vu_n は X のCauchy列になる. ゆえに, $u\in\mathcal{D}(\tilde{V})$ かつ $Vu_n\to\tilde{V}u$ である. これは, $\mathcal{D}(\tilde{H}_0)\subset\mathcal{D}(\tilde{V})$ であること, および(2.73)が, H_0, V を $\tilde{H}_0$, $\tilde{V}$ におきかえても成り立つことを示している. すなわち, $\tilde{V}$ は $\tilde{H}_0$-有界で $\tilde{V}$ の $\tilde{H}_0$-限界は1より小さい. 仮定により $\tilde{H}_0$ は自己共役だから, 定理により $\tilde{H}_0+\tilde{V}$ も自己共役である.

次に, $(H_0+V)^{\sim}=\tilde{H}_0+\tilde{V}$ が成り立つことを示す. そうすれば, H_0+V が本質的に自己共役であることがわかる. まず, $H_0+V\subset\tilde{H}_0+\tilde{V}$ は明らかであるが, 上に示したように $\tilde{H}_0+\tilde{V}$ は自己共役, したがって閉であるから, $(H_0+V)^{\sim}\subset\tilde{H}_0+\tilde{V}$ である. 次に $u\in\mathcal{D}(\tilde{H}_0+\tilde{V})=\mathcal{D}(\tilde{H}_0)$ に対して, 前段のような u_n をとると, $u_n\to u$ かつ $(H_0+V)u_n$ は収束列であるから, $u\in\mathcal{D}((H_0+V)^{\sim})$ である. 以上で $(H_0+V)^{\sim}=\tilde{H}_0+\tilde{V}$ が示された. ∎

定理2.5と定理2.10を組み合わせて得られる次の定理は, 摂動の方法による

スペクトル研究の第一歩をなすものである．

定理 2.11　H_0 が自己共役，V が対称かつ H_0-コンパクトならば，$H=H_0+V$ は自己共役であり，真性スペクトルに関して $\sigma_{\text{ess}}(H)=\sigma_{\text{ess}}(H_0)$ が成り立つ．

証明　$H=H_0+V$ が自己共役であることは，定理 2.9, 2.10 による．$\mathcal{D}(V)\supset\mathcal{D}(H_0)$ だから，第2レゾルベント方程式

$$R(z\,;H)-R(z\,;H_0)=R(z\,;H)VR(z\,;H_0),\qquad \operatorname{Im}z\neq 0$$

が成り立つ．ここで，$VR(z\,;H_0)\in\mathcal{L}_C(X)$ だから（命題 2.14），右辺はコンパクトである．ゆえに，定理 2.5 により，$\sigma_{\text{ess}}(H)=\sigma_{\text{ess}}(H_0)$ が成り立つことがわかる．▌

V の H_0-限界が1のときには，H_0 が自己共役であっても，H_0+V が自己共役になるとは限らない．（たとえば，H_0 が非有界で，$V=-H_0$ の場合を考えよ．）しかし，本質的に自己共役にはなる．これを証明したのは R. Wüst (1971) であるが，この問題はその後 m 増大作用素の摂動の問題として研究されている．ここでは，話を自己共役な場合に限って，次の定理を紹介するだけにとどめる．

定理 2.12　H_0 が自己共役，V が対称であるとする．$\mathcal{D}(V)\supset\mathcal{D}(H_0)$ であり，さらに条件

$$\text{(2.76)}\qquad \operatorname{Re}(Vu,H_0u)\geqq -a\|u\|^2-b\|H_0u\|\|u\|-\|H_0u\|^2,\qquad \forall u\in\mathcal{D}(H_0)$$

をみたすような $a\geqq 0$, $b\geqq 0$ が存在するならば，H_0+V は本質的に自己共役である．

注1　V の H_0-限界が1ならば

$$\begin{aligned}\operatorname{Re}(Vu,H_0u)&\geqq -\|Vu\|\,\|H_0u\|\\&\geqq -(\|H_0u\|+b\|u\|)\,\|H_0u\|\end{aligned}$$

が成り立つから，$a=0$ として条件 (2.76) がみたされる．

注2　定理 2.12 は岡沢登，加藤敏夫による．m 増大作用素の場合も含めて，文献 [28] 参照．

証明　命題 2.2 によれば

$$\text{(2.77)}\qquad [((i-H_0-V)v,u)=0,\ \forall v\in\mathcal{D}(H_0)]\implies u=0,$$

$$\text{(2.78)}\qquad [((-i-H_0-V)v,u)=0,\ \forall v\in\mathcal{D}(H_0)]\implies u=0$$

を証明すれば十分である．以下，(2.77) を証明する．(2.78) の証明も同様．

u が (2.77) の仮定の部分の条件をみたすとし

$$v_n=i(i-n^{-1}H_0)^{-1}u=niR(ni\,;H_0)u$$

$$= u + H_0 R(ni\,;H_0)u$$

とおく．$\underset{n\to\infty}{\text{s-lim}}\, H_0R(ni\,;H_0)=0$ であるから ((2.67) の証明と同様にする)

$$\lim_{n\to\infty} v_n = u \tag{2.79}$$

が成り立つ．一方，$v_n \in \mathcal{D}(H_0)$ だから，(2.77) の v に v_n を代入した上で，$u=-i(i-n^{-1}H_0)v_n$ に注意すれば

$$((i-H_0-V)v_n,\ (i-n^{-1}H_0)v_n) = 0,$$

すなわち

$$\|v_n\|^2 = -i((H_0+V)v_n, v_n) + n^{-1}((i-H_0-V)v_n, H_0v_n)$$

が成り立つ．ここで両辺の実部をとり，H_0, H_0+V が対称であることを考慮すれば

$$\|v_n\|^2 = -n^{-1}\|H_0v_n\|^2 - n^{-1}\,\mathrm{Re}\,(Vv_n, H_0v_n)$$

が得られる．この右辺に仮定 (2.76) を用いれば

$$\|v_n\|^2 \leqq n^{-1}a\|v_n\|^2 + n^{-1}b\|H_0v_n\|\,\|v_n\|$$

が従う．ここで n を十分大きくとって，$1-n^{-1}a>0$ であるようにすれば

$$\begin{aligned}\|v_n\| &\leqq (1-n^{-1}a)^{-1}n^{-1}b\|H_0v_n\|\\ &= (1-n^{-1}a)^{-1}b\|H_0R(ni\,;H_0)u\|.\end{aligned}$$

ところが，$\underset{n\to\infty}{\text{s-lim}}\, H_0R(ni\,;H_0)=0$ だから $\lim v_n=0$ である．これと (2.79) から $u=0$ が従う．以上で (2.77) が示された．∎

ある対称作用素が (本質的に) 自己共役であることを証明する問題，あるいは，微分作用素などが形式的に与えられたとき，それに自然に対応する自己共役作用素 (selfadjoint realization) をみつける問題を，‘自己共役性の問題’ という．これについては，巻末の参考書 [7] の第 X 章に十分に論じられている．ここでは，自己共役性に関する他の定理の一例として，場の量子論に関する数学的理論で用いられることのある次の定理を，証明なしで述べ，それ以上の深入りは避ける．

定義 2.11　H は X における対称作用素とする．$u\in X$ が H に関する**解析ベクトル** (analytic vector) であるとは，$u\in \bigcap_{n=1}^{\infty}\mathcal{D}(A^n)$ であり，かつある正数 t に対して

$$\sum_{n=0}^{\infty}\frac{\|A^nu\|}{n!}t^n < \infty$$

が成り立つことをいう.

定理 2.13 (Nelson の定理)　H は X における対称作用素とする. X の部分集合 $\mathscr{D}$ で, 次の二つの条件 (i), (ii) をみたすものが存在すれば, H は本質的に自己共役である.

(i)　任意の $u \in \mathscr{D}$ は H に関する解析ベクトルである.

(ii)　$\overline{\mathrm{L.h.}\,[\mathscr{D}]} = X$.

問　題

1　$\mathscr{D}(A)$ は X で稠密であるとし, A は X の分解 (2.26) に応じて, (2.29) のように直和に分解されているとする. そのとき, $\mathscr{D}(A_k)$ は M_k で稠密であり, A^* は

$$A^* = \sum_{k=1}^{m} \oplus A_k{}^*$$

と直和に分解されることを確かめよ.

2　(2.41) は, ある $z_0 \in \rho(H_1) \cap \rho(H_2)$ に対して成り立てば任意の $z \in \rho(H_1) \cap \rho(H_2)$ に対して成り立つことを証明せよ.

3　定理 2.5 は次のように一般化される. f は $\boldsymbol{R}^1$ 上の複素数値有界連続関数で, 次の条件 (∗) をみたすとする:

$$(*)\quad \begin{cases} f(\pm\infty) = \lim\limits_{\lambda\to\pm\infty} f(\lambda) \text{ が存在する;} \\ \lambda \in \boldsymbol{R}^1 \text{ と } \delta>0 \text{ を任意に固定するとき,} \\ \qquad \inf\limits_{|\mu-\lambda|\geqq\delta} |f(\mu)-f(\lambda)| > 0. \end{cases}$$

そのとき

$$f(H_2)-f(H_1) \in \mathscr{L}_C(X) \Longrightarrow \sigma_{\mathrm{ess}}(H_2) = \sigma_{\mathrm{ess}}(H_1)$$

が成り立つ. これを証明せよ.

4　X が可分であるならば, X における自己共役作用素 $H=\int_{-\infty}^{\infty} \lambda dE(\lambda)$ に対して, ある $\varDelta_{ac} \in \mathscr{B}_1$ が存在して, $X_{ac}(H) = E(\varDelta_{ac})X$ と書ける. これを証明せよ.

5　定理 2.10 の仮定に加えて, H_0 が下に有界であると仮定すれば, $H=H_0+V$ も下に有界であることを示せ.

第3章　Schrödinger 作用素

§3.1　抽象的 Schrödinger 方程式

X を Hilbert 空間, H を X における自己共役作用素とし,

$$H = \int_{-\infty}^{\infty} \lambda dE(\lambda)$$

を H のスペクトル分解とする．そこで, 抽象的 Schrödinger 方程式

$$i\frac{d}{dt}u(t) = Hu(t), \qquad t \in \boldsymbol{R}^1 \tag{3.1}$$

を考えよう．ここで, $u(t)$ は $\boldsymbol{R}^1$ から X への関数である．第1章でみたように, Schrödinger 方程式 (1.1) は $X = L^2(\boldsymbol{R}^3)$ として上の形に書くことができる．

第1章で述べたように, 方程式 (1.3) の解で, 初期条件 (1.5) をみたすものは, 形式的には (1.6) で与えられる．(3.1) のように, H を自己共役作用素であると規定すると, (1.6) が解であるという事実を, 次のように正確に述べることができる．

定理 3.1　X, H は上の通りとし

$$U(t) = e^{-itH} = \int_{-\infty}^{\infty} e^{-it\lambda} dE(\lambda), \qquad t \in \boldsymbol{R}^1 \tag{3.2}$$

とおく．そのとき, 次の (i)-(v) が成り立つ．

(i)　$U(t)$ は X におけるユニタリ作用素である．

(ii)　$U(0) = I$.

(iii)　$U(s+t) = U(s)U(t), \quad \forall s, t \in \boldsymbol{R}^1$.

(iv)　$U(t)$ は t について強連続である．すなわち

$$\operatorname*{s-lim}_{t' \to t} U(t') = U(t).$$

(v)　$u \in \mathscr{D}(H)$ ならば, 次の (a), (b), (c) が成り立つ．

(a)　$U(t)u \in \mathscr{D}(H)$,　$t \in \boldsymbol{R}^1$,

(b)　$U(t)u$ は t について強連続的微分可能,

(c)　$U(t)u$ は次の関係をみたす:

$$\frac{d}{dt}U(t)u = -iHU(t)u = -iU(t)Hu, \tag{3.3}$$

$$U(0)u = u. \tag{3.4}$$

注1　$\{U(t)\}_{t\in \boldsymbol{R}^1}$ が定理の条件 (i)-(iv) をみたすとき，$\{U(t)\}$ は1パラメータをもつユニタリ作用素の強連続群であるといわれる.

注2　定理の (v) は，線型作用素の半群に関する吉田-Hille の定理 (関数解析・定理 7.6) のうち，半群の生成に関する部分の特別の場合とみなせる[1]．しかし，上の定理は，スペクトル分解定理を使って容易に証明できるから，以下その証明を述べる．(なお，関数解析・§14.3参照.)

注3　上の定理は，逆の主張"1パラメータをもつユニタリ作用素の強連続群 $\{U(t)\}_{t\in \boldsymbol{R}^1}$ は $U(t)=e^{-itH}$ の形に表わされる"と合わせて，**Stone の定理**とよばれる.

証明　(i), (ii), (iii) を検証するには,

$$U(t) = f_t(H), \qquad f_t(\lambda) = e^{-it\lambda}$$

として，命題2.3を適用すればよい．実際，(ii), (iii) は命題2.3の (vi), (iv) により明らか．また，命題2.3の (i) により $U(t)^* = U(-t)$ がでるから，$U(t)^*U(t) = U(-t)U(t) = I$. 同様に $U(t)U(t)^* = I$. ゆえに $U(t)$ はユニタリである.

(iv) の証明　任意の $u \in X$ に対して，(2.21) により

$$\|U(t')u - U(t)u\|^2 = \int_{-\infty}^{\infty} |e^{-it'\lambda} - e^{-it\lambda}|^2 d(E(\lambda)u, u) \tag{3.5}$$

を得るが，この右辺は $t' \to t$ のとき0に収束する (Lebesgue の収束定理による).

(v) の証明　$g(\lambda)=\lambda$ とおく．命題2.3の (iv) により $(gf_t)(H) = g(H)f_t(H) = He^{-itH}$ が成り立つ．一方，$\mathcal{D}((gf_t)(H)) = \mathcal{D}(H)$ かつ $(gf_t)(H) = e^{-itH}H$ が成り立つことは容易に確かめられる．ゆえに，$U(t)=e^{-itH}$ だから

$$HU(t) = U(t)H, \qquad t \in \boldsymbol{R}^1$$

が得られる．これから，(v) の (a) および (3.3) の第2の等号が成り立つことがわかる．次に，再び (2.21) を用いて

$$\|h^{-1}\{U(t+h) - U(t)\}u + iHU(t)u\|^2 \tag{3.6}$$

---

1)　実際，$A = -iH$ とおけば，$\pm A$ は関数解析・定理7.6の条件 (ii) を満足し，したがって縮小 (C_0) 半群を生成する．$-A$ が生成する半群で t の符号を変えたものを，A が生成する半群につなげば，1パラメータをもつ群が得られる.

$$= \int_{-\infty}^{\infty} |h^{-1}\{e^{-i(t+h)\lambda} - e^{-it\lambda}\} + i\lambda e^{-it\lambda}|^2 d(E(\lambda)u, u).$$

ここで t を固定し，右辺の被積分関数 $|\cdots|^2$ を $\varphi_h(\lambda)$ とおけば，容易に確かめられるように，

$$\lim_{h\to 0} \varphi_h(\lambda) = 0, \qquad 0 \leqq \varphi_h(\lambda) \leqq 4\lambda^2, \qquad \forall \lambda \in \boldsymbol{R}^1$$

が成り立つ．ところが，$u \in \mathcal{D}(H)$ ならば $\int_{-\infty}^{\infty} \lambda^2 d(E(\lambda)u, u) < \infty$ だから，(3.6) の右辺に Lebesgue の収束定理が適用でき，(3.6) の右辺は $h\to 0$ のとき 0 に収束する．こうして，$U(t)u$ が強微分可能で，(3.3) が成り立つことがわかった．(3.3) の最右辺は t につき強連続だから，$(d/dt)U(t)u$ は t につき強連続，したがって (b) が成り立つ．(3.4) は明らかだから，(c) もいえた．▌

定理 3.1 により，$u \in \mathcal{D}(H)$ のときには，

(3.7)
$$u(t) = U(t)u = e^{-itH}u$$

が Schrödinger 方程式の初期値問題

(3.8)
$$\begin{cases} \dfrac{d}{dt}u(t) = -iHu(t), & t \in \boldsymbol{R}^1, \\ u(0) = u \end{cases}$$

の解であることがわかった．次に，解の一意性を調べておく．

定理 3.2　$\boldsymbol{R}^1$ 上の X 値関数 $u(t)$ が，i) 強微分可能，ii) $u(t) \in \mathcal{D}(H)$ $(\forall t \in \boldsymbol{R}^1)$，iii) (3.8) をみたす，ならば $u(t) = e^{-itH}u$ である．

証明　$v(t) \equiv e^{itH}u(t)$ は強微分可能で，$(d/dt)v(t) = 0$ が成り立つことを示そう．それができれば，$v(t)$ は t によらないことになるが，$v(0) = u$ だから $v(t) = u$，したがって $u(t) = e^{-itH}u$ が得られる．

$(d/dt)v(t) = 0$ の証明は簡単であるが，同じような論法が後にもでてくるから，少し詳しく書いておく．まず，

(3.9)
$$\begin{aligned} h^{-1}\{v(t+h) - v(t)\} &= e^{i(t+h)H}h^{-1}\{u(t+h) - u(t)\} \\ &\quad + h^{-1}\{e^{i(t+h)H} - e^{itH}\}u(t) \end{aligned}$$

と変形する．右辺の第 1 項で $h^{-1}\{\cdots\}$ は $h\to 0$ のとき $(d/dt)u(t)$ に収束し，また $e^{i(t+h)H}$ は e^{itH} に強収束する．したがって，右辺の第 1 項は $e^{itH}(d/dt)u(t) = -ie^{itH}Hu(t)$ に収束する．次に右辺の第 2 項であるが，$u(t) \in \mathcal{D}(H)$ であり，い

ま t は固定しているから，$u(t)$ を u と思って定理 3.1 を適用すれば，右辺の第2項は $ie^{itH}Hu(t)$ に収束することがわかる．結局，(3.9) の右辺は $h\to 0$ のとき 0 に収束するから，$(d/dt)v(t)=0$ が成り立つ．▮

$u\notin\mathcal{D}(H)$ のときには，(3.7) の $u(t)$ が (3.8) の解であるとはいえない．実際，$u\notin\mathcal{D}(H)$ ならば，いかなる t に対しても $e^{-itH}u\notin\mathcal{D}(H)$ であるから，(3.7) の $u(t)$ に対して，(3.8) の第1の方程式の右辺は意味をもち得ない．

第1章でも述べたように，Schrödinger 方程式 (1.1) を解く第一歩は，形式的に与えられたハミルトニアン $\mathcal{H}$ が，自己共役作用素 H を定めることを示すことである．H が定まれば，定理 3.1 により方程式の解が求まる．しかし，H が定まった上では，ハミルトニアン $\mathcal{H}$ をもつ系の運動は，方程式 (3.8) によって定まると考える代りに，ユニタリ作用素の群 $U(t)=e^{-itH}$ によって定まると考えることもできる．後者のように考えると，初期値 u が $\mathcal{D}(H)$ に属するという断わり書きは不要となり，“$t=0$ で初期値 $u\in X$ にある系の時間的変化は，(3.7) によって与えられる”ということができる．以下，本講では，方程式 (3.8) よりも，ユニタリ作用素の群 $U(t)$ に重点をおいて話を進める．

§3.2　自由粒子の場合

この節では，Schrödinger 作用素 (1.2) で $V(x)\equiv 0$ である場合をとりあげ，$\mathcal{H}_0=-\Delta$ に対応する自己共役作用素 H_0 を定める．そして，H_0 のスペクトル，レゾルベントなどについて調べる．はじめに，Fourier 変換と Sobolev 空間について簡単に復習し，記号を定義する．

a）Fourier 変換

$\boldsymbol{R}^n$ 上の複素数値急減少関数の全体を $\mathcal{S}(\boldsymbol{R}^n)$ と書く[1]．$u\in\mathcal{S}(\boldsymbol{R}^n)$ に対して，u の Fourier 変換 $\mathcal{F}u$ は

$$(\mathcal{F}u)(\xi)=\frac{1}{(2\pi)^{n/2}}\int_{\boldsymbol{R}^n}u(x)e^{-i\xi x}dx \tag{3.10}$$

によって定義される．$\mathcal{F}u$ も $\mathcal{S}(\boldsymbol{R}^n)$ に属する関数で，$\mathcal{F}$ は $\mathcal{S}(\boldsymbol{R}^n)$ を $\mathcal{S}(\boldsymbol{R}^n)$ 全体の上に1対1に写像する．

1）$\mathcal{S}(\boldsymbol{R}^n)$ とその上の Fourier 変換については，本講座“解析入門 V”参照．なお，本講では，関数空間は，いつも複素数値関数の空間とする．今後，複素数値であることはいちいち断わらない．

Fourier 変換に関する諸公式はいちいち繰り返さない．大事なのは，$(\partial/\partial x_j)u=\partial_j u$ と書くとき

$$(\mathscr{F}\partial_j u)(\xi)=i\xi(\mathscr{F}u)(\xi)$$

が成り立つことである．これから

(3.11)
$$\mathscr{F}(-\triangle u)(\xi)=\xi^2(\mathscr{F}u)(\xi)$$

が従う．$\mathscr{F}$ の逆写像は

(3.12)
$$(\mathscr{F}^{-1}f)(x)=\frac{1}{(2\pi)^{n/2}}\int_{\boldsymbol{R}^n}f(\xi)e^{i\xi x}d\xi$$

で与えられる．$\mathscr{F}^{-1}$ を逆 Fourier 変換とよぶ．

Fourier 変換 $\mathscr{F}$ は $L^2(\boldsymbol{R}^n)$ におけるユニタリ作用素 F に一意的に拡張される[1]．F も Fourier 変換とよばれる．L^2 における収束を l.i.m. と書くと，Fu は

(3.13)
$$(Fu)(\xi)=\underset{L\to\infty}{\mathrm{l.i.m.}}\frac{1}{(2\pi)^{n/2}}\int_{|x|\leqq L}u(x)e^{-i\xi x}dx$$

と表わされる．F^{-1} は $\mathscr{F}^{-1}$ の拡張で，(3.13) と同様の式で表わされる．なお，Fu のことを $\hat{u}$ と書くこともある．

$\mathscr{S}(\boldsymbol{R}^n)$ は Fourier 変換を考えるためには自然な空間であった．しかし，他の目的のためには $C_0^\infty(\boldsymbol{R}^n)$ を用いるのが便利なことも多い．$C_0^\infty(\boldsymbol{R}^n)$ は，$\boldsymbol{R}^n$ 上の関数で，無限回微分可能かつ台がコンパクトであるようなものの全体である．

b) Sobolev 空間 $H^s(\boldsymbol{R}^n)$

本講では，重みつきの L^2 空間に対して，次の記号を使用する．s を実数とする．$\boldsymbol{R}^n$ 上の可測関数 u で，

(3.14)
$$\|u\|_{L^{2,s}}\equiv\left\{\int_{\boldsymbol{R}^n}(1+|x|^2)^s|u(x)|^2dx\right\}^{1/2}<\infty$$

であるような u の全体を $L^{2,s}=L^{2,s}(\boldsymbol{R}^n)$ で表わす．$L^{2,s}$ は

(3.15)
$$(u,v)_{L^{2,s}}=\int_{\boldsymbol{R}^n}(1+|x|^2)^s u(x)\overline{v(x)}dx$$

を内積として Hilbert 空間になる．$L^{2,s}$ に関して，次の関係が成り立つ．

$$C_0^\infty(\boldsymbol{R}^n)\subset L^{2,s}\subset L^{2,0}=L^2\subset L^{2,-s}\subset L_{\mathrm{loc}}{}^2(\boldsymbol{R}^n),\qquad s>0;$$
$$L^{2,s_1}\supset L^{2,s_2},\qquad \|u\|_{L^{2,s_1}}\leqq\|u\|_{L^{2,s_2}},\qquad s_1\leqq s_2.$$

---

1)　記号 $L^p(\Omega)$, $L_{\mathrm{loc}}{}^p(\Omega)$ などについては，周知であろうが，関数解析 I 参照．

命題 3.1 (i) $s>n/2$ ならば $L^{2,s}(\boldsymbol{R}^n)\subset L^1(\boldsymbol{R}^n)$ であり[1]

$$\|u\|_{L^1}\leqq c_{n,s}\|u\|_{L^{2,s}},\qquad u\in L^{2,s},\ s>n/2.$$

(ii) $C_0^\infty(\boldsymbol{R}^n)$ は $L^{2,s}(\boldsymbol{R}^n)$ で稠密である (s は実数).

証明 (i) $u(x)=(1+|x|^2)^{s/2}u(x)\cdot(1+|x|^2)^{-s/2}$ として, Schwarz の不等式を用いればよい. $c_{n,s}=\left(\int_{\boldsymbol{R}^n}(1+|x|^2)^{-s}dx\right)^{1/2}$ は条件 $s>n/2$ により有限である.

(ii) $u\in L^{2,s}$ かつ台が有界な u の全体が $L^{2,s}$ で稠密なことは明らか (Lebesgue の収束定理による). 台が有界な u を C_0^∞ の関数で近似するには, 軟化作用素の方法を用いればよい (関数解析・命題 4.7). その際, 台が一定の有界集合に含まれる関数列に対しては, $L^{2,s}$ における収束は, L^2 における収束と同値であることに注意. ▌

$s\geqq 0$ とし, F を L^2 における Fourier 変換とする. そのとき, Sobolev 空間 $H^s=H^s(\boldsymbol{R}^n)$ は次のように定義される.

$$H^s(\boldsymbol{R}^n)=F^{-1}L^{2,s}(\boldsymbol{R}^n) \tag{3.16}$$
$$=\{u\in L^2(\boldsymbol{R}^n)\mid Fu\in L^{2,s}(\boldsymbol{R}^n)\},$$

$$(u,v)_{H^s}=(Fu,Fv)_{L^{2,s}} \tag{3.17}$$
$$=\int_{\boldsymbol{R}^n}(1+|\xi|^2)^s Fu(\xi)\overline{Fv(\xi)}\,d\xi.$$

$H^s(\boldsymbol{R}^n)$ は $(u,v)_{H^s}$ を内積として Hilbert 空間になる.

$s=l$ が非負整数のときには, $H^l(\boldsymbol{R}^n)$ は一般化された偏導関数 (関数解析・定義 2.7) を用いて表わされる. すなわち, $\alpha=(\alpha_1,\cdots,\alpha_n)$ を多重指数とし, $D^\alpha=(\partial/\partial x_1)^{\alpha_1}\cdots(\partial/\partial x_n)^{\alpha_n}$ を一般化された意味での微分とするとき,

$$H^l(\boldsymbol{R}^n)=\{u\in L^2(\boldsymbol{R}^n)\mid D^\alpha u\in L^2(\boldsymbol{R}^n),\ |\alpha|\leqq l\} \tag{3.18}$$

が成り立ち, (3.17) から定まるノルムは

$$|\!|\!|u|\!|\!|_l=\left(\sum_{|\alpha|\leqq l}\|D^\alpha u\|_{L^2}{}^2\right)^{1/2} \tag{3.19}$$

と同値である. これをみるには, 一般に関係

$$(FD^\alpha u)(\xi)=i^{|\alpha|}\xi^\alpha Fu(\xi),\qquad \xi^\alpha=\xi_1{}^{\alpha_1}\cdots\xi_n{}^{\alpha_n} \tag{3.20}$$

が成り立つことに注意した上で, 次の不等式をみたすような定数 c_1, c_2 (いずれも n, l だけで定まる) が存在することを用いればよい.

---

1) $c_{n,s}$ は n と s のみによって定まる定数. 今後もいちいち断わらないで, 同様の記法を用いる.

$$c_1(1+|\xi|^2)^l \leqq \sum_{|\alpha|\leqq l}|\xi^\alpha|^2 \leqq c_2(1+|\xi|^2)^l, \qquad \forall\xi\in \boldsymbol{R}^n.$$

注　関数解析では，H^l のノルムとして (3.19) を用いたが，本講では (3.17) の内積から導かれるノルムを用いる．――

定理 3.3　$C_0^\infty(\boldsymbol{R}^n)$ は $H^s(\boldsymbol{R}^n)$ で稠密である．――

この定理は，s が非負整数のときには，軟化作用素の方法によって証明される(関数解析・§4.3 参照)．s が非整数の場合は，補間定理によって証明できるが，ここでは省略する．

注　$\mathcal{S}(\boldsymbol{R}^n)$ が $H^s(\boldsymbol{R}^n)$ で稠密なことは容易にわかる．実際，命題 3.1 の (ii) により，$C_0^\infty(\boldsymbol{R}^n)$ したがって $\mathcal{S}(\boldsymbol{R}^n)$ は $L^{2,s}(\boldsymbol{R}^n)$ で稠密だから，F^{-1} による $\mathcal{S}$ の像，すなわち $\mathcal{S}(\boldsymbol{R}^n)$ は $H^s(\boldsymbol{R}^n)$ で稠密である．――

$u\in L^1(\boldsymbol{R}^n)$ に対しても，$(\mathcal{F}u)(\xi)$ を (3.10) によって定義する．このとき (3.10) の積分は絶対収束し，$\mathcal{F}u(\xi)$ は ξ の一様連続な有界関数となる．さらに，$u\in L^2(\boldsymbol{R}^n)\cap L^1(\boldsymbol{R}^n)$ ならば $(Fu)(\xi)=(\mathcal{F}u)(\xi)$ (a.e.) であることがわかる．したがって，(3.10) により，

$$\|Fu\|_{L^\infty}=\|\mathcal{F}u\|_{L^\infty}\leqq(2\pi)^{-n/2}\|u\|_{L^1}, \qquad u\in L^2(\boldsymbol{R}^n)\cap L^1(\boldsymbol{R}^n)$$

が成り立つ．これを用いれば，命題 3.1 の (i) は，次のように H^s の性質にいい換えられる．

命題 3.1′　$s>n/2$ ならば，$H^s(\boldsymbol{R}^n)\subset L^\infty(\boldsymbol{R}^n)$ で

$$\|u\|_{L^\infty}\leqq c_{n,s}\|u\|_{H^s}, \qquad u\in H^s,\ \ s>n/2.$$

c)　H_0 の定義

H_0 は関係 (3.11) を基にして定義される．まず，ξ 空間上の $L^2(\boldsymbol{R}^n)$ における掛け算作用素 $\hat{H}_0$ を次のように定義する：

(3.21)　$$\mathcal{D}(\hat{H}_0)=\{f\in L^2(\boldsymbol{R}^n)\,|\,\xi^2f(\xi)\in L^2(\boldsymbol{R}^n)\},$$

(3.22)　$$\hat{H}_0f(\xi)=\xi^2f(\xi), \qquad f\in\mathcal{D}(\hat{H}_0).$$

すると，(3.11) により

$$-\triangle u=F^{-1}\hat{H}_0Fu, \qquad u\in C_0^\infty(\boldsymbol{R}^n)$$

が成り立つ．一方，$\hat{H}_0$ は実数値関数 ξ^2 を掛ける掛け算作用素だから，自己共役である (関数解析・例 5.11)．したがって，

(3.22)′　$$H_0=F^{-1}\hat{H}_0F$$

によって H_0 を定義すれば，H_0 は x 空間上の $L^2(\boldsymbol{R}^n)$ における自己共役作用素

である．そして

$$H_0 u = -\triangle u, \qquad u \in C_0^\infty(\boldsymbol{R}^n)$$

が成り立つ．すなわち，H_0 は $-\triangle|_{C_0^\infty(\boldsymbol{R}^n)}$[1]の自己共役な拡張である．$\hat{H}_0$ の定義により，$\mathscr{D}(\hat{H}_0)$ は $L^{2,2}(\boldsymbol{R}^n)$ と一致する．このことと (3.22)′, (3.22) を用いれば

$$\mathscr{D}(H_0) = F^{-1}L^{2,2}(\boldsymbol{R}^n) = H^2(\boldsymbol{R}^n), \tag{3.23}$$

$$H_0 u = -\triangle u = -(D_1^2 u + \cdots + D_n^2 u), \qquad u \in \mathscr{D}(H_0) \tag{3.24}$$

が成り立つことがわかる．ここで $D_j = \partial/\partial x_j$ は一般化された意味での微分を表わす．

定理 3.4　$H_0' = -\triangle|_{C_0^\infty(\boldsymbol{R}^n)}$ は $L^2(\boldsymbol{R}^n)$ において本質的に自己共役である．そして，$(H_0')^\sim = H_0$.

証明[2]　C_0^∞ は H^2 で稠密である (定理 3.3)．ゆえに，任意の $u \in \mathscr{D}(H_0) = H^2$ に対して，$u_n \in C_0^\infty$, $\|u_n - u\|_{H^2} \to 0$ であるような関数列 u_n がとれる．すると ($\hat{u} = Fu$)

$$\begin{aligned}
\|u_n - u\|_{H^2}^2 &= \int_{\boldsymbol{R}^n} (1+|\xi|^2)^2 |\hat{u}_n(\xi) - \hat{u}(\xi)|^2 d\xi \\
&\geqq \int_{\boldsymbol{R}^n} (1+|\xi|^4)\, |\hat{u}_n(\xi) - \hat{u}(\xi)|^2 d\xi \\
&= \|u_n - u\|_{L^2}^2 + \|H_0 u_n - H_0 u\|_{L^2}^2
\end{aligned}$$

において左辺が 0 に収束するから，L^2 において $u_n \to u$, $H_0 u_n = H_0' u_n \to H_0 u$. これは，$u \in \mathscr{D}((H_0')^\sim)$, $(H_0')^\sim u = H_0 u$ を意味するから，$H_0 \subset (H_0')^\sim$. 一方，H_0 は閉作用素で $H_0' \subset H_0$ だから $(H_0')^\sim = H_0$ が成り立つ．∎

注　$-\triangle$ に対応する自己共役作用素を定めようとするとき，C_0^∞ が $\mathscr{D}(H_0)$ に含まれることを要求するのは自然であろう．定理 3.4 は，その要求により H_0 が一意的に確定することを示している．(二つの自己共役作用素 A, B が $A \subsetneqq B$ なる関係をみたすことはあり得ないことに注意.) このように，$-\triangle|_{C_0^\infty}$ の拡張として自己共役作用素を定めるとき‘境界条件’のようなものは必要でない．——

附　立場を変えて，$C_0^\infty(\boldsymbol{R}^n)$ より狭いところから出発すると事情は変わる．たとえば

$$C_{0*}^\infty(\boldsymbol{R}^n) \equiv \{u \in C_0^\infty(\boldsymbol{R}^n) \mid x=0 \text{ の近傍で } u(x)=0\} \tag{3.25}$$

を考えよう．$n \geqq 4$ ならば $C_{0*}^\infty(\boldsymbol{R}^n)$ は $H^2(\boldsymbol{R}^n)$ で稠密である (たとえば，参考書 [7] 定

---

1)　L を形式的な微分作用素 (たとえば $-\triangle$) とする．また，$\mathscr{D}$ をある関数族とし，任意の $u \in \mathscr{D}$ に対して Lu が意味をもつとする．そのとき，$\mathscr{D}(A) = \mathscr{D}$, $Au = Lu$ で定義される作用素 A を，簡単に $L|_{\mathscr{D}}$ と書くことがある．

2)　今後，証明の中では，誤解のない限り $C_0^\infty(\boldsymbol{R}^n)$ などの $(\boldsymbol{R}^n)$ は省略する．

理 X. 11, または [9] 参照). したがって, $n\geqq 4$ ならば $-\Delta|_{C_0^\infty}$ は本質的に自己共役である. $n\leqq 3$ のときは, C_{0*}^∞ は H^2 で稠密ではなく, したがって $H_0''\equiv-\Delta|_{C_0^\infty}$ は本質的に自己共役ではない. 以下, $n=3$ の場合だけについて述べる. $n=3$ のとき, H_0'' の自己共役な拡張で H_0 と異なるものは, 一つのパラメータ $\sigma\in\boldsymbol{R}^1$ を含む族 $\{H_{0,\sigma}\}_{\sigma\in\boldsymbol{R}^1}$ をなし, $H_{0,\sigma}$ の定義域は次のように与えられる. $\varphi\in C_0^\infty(\boldsymbol{R}^3)$ で, $|x|\leqq 1$ ならば $\varphi(x)=1$ であるようなものを一つとって固定する. そのとき (S^2 は単位球面, $d\omega$ は面積要素)

$$\mathcal{D}(H_{0,\sigma})=\left\{\frac{\alpha}{|x|}\varphi(x)+v(x)\,\middle|\,\alpha\in\boldsymbol{C},\ v\in H^2(\boldsymbol{R}^3),\ \lim_{r\to 0}\int_{S^2}v(r\omega)\,d\omega=\sigma\alpha\right\}.$$

このように, $H_{0,\sigma}$ の定義域に属する関数は, $x=0$ で特異性をもち ($v\in H^2$ は $\boldsymbol{R}^3$ で連続であることに注意), $x=0$ の近傍での振舞いは, パラメータ σ の値によって規制されている. これは一種の境界条件である. 物理的には, $H_{0,\sigma}$ は自由粒子に対するものではなく, 原点に局在する (ポテンシャル $V(x)$ では表わされない) 相互作用を含む系に対応するものとみるべきであろう. ちなみに, $\sigma<0$ のときには, $H_{0,\sigma}$ は負の固有値 $-\sigma^2$ をもつ. 以上のことは, 極座標 $x=r\omega$ による変数分離と, 常微分作用素のスペクトル理論を用いて確かめることができるが, それは省略する.

d) H_0 のスペクトル, レゾルベント

まず $\hat{H}_0$ について調べる.

命題 3.2 (i) $\sigma(\hat{H}_0)=[0,\infty)$, $\sigma_p(\hat{H}_0)=\phi$ である. また,

$$R(z;\hat{H}_0)f(\xi)=(z-\xi^2)^{-1}f(\xi),\qquad z\in\rho(\hat{H}_0). \tag{3.26}$$

(ii) $\hat{H}_0$ に対応する単位の分解 $E_{\hat{H}_0}(\Delta)$ は次のように与えられる[1]:

$$E_{\hat{H}_0}(\Delta)f(\xi)=\chi_{\{\xi\mid\xi^2\in\Delta\}}(\xi)f(\xi),\qquad \Delta\in\mathcal{B}_1. \tag{3.27}$$

(iii) $\hat{H}_0$ は絶対連続である.

証明 (i) はほとんど明らかだから読者に任せる. また, (3.27) が成り立てば, $|\Delta|=0$ のとき $E_{\hat{H}_0}(\Delta)=0$ となるから, (iii) が成り立つ.

(3.27) を証明しよう.

$$\hat{E}_0(\Delta)f=\chi_{\{\xi^2\in\Delta\}}f \tag{3.28}$$

によって $\hat{E}_0(\Delta)$ を定義すれば $\{\hat{E}_0(\Delta)\}_{\Delta\in\mathcal{B}_1}$ が単位の分解であること, すなわち定義 2.1 の性質 (i)-(iii) をみたすことは, 容易に確かめられる. $E_{\hat{H}_0}=\hat{E}_0$ を示すためには, (2.11) または (2.22) が $\hat{H}_0$ と $\hat{E}_0$ に対して成り立つことを確かめてもよいが, ここでは (2.13) を利用して証明する.

$\hat{H}_0$ は固有値をもたないから, (2.13) は任意の a,b に対して成り立つ. いま,

---

1) 16 ページ脚注 2) 参照.

(2.13) の両辺を f に作用させて，g との内積をとる．そして，一般に作用素値連続関数 $T(\lambda)$ に対して

$$\left(\int T(\lambda)d\lambda f, g\right) = \int (T(\lambda)f, g)d\lambda$$

が成り立つことに注意して変形すれば，次の等式が得られる：

$$(3.29)\quad (E_{\hat{H}_0}((a,b))f, g) = \lim_{\varepsilon\downarrow 0}\frac{1}{\pi}\int_a^b d\lambda\int_{\boldsymbol{R}^n}\frac{\varepsilon}{(\lambda-\xi^2)^2+\varepsilon^2}f(\xi)\overline{g(\xi)}d\xi,$$
$$a, b\in\boldsymbol{R}^1,\ \ a<b,\ \ f, g\in L^2(\boldsymbol{R}^n).$$

右辺の積分で，仮りに λ について先に積分する．$f\bar{g}$ を別として結果を書くと

$$\rho_\varepsilon(\xi) \equiv \frac{1}{\pi}\int_a^b\frac{\varepsilon}{(\lambda-\xi^2)^2+\varepsilon^2}d\lambda = \frac{1}{\pi}\left\{\tan^{-1}\frac{b-\xi^2}{\varepsilon}-\tan^{-1}\frac{a-\xi^2}{\varepsilon}\right\}.$$

$|\rho_\varepsilon(\xi)|<1$，したがって $\rho_\varepsilon f\bar{g}\in L^1(\boldsymbol{R}^n)$ だから，(3.29) の右辺の被積分関数の絶対値を λ, ξ の順で反復積分すれば，その積分は収束する．ゆえに，Fubini-Tonelli の定理 (本講座 “測度と積分” 定理 6.10) により，(3.29) の右辺の積分において，積分の順序は自由である．よって，上の計算により

$$(3.30)\qquad (E_{\hat{H}_0}((a,b))f, g) = \lim_{\varepsilon\downarrow 0}\int_{\boldsymbol{R}^n}\rho_\varepsilon(\xi)f(\xi)\overline{g(\xi)}d\xi$$

が成り立つことがわかる．ところが

$$\lim_{\varepsilon\downarrow 0}\rho_\varepsilon(\xi) = \begin{cases}1, & a<\xi^2<b,\\ 0, & \xi^2<a \text{ または } b<\xi^2\end{cases}$$

かつ $|\rho_\varepsilon(\xi)|<1$ だから，Lebesgue の収束定理により，(3.30) の右辺は

$$\int_{a<\xi^2<b}f(\xi)\overline{g(\xi)}d\xi = (\hat{E}_0((a,b))f, g)$$

に等しい．$f, g\in L^2$ は任意だったから，結局

$$E_{\hat{H}_0}((a,b)) = \hat{E}_0((a,b)),\qquad a<b$$

が示された．ところが，二つの単位の分解 $E_{\hat{H}_0}$ と $\hat{E}_0$ は，任意の (a,b) において一致すれば，任意の $\varDelta\in\mathcal{B}_1$ において一致する (関数解析・定理 11.7 参照)．ゆえに，$E_{\hat{H}_0}=\hat{E}_0$，すなわち (3.27) が証明された．∎

命題 3.2 の主張を，Fourier 変換を用いていいかえれば，H_0 に対して次の定理が得られる．

定理 3.5　$\sigma(H_0)=[0,\infty)$ で，H_0 は絶対連続である．H_0 に対応する単位の分

解を $E_0=E_{H_0}$ とすれば，E_0 は (3.28) によって定義される $\hat{E}_0$ を用いて，次のように表わされる．

$$E_0(\varDelta)=F^{-1}\hat{E}_0(\varDelta)F, \qquad \varDelta\in\mathcal{B}_1. \tag{3.31}$$

e）レゾルベントの積分核

x 空間では，レゾルベント $R(z;H_0)$ は積分作用素として表わされる．この小節では，その積分核の表示を求め，後に必要となる一つの評価を証明する．積分核を求めるには，(3.26) の逆 Fourier 変換を計算するのが普通の方法であろうが，ここでは熱伝導方程式の基本解を用いる方法を述べる．

命題 3.3　e^{-tH_0}, $t>0$ は積分作用素として次のように表わされる：

$$e^{-tH_0}u(x)=\frac{1}{(4\pi t)^{n/2}}\int_{\boldsymbol{R}^n}e^{-|x-y|^2/4t}u(y)dy, \qquad t>0,\ u\in L^2(\boldsymbol{R}^n). \tag{3.32}$$

証明　$h_t(x)=(4\pi t)^{-n/2}e^{-|x|^2/4t}$ とおくと，(3.32) の右辺は $(h_t*u)(x)$ に等しい．また明らかに $h_t\in L^1(\boldsymbol{R}^n)$．ゆえに Young の不等式 $\|h_t*u\|_{L^2}\leqq\|h_t\|_{L^1}\|u\|_{L^2}$ (関数解析・命題 4.4) からわかるように，(3.32) の右辺は $L^2(\boldsymbol{R}^n)$ で有界な線型作用素を定義している．したがって，$L^2(\boldsymbol{R}^n)$ のある稠密な部分集合 $\mathcal{D}$ に属する u に対して (3.32) を示せば十分である．以下 $\mathcal{D}=L^2(\boldsymbol{R}^n)\cap L^1(\boldsymbol{R}^n)$ ととる．

さて，$u,v\in\mathcal{D}$ に対して

$$\begin{aligned}(e^{-tH_0}u,v)&=(e^{-t\hat{H}_0}\hat{u},\hat{v})=\int_{\boldsymbol{R}^n}e^{-t\xi^2}\hat{u}(\xi)\overline{\hat{v}(\xi)}d\xi\\&=\frac{1}{(2\pi)^n}\int_{\boldsymbol{R}^{3n}}e^{-t\xi^2-i\xi(y-x)}u(y)\overline{v(x)}d\xi dydx\end{aligned} \tag{3.33}$$

が成り立つ．ここで，$u,v\in L^1$ だから，右辺の積分は絶対収束する．したがって，積分の順序を顧慮せずに，上のように書いてよい．そこで，まず ξ について積分する．$y-x$ の代りに x と書くと

$$\begin{aligned}\int_{\boldsymbol{R}^{3n}}e^{-t\xi^2-i\xi x}d\xi&=\prod_{j=1}^n\int_{-\infty}^{\infty}e^{-t\xi_j{}^2-i\xi_jx_j}d\xi_j\\&=\prod_{j=1}^n\int_{-\infty}^{\infty}e^{-t(\xi_j+ix_j/2t)^2-x_j{}^2/4t}d\xi_j=\left(\frac{\pi}{t}\right)^{n/2}e^{-x^2/4t}.\end{aligned}$$

これを (3.33) に代入すれば，

$$(e^{-tH_0}u,v)=\frac{1}{(4\pi t)^{n/2}}\int_{\boldsymbol{R}^{2n}}e^{-|x-y|^2/4t}u(y)\overline{v(x)}dydx$$

が得られる．$u\in\mathcal{D}$ を固定するとき $v\in\mathcal{D}$ は任意にとれるから，このことは $u\in\mathcal{D}$ に対して (3.32) が成り立つことを示している．∎

命題 3.4 $\mathrm{Re}\,z<0$ である任意の $z\in\boldsymbol{C}$ に対して，次の関係が成り立つ：

$$(3.34)\qquad (R(z\,;H_0)u,v)=-\int_0^\infty (e^{t(z-H_0)}u,v)\,dt.$$

注 一般に，任意の非負値自己共役作用素 $A\geqq0$ に対して

$$(3.35)\qquad R(z\,;A)u=-\int_0^\infty e^{t(z-A)}u\,dt,\qquad \mathrm{Re}\,z<0$$

が成り立つ．積分はベクトル値連続関数としての積分である．これは，半群の生成作用素のレゾルベントに対する同様の公式 (関数解析・定理 7.5) の特別の場合である．しかし，ここでは，(3.35) より弱い主張である (3.34) だけを，スペクトル定理を用いて確かめておく．

証明 次の計算をすればよい．$\mathrm{Re}\,z<0$ だからすべての積分は絶対収束していることに注意．

$$\begin{aligned}(R(z\,;H_0)u,v)&=\int_{\boldsymbol{R}^n}\frac{1}{z-\xi^2}\hat{u}(\xi)\overline{\hat{v}(\xi)}\,d\xi\\&=-\int_{\boldsymbol{R}^n}\left(\int_0^\infty e^{(z-\xi^2)t}dt\right)\hat{u}(\xi)\overline{\hat{v}(\xi)}\,d\xi\\&=-\int_0^\infty dt\int_{\boldsymbol{R}^n}e^{(z-\xi^2)t}\hat{u}(\xi)\overline{\hat{v}(\xi)}\,d\xi\\&=(3.34)\text{ の右辺}.\end{aligned}$$

∎

定理 3.6 $\mathrm{Re}\,z<0$ のとき，$R(z\,;H_0)$ は積分作用素として次のように表わされる：

$$(3.36)\qquad R(z\,;H_0)u(x)=\int_{\boldsymbol{R}^n}G_0(x-y\,;z)u(y)\,dy,$$

$$(3.37)\qquad G_0(x\,;z)=-\frac{1}{(4\pi)^{n/2}|x|^{n-2}}\int_0^\infty s^{-n/2}e^{-(4s)^{-1}+z|x|^2s}\,ds.$$

ここで，$G_0(x\,;z)$ に対して次の評価 (3.38), (3.39) が成り立ち，したがって $G_0(\cdot\,;z)\in L^1(\boldsymbol{R}^n)$ である：

$$(3.38)\qquad |G_0(x\,;z)|\leqq\begin{cases}\dfrac{c_n}{|x|^{n-2}}, & n\geqq3,\\ c_{2,z}(|\log|x||+1), & n=2,\\ c_{1,z}, & n=1\,;\end{cases}$$

(3.39) $$|G_0(x;z)| \leqq \frac{c_{n,m,z}}{|x|^m}, \quad |x|>1, \ \forall m=1,2,\cdots.$$

注 (3.38) は任意の $x \neq 0$ に対して成り立つけれども，$|x|>1$ では (3.39) の方がよい評価である．なお，G_0 は第1種 Hankel 関数を用いて具体的に書け，(3.39) の評価はもっと精密にできる．それについては，下の注意3.2参照．

証明 $\mathrm{Re}\, z<0$ のとき，(3.37) の右辺の積分が収束することはすぐにわかる．まず，G_0 に対する評価を証明する．

(3.38) の証明　$n \geqq 3$ のときは，$s^{-n/2}e^{-(4s)^{-1}}$ は $(0,\infty)$ 上で可積分である．したがって，$|e^{z|x|^2s}| \leqq 1$ $(\mathrm{Re}\, z<0)$ と評価して，(3.38) が得られる．$n=1$ または 2 のときは，$\lambda=\mathrm{Re}\, z<0$ として，次のようにする．まず，$n=1$ のときは，$e^{-(4s)^{-1}}<1$ と評価した上で，$t=|\lambda||x|^2s$ と変数変換すれば，

$$\int_0^\infty s^{-1/2}e^{-(4s)^{-1}+\lambda|x|^2s}ds \leqq |\lambda|^{-1/2}|x|^{-1}\int_0^\infty t^{-1/2}e^{-t}dt$$

が得られるから，これと (3.37) から (3.38) を得る．$n=2$ のときは，$(0,1)$ 上では $e^{\lambda|x|^2s} \leqq 1$，$(1,\infty)$ 上では $e^{-(4s)^{-1}}<1$ と評価することにより，

$$\begin{aligned}\int_0^\infty s^{-1}e^{-(4s)^{-1}+\lambda|x|^2s}ds &\leqq c+\int_1^\infty s^{-1}e^{-|\lambda||x|^2s}ds \\ &= c+\int_{|\lambda||x|^2}^\infty t^{-1}e^{-t}dt\end{aligned}$$

が得られる．この右辺の積分は $O(|\log|x||)$ $(|x|\to 0)$ だから，(3.38) が示された．

(3.39) の証明　P を多項式とするとき，部分積分により

$$\int_0^\infty P(s^{-1/2})e^{-(4s)^{-1}+z|x|^2s}ds = \frac{1}{z|x|^2}\int_0^\infty Q(s^{-1/2})e^{-(4s)^{-1}+z|x|^2s}ds$$

が成り立つ．ここで，Q は2次までの項は含まない多項式である．そのような Q に対して，$Q(s^{-1/2})e^{-(4s)^{-1}}$ は $(0,\infty)$ 上で可積分だから，上式右辺の積分は，x, z $(\mathrm{Re}\, z<0)$ に関して一様に有界である．以上のことに留意した上で，(3.37) の右辺で部分積分を繰り返せば，求める評価が得られる．

(3.36) の証明　$G_0(\cdot\,;z) \in L^1(\boldsymbol{R}^n)$ であることがわかったから，$u \in C_0(\boldsymbol{R}^n)$ として (3.36) を証明すれば十分である．$u, v \in C_0(\boldsymbol{R}^n)$ とする．命題3.3と命題3.4により，$\mathrm{Re}\, z<0$ のとき

$$(R(z\,;H_0)u, v) = -\int_0^\infty e^{zt}(e^{-tH_0}u, v)\,dt$$

$$=-\int_0^\infty e^{zt}dt\frac{1}{(4\pi t)^{n/2}}\int_{\boldsymbol{R}^{2n}}e^{-|x-y|^2/4t}u(x)\overline{v(y)}\,dxdy$$

が得られる．右辺で積分順序の交換が許されるとして計算すれば

$$(3.40)\quad (R(z\,;H_0)u,v)=\int_{\boldsymbol{R}^{2n}}u(x)\overline{v(y)}\,dxdy\left(-\int_0^\infty\frac{e^{-|x-y|^2/4t+zt}}{(4\pi t)^{n/2}}dt\right)$$
$$=\int_{\boldsymbol{R}^{2n}}G_0(x-y\,;z)u(x)\overline{v(y)}\,dxdy$$

が得られる．ところが，t,x,y の順での反復積分が絶対収束することは，$G_0(x-y\,;\mathrm{Re}\,z)$ に対する (3.38), (3.39) の評価と，$u,v\in C_0(\boldsymbol{R}^n)$ であることから，直ちにわかる．したがって，上の積分順序の変更は正当であり (Fubini-Tonelli の定理)，(3.40) が成り立つことがわかった．$u,v\in C_0(\boldsymbol{R}^n)$ は任意だったから，(3.36) が証明された．▌

注意 3.1 (3.36) は $\mathrm{Re}\,z<0$，すなわち，$\pi/2<\mathrm{Arg}\,z<3\pi/2$ のときに成り立つ式である．この範囲の外にある z に対して，$R(z\,;H_0)$ を表わすには，積分路を回転して，$G_0(x\,;z)$ を次のように定義すればよい．

$$(3.41)\qquad G_0(x\,;z)=-\frac{1}{(4\pi)^{n/2}|x|^{n-2}}\int_0^{\infty e^{i\theta}}s^{-n/2}e^{-(4s)^{-1}+z|x|^2s}ds,$$
$$\theta+\frac{\pi}{2}<\mathrm{Arg}\,z<\theta+\frac{3}{2}\pi,\quad -\frac{\pi}{2}<\theta<\frac{\pi}{2}.$$

ただし，$\int_0^{\infty e^{i\theta}}$ は，$s=0$ を起点とし，実軸の正の方向と角 θ をなす半直線に沿っての積分である．

注意 3.2 (3.37) の右辺を，Hankel 関数の積分表示[1]を使って変形すれば，$G_0(x\,;z)$ は次のように表わされる．この表示は，$\{z\notin[0,\infty)\}=\rho(H_0)$ の全域にわたって有効である．

$$(3.42)\quad G_0(x\,;z)=-\frac{i(\sqrt{z}\,)^{n/2-1}}{2^{n/2+1}\pi^{n/2-1}|x|^{n/2-1}}H^{(1)}{}_{n/2-1}(\sqrt{z}\,|x|),\qquad \mathrm{Im}\sqrt{z}>0.$$

ここで，$H^{(1)}{}_{n/2-1}$ は第1種 Hankel 関数で，n が奇数のときには，初等関数で書ける．特に，$n=1,3$ のときには，

$$(3.43)\qquad G_0(x\,;z)=\frac{e^{i\sqrt{z}\,|x|}}{2i\sqrt{z}},\qquad n=1,$$

1) たとえば，森口繁一他著“数学公式 III”(岩波全書)，183 ページ参照．

$$G_0(x;z) = -\frac{e^{i\sqrt{z}\,|x|}}{4\pi|x|}, \qquad n=3. \tag{3.44}$$

なお，$n=1,3$ のときの計算は，(3.42) を経由するまでもなく

$$G_0(x;z) = \frac{1}{(2\pi)^{n/2}}\left(F^{-1}\frac{1}{z-\xi^2}\right)(x), \qquad n=1,2,3 \tag{3.45}$$

を利用して直接行なう方がよい．$n>3$ の場合にも，(3.45) は超関数の Fourier 変換の意味で成り立つ．それから出発して，G_0 に対する (3.42), (3.37) を導くこともできる．

(3.42) の右辺に Hankel 関数の漸近公式を適用すると，(3.39) の評価は，次のように精密にできる．

$$|G_0(x;z)| \leqq \frac{c_z e^{-\mathrm{Im}\sqrt{z}\cdot|x|}}{|x|^{(n-1)/2}}, \qquad |x|\geqq 1 \quad (\mathrm{Im}\sqrt{z}>0). \tag{3.46}$$

f) e^{-itH_0} の積分核

命題 3.3 がでたついでに，$e^{-itH_0}u$ に対して，(3.32) と類似の式を導いておこう．e^{-itH_0} についてのもっと詳しい考察は，第 4 章で行なう．

定理 3.7 $u\in L^2(\boldsymbol{R}^n)\cap L^1(\boldsymbol{R}^n)$ のとき，$e^{-itH_0}u\ (t\in\boldsymbol{R}^1)$ は

$$e^{-itH_0}u(x) = \frac{1}{(4\pi it)^{n/2}}\int_{\boldsymbol{R}^n} e^{-|x-y|^2/4it}u(y)\,dy \tag{3.47}$$

のように表わされる．したがって，$L^2(\boldsymbol{R}^n)$ における収束を l.i.m. で表わすと

$$e^{-itH_0}u(x) = \frac{1}{(4\pi it)^{n/2}}\underset{L\to\infty}{\mathrm{l.i.m.}}\int_{|y|<L} e^{-|x-y|^2/4it}u(y)\,dy, \tag{3.48}$$

$$u\in L^2(\boldsymbol{R}^n), \quad t\in\boldsymbol{R}^1.$$

証明 τ を複素変数とし，$e^{-\tau H_0}$ を考える．$\mathrm{Re}\,\tau\geqq 0$ ならば，$e^{-\tau H_0}$ は L^2 における有界作用素である．以下，$\mathrm{Re}\,\tau\geqq 0$，$u,v\in\mathcal{S}$ とする．そこで

$$f_{u,v}(\tau) = (e^{-\tau H_0}u, v) = \int_{R^{2n}} e^{-\tau\xi^2}\hat{u}(\xi)\overline{\hat{v}(\xi)}\,d\xi,$$

$$g_{u,v}(\tau) = \frac{1}{(4\pi\tau)^{n/2}}\int_{R^n} e^{-|x-y|^2/4\tau}u(y)\overline{v(x)}\,dxdy$$

とおくと，$f_{u,v}$, $g_{u,v}$ は共に $\{\mathrm{Re}\,\tau>0\}$ で正則，$\{\mathrm{Re}\,\tau\geqq 0\}\setminus\{0\}$ で連続である．一方，命題 3.3 により，$\tau>0$ ならば $f_{u,v}(\tau)=g_{u,v}(\tau)$ が成り立つ．ゆえに，一致の定理により，$f_{u,v}(\tau)=g_{u,v}(\tau)$ は $\{\mathrm{Re}\,\tau\geqq 0\}\setminus\{0\}$ 全体で成り立つ．ここで $\tau=it$

とし，$v\in\mathscr{S}$ が任意であることを考慮すれば，$u\in\mathscr{S}$ に対して (3.47) が成り立つことがわかる．$u\in L^2\cap L^1$ のときには，$u_n\in\mathscr{S}$ で $\|u_n-u\|_{L^1}\to 0$, $\|u_n-u\|_{L^2}\to 0$ となるものがとれるから，それを用いて近似操作をすればよい．∎

§3.3 Schrödinger 作用素の自己共役性

a) まえおき

前節の c) において，$H_0'=-\Delta|_{C_0^\infty(\boldsymbol{R}^n)}$ の拡張として自己共役作用素 H_0 が確定することをみた．一般の Schrödinger 作用素 $-\Delta+V(x)$ に対して同様の問題を考えるのが，ここにいう自己共役性の問題である．

この節を通じて，$V(x)$ は常に仮定

(3.49) $$V\in L_{\mathrm{loc}}{}^2(\boldsymbol{R}^n) \text{ かつ } V \text{ は実数値である}$$

をみたすものとする．今後，このことはいちいち断わらない．また，$V(x)$ を掛けるという $L^2(\boldsymbol{R}^n)$ における掛け算作用素を同じ文字 V で表わす．

$V\in L_{\mathrm{loc}}{}^2(\boldsymbol{R}^n)$ と仮定したから，任意の $u\in C_0^\infty(\boldsymbol{R}^n)$ に対して $Vu\in L^2(\boldsymbol{R}^n)$ である．すなわち，$\mathscr{D}(V)\supset C_0^\infty(\boldsymbol{R}^n)$．そこで，

(3.50) $$H'=(-\Delta+V)|_{C_0^\infty(\boldsymbol{R}^n)}$$

とおく．H' は $\mathscr{D}(H')=C_0^\infty(\boldsymbol{R}^n)$ なる対称作用素である．

命題 3.5 H' は少なくとも一つの自己共役な拡張をもつ．

証明 L^2 における対合 $J: u(x)\to\overline{u(x)}$ に関して，H' が実作用素であることは明らか．ゆえに，命題 2.2″ が適用できる．∎

これだけでは，H' の自己共役な拡張 H がどのくらい存在するかわからない．$V(x)$ にどんな条件をつければ，H が一意的に確定するか，を調べるのが自己共役性の問題である．この節では，§2.5 で述べた摂動論が適用できる場合を論じる．この場合，H は定義域まで含めて確定するのが著しい特徴である．もっと一般の場合の自己共役性については，改めて論じる (第6章参照)．

注 $V\in L_{\mathrm{loc}}{}^2$ とは限らないときには，$-\Delta+V$ が C_0^∞ 上で定義できるとは限らない．極端な場合，$\mathscr{D}(-\Delta)\cap\mathscr{D}(V)=\{0\}$ となってしまう．そういう場合でも，半有界 Hermite 形式の理論を用いて，H を定義できることがある．これらを含め，何らかの方法で一意的に H を定義しようというのが，本来の自己共役性の問題である．——

例 3.1 $\boldsymbol{R}^1$ における常微分作用素

$$H' = -\frac{d^2}{dx^2}+V(x), \qquad \mathscr{D}(H') = C_0^\infty(\boldsymbol{R}^1)$$

において,

$$V(x) \leqq 0, \qquad \int^\infty |V(x)|^{-1/2}dx < \infty$$

ならば(たとえば $V(x)=-|x|^\alpha$, $\alpha>2$), H' は無限個の自己共役な拡張をもち, それらの拡張は $x=\infty$ (および $-\infty$) における'境界条件'によって区別される. これは, よく知られた事実である.

b) 加藤の定理

自己共役性に関する定理の形は, ある程度空間の次元 n に関係する. $n\leqq 3$ のときは, 加藤敏夫による次の明快な定理が成り立つ.

定理 3.8 $n\leqq 3$ とし, $V(x)$ が

$$V(x) = V_1(x)+V_2(x), \qquad V_1\in L^2(\boldsymbol{R}^n),\ V_2\in L^\infty(\boldsymbol{R}^n) \tag{3.51}$$

と表わされるとする. そのとき, V は H_0-有界で V の H_0-限界は 0 である. 特に, $\mathscr{D}(V)\supset\mathscr{D}(H_0)=H^2(\boldsymbol{R}^n)$ であり

$$H = H_0+V$$

は自己共役である ($\mathscr{D}(H)=H^2(\boldsymbol{R}^n)$). また, $H|_{C_0^\infty(\boldsymbol{R}^n)}=(-\Delta+V)|_{C_0^\infty(\boldsymbol{R}^n)}$ は本質的に自己共役である.

証明 $n=1,2,3$ ならば命題 3.1′ により $H^2\subset L^\infty$ である. ゆえに $u\in\mathscr{D}(H_0)=H^2$ のとき, $u\in L^\infty$ と思えば $V_1u\in L^2$, $u\in L^2$ と思えば $V_2u\in L^2$ が得られるから, $u\in\mathscr{D}(V)$, すなわち $\mathscr{D}(V)\supset\mathscr{D}(H_0)$ である.

次に V の H_0-限界が 0 であることを示す. それには, 任意の $\varepsilon>0$ に対して,

$$\|Vu\| \leqq \varepsilon\|H_0u\|+b_\varepsilon\|u\|, \qquad u\in\mathscr{D}(H_0) \tag{3.52}$$

をみたすような $b_\varepsilon>0$ が存在することを示せばよい. まず, 命題 3.1′ の不等式と (3.17) とにより, 関係

$$\|u\|_{L^\infty} \leqq c\|u\|_{H^2} \leqq c(\|H_0u\|+\|u\|), \qquad u\in H^2(\boldsymbol{R}^n) \tag{3.53}$$

が成り立つことに注意しておく.

次に, V が

$$V(x) = \tilde{V}_1(x)+\tilde{V}_2(x), \qquad \tilde{V}_1\in L^2,\ \tilde{V}_2\in L^\infty,\ \|\tilde{V}_1\|_{L^2}\leqq\varepsilon/c \tag{3.54}$$

と分解できることを示そう. いま, (3.51) から出発し $V_1^{(N)}=V_1\chi_{\{|V_1(x)|\geqq N\}}$ とお

く．$V_1\in L^2$ だから $\|V_1{}^{(N)}\|_{L^2}\to 0\ (N\to\infty)$ である．ゆえに，$\|V_1{}^{(N)}\|_{L^2}\leqq\varepsilon/c$ が成り立つように N を十分大きくとり，$\tilde{V}_1=V_1{}^{(N)}$，$\tilde{V}_2=V_1-V_1{}^{(N)}+V_2$ とおけば (3.54) が成り立つ．

(3.54), (3.53) により，任意の $u\in H^2=\mathcal{D}(H_0)$ に対して

$$\begin{aligned}\|Vu\|_{L^2} &\leqq \|\tilde{V}_1u\|_{L^2}+\|\tilde{V}_2u\|_{L^2}\\ &\leqq \|\tilde{V}_1\|_{L^2}\|u\|_{L^\infty}+\|\tilde{V}_2\|_{L^\infty}\|u\|_{L^2}\\ &\leqq \varepsilon\|H_0u\|+(\varepsilon+\|\tilde{V}_2\|_{L^\infty})\|u\|_{L^2},\end{aligned}$$

したがって $b_\varepsilon=\varepsilon+\|\tilde{V}_2\|_{L^\infty}$ として (3.52) が成り立つ．

定理の，'特に' 以下の主張が成り立つことは，V の H_0-限界が 0 であることと $H_0|_{C_0^\infty}$ が本質的に自己共役であることから，定理 2.10 およびその系を用いて直ちに示される．∎

定理 3.8 は加藤敏夫 (文献 [22]) による．この論文は，その後の Schrödinger 作用素研究の端緒を開いたもので，この方面の古典である (参考書 [7] の第Ⅱ巻 323 ページ)．

定理 3.9　$n\leqq 3$ とする．任意の $\varepsilon>0$ に対して，$V(x)$ が

$$V(x)=V_{1,\varepsilon}(x)+V_{2,\varepsilon}(x),\quad V_{1,\varepsilon}\in L^2(\boldsymbol{R}^n),\ \ V_{2,\varepsilon}\in L^\infty(\boldsymbol{R}^n),\ \ \|V_{2,\varepsilon}\|_{L^\infty}<\varepsilon \tag{3.55}$$

と分解できるならば，V は H_0-コンパクトである．特に，定理 3.8 の結論が成り立ち，さらに $\sigma_{\mathrm{ess}}(H)=\sigma_{\mathrm{ess}}(H_0)=[0,\infty)$ が成り立つ．

証明　定理の最後の主張は，定理 2.9 および 2.11 による．V の H_0-コンパクト性を証明するためには，$VR(-1\,;H_0)\in\mathcal{L}_C(L^2)$ を示せばよい (命題 2.14)．ところが，

$$\|V_{2,\varepsilon}R(-1\,;H_0)\|\leqq\varepsilon\|R(-1\,;H_0)\|=\varepsilon$$

だから，$\|V_{1,\varepsilon}R(-1\,;H_0)-VR(-1\,;H_0)\|\to 0\ (\varepsilon\to 0)$．したがって $V_{1,\varepsilon}R(-1\,;H_0)\in\mathcal{L}_C(L^2)$ を示せば十分．ゆえに，証明は次の命題に帰着する．∎

命題 3.6　$n\leqq 3$，$V\in L^2(\boldsymbol{R}^n)$ ならば $VR(-1\,;H_0)$ は Hilbert-Schmidt 型の積分作用素であり，したがってコンパクトである．

証明　定理 3.6 によれば，$VR(-1\,;H_0)$ は積分作用素であり，その積分核は $V(x)G_0(x-y\,;-1)$ に等しい．一方，評価 (3.38), (3.39) によれば，$n=1,2,3$ のとき $G_0(\cdot\,;-1)\in L^2(\boldsymbol{R}^n)$ である．したがって

$$\iint |V(x)G_0(x-y\,;-1)|^2dxdy = \|V\|_{L^2}{}^2\|G_0(\cdot\,;-1)\|_{L^2}{}^2 < \infty$$

となり，$VR(-1\,;H_0)$ は Hilbert-Schmidt 型である．▌

例 3.2　3 次元空間における Coulomb ポテンシャル $V(x)=\alpha|x|^{-1}$ (α は実数) は定理 3.9 の仮定をみたす．実際，$V_{2,\varepsilon}=V\chi_{\{|V(x)|<\varepsilon\}}$ ととれば，$V_{1,\varepsilon}=V-V_{2,\varepsilon}\in L^2(\boldsymbol{R}^3)$ だから，仮定がみたされる．もっと一般に，$V\in L_{\mathrm{loc}}{}^2$，$|V(x)|\to 0$ ($|x|\to\infty$) の場合も同様．特に，3 次元空間において

$$|V(x)| \leqq \begin{cases} c|x|^{-(3/2-\varepsilon)}, & |x|\leqq 1,\ \varepsilon>0, \\ c|x|^{-\delta}, & |x|\geqq 1,\ \delta>0 \end{cases}$$

をみたす V に対して H_0+V は自己共役である．

c) Stummel 型の条件

$n>3$ のときには，$V\in L^2(\boldsymbol{R}^n)$ であっても，V が H_0-有界になるとは限らない．

例 3.3　$n=5$ とし，$\varphi\in C_0^\infty(\boldsymbol{R}^5)$，$\varphi(x)=1$ ($|x|\leqq 1$) とする．$u_\alpha(x)=|x|^{-\alpha}\varphi(x)$，$\alpha<1/2$ とすれば $u_\alpha\in H^2(\boldsymbol{R}^5)$ である．ゆえに，たとえば $V(x)=|x|^{-9/4}\chi_{\{|x|<1\}}(x)$ とすれば，$V\in L^2(\boldsymbol{R}^5)$ であるが，$u_{1/4}\in H^2(\boldsymbol{R}^5)$ は $\mathcal{D}(V)$ には属さないから，$\mathcal{D}(V)\not\supset\mathcal{D}(H_0)$ である．$n=4$ のときには，u_α の代りに log を含む関数を考えればよい．——

$n>3$ のとき V の H_0-有界性を論じるためには，V に $L_{\mathrm{loc}}{}^2$ より強い制限を課さねばならない．そのための手段として，次の定義をたてる．ただし，以下の議論では，$n=1,2,3$ の場合も含めて考える．

定義 3.1　$V\in L_{\mathrm{loc}}{}^2(\boldsymbol{R}^n)$ と $\mu>0$ に対して，次のようにおく．

(3.56)　$$M_\mu(x\,;V) = \int_{|x-y|\leqq 1}\frac{|V(y)|^2}{|x-y|^{n-\mu}}dy, \qquad x\in\boldsymbol{R}^n,$$

(3.57)　$$M_\mu(V) = \sup_{x\in\boldsymbol{R}^n} M_\mu(x\,;V).$$

ただし，$M_\mu(x\,;V)$，$M_\mu(V)$ の値としては $+\infty$ も許す．

定理 3.10　(i) $0<\mu<4$ なるある μ に対して

(3.58)　$$M_\mu(V) < \infty$$

が成り立つならば，V は H_0-有界である．

(ii) (3.58) に加えて

(3.59)　$$\lim_{|x|\to\infty} M_\mu(x\,;V) = 0$$

が成り立つならば，V は H_0-コンパクトである．

注　(i) の仮定のもとで V の H_0-限界は 0 である．このことの証明は，定理の証明に比べて特に難しくはないが，本講では後で使わないので省略する．$M_\mu(V)$ は F. Stummel (1956) によって導入された．この種の定理については，参考書 [14] に詳しい．——

定理の証明は小節 d) で行なう．その前に，条件 (3.58) に二,三の検討を加え，定理の系をいくつか導いておく．

まず，明らかに

$$\mu' \geqq \mu \Longrightarrow M_{\mu'}(x\,;V) \leqq M_\mu(x\,;V)$$

が成り立つ．したがって，条件 (3.58) はある μ に対して成り立てば，それより大きい任意の μ に対して成り立つ．

次の命題は，簡単であるがしばしば用いられるであろう．

命題 3.7　次の関係が成り立つ．

$$\int_{|x-y|\leqq 1} |V(y)|^2 dy \leqq c_{n,\mu} M_\mu(V). \tag{3.60}$$

証明　$n-\mu \geqq 0$ のときは $c_{n,\mu}=1$ ととればよい．$n-\mu<0$ のときは，容易に示される関係

$$\int_{|x-y|\leqq 1/4} |V(y)|^2 dy \leqq 2^{\mu-n} M_\mu(V) \tag{3.61}$$

に注意した上で，半径 1 の球を半径 1/4 の球の有限個で覆えばよい．∎

定理 3.10 の系 1　V が条件 (3.58) に加えて条件

$$\lim_{|x|\to\infty} \int_{|x-y|<1} |V(y)|^2 dy = 0 \tag{3.62}$$

をみたせば，V は H_0-コンパクトである．

証明　$n-\mu \leqq 0$ のときには，(3.62) がみたされれば，(3.59) もみたされる．よって，$n-\mu>0$ とする．そのときには，μ を少し大きいものに変えれば，(3.58), (3.59) が共にみたされることを示そう．

$0<\varepsilon<\min(n-\mu, 4-\mu)$ をみたす ε をとる．指数 $\alpha=(n-\mu)(n-\mu-\varepsilon)^{-1}$，$\beta=(n-\mu)\varepsilon^{-1}$ $(\alpha^{-1}+\beta^{-1}=1)$ を用い，$|V|^2=|V|^{2\alpha^{-1}}|V|^{2\beta^{-1}}$ として Hölder の不等式を適用すれば

$$M_{\mu+\varepsilon}(x\,;V) = \int_{|x-y|\leqq 1} \frac{|V(y)|^2}{|x-y|^{n-\mu-\varepsilon}} dy$$

$$\leqq \left(\int_{|x-y|\leqq 1} \frac{|V(y)|^2}{|x-y|^{n-\mu}}dy\right)^{\alpha^{-1}} \left(\int_{|x-y|\leqq 1} |V(y)|^2 dy\right)^{\beta^{-1}}$$

$$\leqq M_\mu(V)^{\alpha^{-1}} \left(\int_{|x-y|\leqq 1} |V(y)|^2 dy\right)^{\beta^{-1}} \longrightarrow 0, \qquad |x|\to\infty.$$

ここで，$\mu+\varepsilon<4$ であったから，$\mu+\varepsilon$ を改めて μ とすれば (3.58), (3.59) がみたされる．▮

次に，定理 3.10 が適用できるための十分条件で，$V\in L_{\mathrm{loc}}{}^p$ の形のものを求めておこう．$n\leqq 3$ の場合と，$n\geqq 4$ の場合にわけて考える．

系 2 $n=1,2,3$ とし，$V\in L_{\mathrm{loc}}{}^2(\boldsymbol{R}^n)$ とする．

(i) V が次の条件 (3.63) をみたせば，V は H_0-有界である．

$$M_n(V) = \sup_{x\in\boldsymbol{R}^n} \int_{|x-y|\leqq 1} |V(y)|^2 dy < \infty. \tag{3.63}$$

(ii) V が (3.62) をみたせば，V は H_0-コンパクトである．

証明 (i) (3.63) は (3.58) が $\mu=n<4$ で成り立つことを意味する．

(ii) $V\in L_{\mathrm{loc}}{}^2$ なら $\int_{|x-y|\leqq 1} |V(y)|^2 dy$ は x の連続関数だから，(3.62) が成り立てば (3.63) も成り立つ．ゆえに，系 1 に帰する．▮

注 1 定理 3.9 は系 2 の (ii) の特別の場合である．

注 2 $n=1,2,3$ のとき，系 2 は定理 3.10 と同等である．実際，(3.58) $\Longrightarrow$ (3.63) は (3.60) により明らか．(3.59) $\Longrightarrow$ (3.62) をみるには，(3.61) より詳しく，(3.61) の左辺 $\leqq c \inf_{|x-x'|=3/4} M_\mu(x'\,;V)$ が成り立つことに注意すればよい．——

系 3 $n\geqq 4$ とする．ある $p>n/2$ に対して $V\in L_{\mathrm{loc}}{}^p(\boldsymbol{R}^n)$ が条件

$$\sup_{x\in\boldsymbol{R}^n} \int_{|x-y|\leqq 1} |V(y)|^p dy < \infty \tag{3.64}$$

をみたせば，V は定理 3.10 の (i) の仮定をみたす．

証明 もし

$$0<\varepsilon<\mu<4, \qquad 2(n-\varepsilon)(\mu-\varepsilon)^{-1} = p \tag{3.65}$$

をみたすような μ, ε が存在すれば，指数 $\alpha=(n-\varepsilon)(n-\mu)^{-1}$，$\beta=(n-\varepsilon)(\mu-\varepsilon)^{-1}$ $(\alpha^{-1}+\beta^{-1}=1)$ として Hölder の不等式を適用して

$$M_\mu(x\,;V) \leqq \left(\int_{|x-y|\leqq 1} \frac{dy}{|x-y|^{n-\varepsilon}}\right)^{\alpha^{-1}} \left(\int_{|x-y|\leqq 1} |V(y)|^p dy\right)^{\beta^{-1}}$$

(ここで $\beta^{-1}=2/p$) が得られる．したがって，(3.64) から (3.58) が従う．

次に，(3.65) をみたす ε, μ が存在することを示そう．$n/2<p$ だから $2n/p<4$，したがって $2n/p<\mu<4$ なる μ がとれる．すなわち，$n/2<2n/\mu<p$ である．(3.65) で $f(\varepsilon)=2(n-\varepsilon)(\mu-\varepsilon)^{-1}$，$0\leqq\varepsilon<\mu$ とおくとき，$f(0)=2n/\mu<p$，$f'(\varepsilon)>0$，$f(\varepsilon)\to\infty$ $(\varepsilon\to\mu)$ だから，(3.65) をみたす ε は確かに存在する．▌

系3から，定理3.9に対応する次の系が導かれる．証明は容易であるから読者に任せる．

系4　$n\geqq 4$ とする．$p>n/2$ とし，任意の $\varepsilon>0$ に対して，$V(x)$ が

(3.66)
$$V(x) = V_{1,\varepsilon}(x)+V_{2,\varepsilon}(x),$$
$$V_{1,\varepsilon}\in L^p(\boldsymbol{R}^n),\quad V_{2,\varepsilon}\in L^\infty(\boldsymbol{R}^n),\quad \|V_{2,\varepsilon}\|_{L^\infty}<\varepsilon$$

と分解できるならば，V は H_0-コンパクトである．

d) 定理3.10の証明

$n\geqq 3$ として証明する．$n=1,2$ の場合の証明も同様であるが，それについては後の注意3.3参照．説明を簡単にするため，(3.56), (3.57) を一般化して次のようにおく．ここで，$\delta>0$ とする．

(3.67)
$$M_{\mu,\delta}(x\,;V) = \int_{|x-y|\leqq\delta}\frac{|V(y)|^2}{|x-y|^{n-\mu}}dy,\qquad x\in\boldsymbol{R}^n;$$

(3.68)
$$M_{\mu,\delta}(V) = \sup_{x\in\boldsymbol{R}^n} M_{\mu,\delta}(x\,;V).$$

今までの記号との関係は，
$$M_{\mu,1}(x\,;V) = M_\mu(x\,;V),\qquad M_{\mu,1}(V) = M_\mu(V)$$
である．

命題3.8　$0<\mu<4$，$0<\delta\leqq 1$ とし，V は (3.58) をみたすとする．そのとき

(3.69)
$$\varphi_\delta(u,v) \equiv \iint_{|x-y|\leqq\delta}\frac{|V(x)|}{|x-y|^{n-2}}|u(y)||v(x)|dxdy$$
$$\leqq c_{n,\mu}M_{\mu,\delta}(V)^{1/2}\|u\|_{L^2}\|v\|_{L^2},\qquad \forall u,v\in L^2(\boldsymbol{R}^n).$$

証明　x-y 空間における Schwarz の不等式により

(3.70)
$$\varphi_\delta(u,v)^2 \leqq \iint_{|x-y|\leqq\delta}\frac{|V(x)|^2}{|x-y|^{n-\mu}}|u(y)|^2dxdy\cdot\iint_{|x-y|\leqq\delta}\frac{|v(x)|^2}{|x-y|^{n-4+\mu}}dxdy$$

が得られる．右辺の第1の因子では x，第2の因子では y に関する積分を先に行ない，$\mu<4$ だから

$$c_{n,\mu}{}^2 \equiv \int_{|x-y|\leqq 1} \frac{dy}{|x-y|^{n-4+\mu}} < \infty$$

であることに注意すれば，(3.69) が得られる．∎

命題 3.9 $V \in L_{\mathrm{loc}}{}^2(\boldsymbol{R}^n)$ とし，$m>n$ とする．そのとき

(3.71) $$\psi_m(u,v) \equiv \iint_{|x-y|>1} \frac{|V(x)|}{|x-y|^m}|u(y)|\,|v(x)|dxdy$$
$$\leqq c_{n,m}M_n(V)^{1/2}\|u\|_{L^2}\|v\|_{L^2}, \qquad \forall u,v \in L^2(\boldsymbol{R}^n).$$

証明 Schwarz の不等式により

$$\psi_m(u,v)^2 \leqq \iint_{|x-y|>1} \frac{|V(x)|^2}{|x-y|^m}|u(y)|^2 dxdy \cdot \iint_{|x-y|>1} \frac{|v(x)|^2}{|x-y|^m} dxdy$$

が得られる．右辺の二つの因子を，命題 3.8 の証明と同様の方法で評価する．$m>n$ だから，第 2 因子は $c_{n,m}\|v\|^2$ を越えない $\left(c_{n,m}=\int_{|x|>1}|x|^{-m}dx\right)$．次に，$m>n$ のとき

(3.72) $$I_m(V) \equiv \int_{\boldsymbol{R}^n} \frac{|V(x)|^2}{1+|x-y|^m}dx \leqq c_{n,m}{}'M_n(V)$$

が成り立つことを示そう．それができれば，第 1 因子は $2c_{n,m}{}'M_n(V)\|u\|^2$ を越えないことがわかる．($t\geqq 1$ のとき $t^m \geqq 2^{-1}(1+t^m)$ であることに注意.) そこで，$(2c_{n,m}c_{n,m}{}')^{1/2}$ を改めて $c_{n,m}$ とおいて (3.71) が得られる．

(3.72) の証明　$D_l=\{x \in \boldsymbol{R}^n \mid l\leqq |x|<l+1\}$ とおき，積分変数を x から $x-y$ に変えると

$$I_m(V) = \sum_{l=0}^{\infty} \int_{D_l} \frac{|V(x+y)|^2}{1+|x|^m}dx$$
$$\leqq \sum_{l=0}^{\infty} \frac{1}{1+l^m} \int_{D_l} |V(x+y)|^2 dx.$$

ここで，D_l+y を半径 1 の球の有限個で覆うのであるが，そのとき，定数 c_n を適当にとって，D_l $(l\neq 0)$ を覆う球の個数が $c_n l^{n-1}$ を越えないようにできる．(このことは，明白であろうが，念のためこの小節の最後で，補題として証明しておく.) そのような被覆を考えれば

$$I_m(V) \leqq \sup_{y\in\boldsymbol{R}^n} \int_{|x|\leqq 1} |V(x+y)|^2 dx \left\{\sum_{l=1}^{\infty} \frac{c_n l^{n-1}}{1+l^m}+1\right\}$$

が得られるが，$m>n$ だから右辺の和は有限，したがって (3.72) が示された．∎

定理 3.10 の (i) の証明　$VR(-1;H_0)\in\mathcal{L}(L^2(\boldsymbol{R}^n))$ であることを示せばよい．そのために，定理 3.6 で調べた $R(-1;H_0)$ の積分核 G_0 の性質を利用する．簡単のため $G_0(x)=G_0(x;-1)$ とおく．

$m>n$ を固定し，φ_δ, ψ_m を (3.69), (3.71) の通りとする．G_0 に対する評価 (3.38), (3.39) と命題 3.8 ($\delta=1$ の場合)，命題 3.9 を用い，さらに (3.60) に注意すれば，任意の $u,v\in L^2(\boldsymbol{R}^n)$ に対して

$$
\begin{aligned}
(3.73)\qquad &\iint_{\boldsymbol{R}^{2n}}|V(x)||G_0(x-y)||u(y)||v(x)|dxdy\\
&\leqq c_n\varphi_1(u,v)+c_{n,m}\psi_m(u,v)\leqq c_{n,m,\mu}M_\mu(V)^{1/2}\|u\|_{L^2}\|v\|_{L^2}
\end{aligned}
$$

が成り立つことがわかる．いま，$u\in L^2(\boldsymbol{R}^n)$ を固定するとき

$$
\begin{aligned}
(3.74)\qquad &|(VR(-1;H_0)u)(x)|\\
&\leqq |V(x)|\int_{\boldsymbol{R}^n}|G_0(x-y)||u(y)|dy\equiv w(x)
\end{aligned}
$$

であるが，(3.73) によれば，w と任意の $v\in L^2(\boldsymbol{R}^n)$ との積は可積分である．これから，$w\in L^2(\boldsymbol{R}^n)$ が従う (関数解析・命題 5.1)．いいかえれば，$R(-1;H_0)u\in\mathcal{D}(V)$．$u\in L^2(\boldsymbol{R}^n)$ は任意だったから $\mathcal{D}(H_0)\subset\mathcal{D}(V)$ である．そして，再び (3.73) を用いれば

$$
(3.75)\qquad \|VR(-1;H_0)\|\leqq c_{n,m,\mu}M_\mu(V)^{1/2}
$$

であることがわかる．∎

定理 3.10 の (ii) の証明　$\mu<\mu'<4$ なる μ' をとると

$$
M_{\mu',\delta}(x;V)=\int_{|x-y|\leqq\delta}\frac{|V(y)|^2}{|x-y|^{n-\mu'}}dy\leqq\delta^{\mu'-\mu}M_{\mu,\delta}(x;V)
$$

が成り立つ．ゆえに，μ を μ' でおきかえて考えることにより，(3.58), (3.59) に加えて

$$
(3.76)\qquad \lim_{\delta\downarrow 0}M_{\mu,\delta}(V)=0
$$

が成り立つと仮定してよい．

さて，目標は $K\equiv VR(-1;H_0)\in\mathcal{L}_C(L^2(\boldsymbol{R}^n))$ を示すことである．そのために，後に $L\to\infty$ とするパラメータ $L>0$ と，$\delta\downarrow 0$ とするパラメータ $\delta>0$ を導入して，K をコンパクト作用素 $K_{L,\delta}$ で近似する．

まず，$L>0$ に対して $\chi_L(x)=\chi_{\{|x|<L\}}(x)$ とし，

$$K_L = \chi_L VR(-1\,;H_0)$$

とおく．仮定 (3.59) は $M_\mu((1-\chi_L)V)\to 0\ (L\to\infty)$ であることを意味しているから，V の代りに $(1-\chi_L)V$ を考えて (3.75) を適用することにより

$$\|K-K_L\| \leqq c_{n,m,\mu}M_\mu((1-\chi_L)V)^{1/2} \longrightarrow 0, \qquad L\to\infty$$

が得られる．ゆえに，$K\in\mathscr{L}_C$ を示すには，$K_L\in\mathscr{L}_C$ を示せば十分である．

次に，$\delta>0$ に対して

$$G_{0,\delta}(x) = \chi_{\{|x|>\delta\}}(x)G_0(x)$$

とおき，便宜上同じ記号 $G_{0,\delta}$ を用いて，積分作用素 $G_{0,\delta}$ を

$$(G_{0,\delta}u)(x) = \int_{\boldsymbol{R}^n} G_{0,\delta}(x-y)u(y)dy$$

と定義する．そして

$$K_{L,\delta} = \chi_L VG_{0,\delta}$$

とおく．$\delta<1$ とするとき，$K_L-K_{L,\delta}$ の積分核の絶対値は

$$\frac{c_n\chi_L(x)|V(x)|}{|x-y|^{n-2}}\chi_{\{|x-y|<\delta\}}(x,y)$$

を越えない．したがって，命題 3.8 を用いれば

$$\|K_L-K_{L,\delta}\| \leqq c_{n,\mu}M_{\mu,\delta}(\chi_L V)^{1/2} \leqq c_{n,\mu}M_{\mu,\delta}(V)^{1/2}$$

が成り立つことがわかる．ところが，(3.76) を仮定してよかったから，この右辺は $\delta\to 0$ のとき 0 に収束する．

こうして，$K_{L,\delta}\in\mathscr{L}_C$ を示せばよいことがわかった．$K_{L,\delta}$ の積分核を $k_{L,\delta}$ とすると

$$k_{L,\delta}(x,y) = \chi_L(x)V(x)G_{0,\delta}(x-y)$$

である．ここで，$V\in L_{\mathrm{loc}}{}^2$ だから $\chi_L V\in L^2$．また，$G_{0,\delta}$ においては $x=0$ における G の特異性は除いてしまったから，評価 (3.39) により $G_{0,\delta}\in L^2$．したがって，

$$\iint_{\boldsymbol{R}^{2n}} |k_{L,\delta}(x,y)|^2 dxdy = \|\chi_L V\|^2{}_{L^2}\|G_{0,\delta}\|^2{}_{L^2} < \infty$$

である．すなわち，$K_{L,\delta}$ は Hilbert-Schmidt 型の積分作用素であり，したがってコンパクトである．▌

注意 3.3 以上，$n\geqq 3$ として定理 3.10 を証明した．$n=1,2$ の場合も証明のやり方は同じであるが，細部はずっと簡単になる．実は，$n=3$ の場合も含めて，証

明は簡単になる．その理由は，$n \leqq 3$ ならば $G_0 \in L^2$ となるからである．いま，系2の形で証明するとしよう．まず，$\varphi_\delta(u, v)$ を (3.69) で $|x-y|^{2-n}$ を $|G_0(x-y)|$ でおきかえたものとして定義する．そのとき，(3.70) のところでは，

$$\varphi_\delta(u, v)^2 \leqq \iint_{|x-y|\leqq\delta} |V(x)|^2|u(y)|^2 dxdy \iint_{|x-y|\leqq\delta} |G_0(x-y)|^2|v(x)|^2 dxdy$$

を用いればよい．(なお，次に述べる理由で，$\delta=1$ のときだけをやっておけばよい．) コンパクト性の証明においては，δ の近似は不要で，K_L が Hilbert-Schmidt 型になる．これも $G_0 \in L^2$ だからである．——

最後に，命題3.9の証明の中ででてきた D_l に関する補題を証明しておく．

補題 3.1　$D_l = \{x \in \boldsymbol{R}^n \mid l \leqq |x| < l+1\}$ を半径1の球の有限個で覆うとき，覆う球の個数が

$$c_n(l+2)^{n-1}, \qquad c_n = 3n^{n/2}\Omega_{n-1} \tag{3.77}$$

をこえないようにできる．ここで，Ω_{n-1} は $n-1$ 次元球面 $\{x_1{}^2+\cdots+x_n{}^2=1\}$ の表面積である(ただし，$n \geqq 2$ とする)．

注　$l \geqq 1$ のとき，(3.77) の数は $3^{n-1}c_n l^{n-1}$ をこえない．なお，$\Omega_{n-1} = 2\pi^{n/2}\Gamma(n/2)^{-1}$ と Stirling の公式を用いれば $c_n \leqq cn(2\pi e)^{n/2}$ と評価される．

証明　整数全体を $\boldsymbol{Z}$ と書き，次のようにおく．

$$L_n = \{x = (n^{-1/2}k_1, \cdots, n^{-1/2}k_n) \mid k_j \in \boldsymbol{Z}\},$$
$$L_{n,l} = L_n \cap \{l-1/2 \leqq |x| \leqq l+3/2\}.$$

第1段　任意の $x=(x_1, \cdots, x_n) \in D_l$ において，各 x_j をそれに一番近い $n^{-1/2}k_j$ ($k_j \in \boldsymbol{Z}$) でおきかえて $x'=(n^{-1/2}k_1, \cdots, n^{-1/2}k_n) \in L_n$ を作る．すると，容易にわかるように

$$|x-x'| \leqq 1/2, \quad \text{したがって} \quad x' \in L_{n,l}$$

である．いいかえれば，$L_{n,l}$ の各点に，その点を中心とする半径1の球をおけば，それらの球全体は D_l を覆う．ゆえに，$L_{n,l}$ に属する点の数を評価すればよい．

第2段　$L_{n,l}$ に属する点の数を $p_{n,l}$ とし，一般に A の体積を $|A|$ で表わす．$L_{n,l}$ の各点に，その点を中心とする1辺の長さ $n^{-1/2}$ の立方体(ただし各辺は座標軸に平行とする)をおき，それら立方体の合併を $Q_{n,l}$ とする．そのとき，次の関係が成り立つことは明らかである：

$$Q_{n,l} \subset \{|x| \leqq l+2\} \setminus \{|x| \leqq l-1\},$$

$$|Q_{n,l}| \leqq n^{-1}\{(l+2)^n-(\max\{l-1,0\})^n\}\Omega_{n-1}.$$

ここで，$|Q_{n,l}|=n^{-n/2}p_{n,l}$ であり，また $l\geqq 1$ のとき

$$(l+2)^n-(l-1)^n = n\int_{l-1}^{l+2} y^{n-1}dy \leqq 3n(l+2)^{n-1}$$

である．$l=0$ のときは別に考えて，結局

$$p_{n,l} \leqq 3n^{n/2}(l+2)^{n-1}\Omega_{n-1}$$

が得られる．∎

e）Sobolev の不等式の応用

定理 3.10 の系 3, 4 においては，$p=n/2$ の場合は排除されていた．それに関連して，次の定理を述べておこう．

定理 3.11 $n\geqq 5$ とする．そのとき，V が

(3.78) $$V(x) = V_1(x)+V_2(x), \qquad V_1\in L^{n/2}(\boldsymbol{R}^n),\quad V_2\in L^{\infty}(\boldsymbol{R}^n)$$

と表わされるならば，V は H_0-有界であり，V の H_0-限界は 0 である．

証明 $V\in L^{n/2}$ のとき V は H_0-有界で，その H_0-限界が $c\|V\|_{L^{n/2}}$ (c はある定数) を越えないことを示せばよい．実際，それができれば，(3.78) をみたす V を (3.54) と同じように分解して考えることにより，(3.78) をみたす V の H_0-限界が 0 であることがわかる．

以後 $V\in L^{n/2}$ とする．$R(-1;H_0)$ の積分核 G_0 に (3.38) の評価を用いれば

(3.79) $$|(R(-1;H_0)u)(x)| \leqq \int_{\boldsymbol{R}^n}\frac{c_n}{|x-y|^{n-2}}|u(y)|dy$$

が成り立つ．ところが，Hardy-Littlewood-Sobolev の不等式 (本講座 “Fourier 解析” 定理 1.53) によれば，$2<n/2$ すなわち $n>4$ という附帯条件のもとで，(3.79) の右辺の積分作用素は $L^2(\boldsymbol{R}^n)$ から $L^q(\boldsymbol{R}^n)$，$q^{-1}=2^{-1}-2/n$ への有界作用素である．したがって，定理の条件のもとで

$$\|R(-1;H_0)u\|_{L^q} \leqq c\|u\|_{L^2}, \qquad q^{-1} = 2^{-1}-2/n.$$

一方，Hölder の不等式によれば，掛け算作用素 $u\to Vu$ は L^q から L^p，$p^{-1}=(n/2)^{-1}+q^{-1}=2^{-1}$ への有界作用素であり，そのノルムは $\|V\|_{L^{n/2}}$ を越えない．すなわち，$\|VR(-1;H_0)u\|_{L^2}\leqq c\|V\|_{L^{n/2}}\|u\|_{L^2}$ が得られた．∎

§3.4　短距離型ポテンシャル

a）ポテンシャルの減少度とスペクトルの性質

ここで一休みして，ポテンシャル $V(x)$ に対するいろいろな仮定の意味と，それらの仮定からスペクトルに関してどんな情報が得られるのかについて，大ざっぱにまとめ，後章の見通しを得ておきたい．

Sturm-Liouville 型の固有値問題

$$(3.80)\qquad -\frac{d^2}{dx^2}u(x)+q(x)u(x)=\lambda u(x),\qquad -\infty\leqq a<b\leqq\infty$$

において，(a,b) が有界区間であり，q が $[a,b]$ で連続である場合は，正則(regular) な場合とよばれる．そのとき，両端 a,b における境界条件を適当に定めれば，問題 (3.80) に対応する自己共役作用素のスペクトルは，離散的な固有値のみから成り，固有関数から成る完全正規直交系が存在する．これに対して，(a,b) が(半)無限区間である場合や，q が特異性をもつ場合は，非正則 (singular) な場合とよばれ，スペクトルの様子は q の特異性の強さや無限遠での振舞いに関係する．

$\boldsymbol{R}^n$ における Schrödinger 作用素は，上の意味では非正則な場合にあたる．したがって，ポテンシャル V の局所的な特異性と無限遠での振舞いに関して適当な仮定を設けて，はじめて自己共役性やスペクトルの性質について何らかの結論を得ることができる．ここで前節の議論を振り返ってみよう．

$n\leqq 3$ の場合，$V\in L_{\mathrm{loc}}{}^2$ というのが V の局所的性質を規制する条件である．これに対して，条件 (3.63), (3.62) は V の無限遠における振舞いを規制するもので，(3.63) のもとでは V の H_0-有界性 ($\|V\|_{H_0}=0$) のみがいえるが，(3.62) のもとでは $\sigma_{\mathrm{ess}}(H)=[0,\infty)$ までいえる ($H=H_0+V$)．$n\geqq 4$ の場合でいえば，$M_\mu(x\,;V)<\infty$ が x の近傍における V の特異性を規制しているのに対し，$M_\mu(V)<\infty$ または $\lim M_\mu(x\,;V)=0$ が無限遠での振舞いを規制する．

本講で論じる範囲においては，V の局所特異性に関する条件は，H の自己共役性を保証するためだけに必要で，すべていわゆる‘局所コンパクト性’の性質をもつ．これに対して，無限遠での条件は，H のスペクトルの性質に大きく関係する．以下，その関係の概略をみておこう．

無限遠での条件の表わし方には，一般性において，いろいろなレベルがある．

基本的には

$$V(x)=O(|x|^{-\delta}),\qquad |x|\to\infty \tag{3.81}$$

と書いて，δ の範囲を指定すればよいが，しばしば似て非なる条件が用いられる．たとえば，$\delta_0>0$ として二つの条件

$$\sup_{x\in\boldsymbol{R}^n}(1+|x|)^{\delta_0}|V(x)|<\infty, \tag{3.82}$$

$$\sup_{x\in\boldsymbol{R}^n}(1+|x|)^{2\delta_0}M_\mu(x\,;V)<\infty \tag{3.83}$$

を比べてみよう．(3.81) をみたす V に限れば，両条件はともに $\delta\geqq\delta_0$ と同値である．しかし，V に対する条件としては，(3.83) の方が (3.82) よりも弱い．

無限遠での条件を (3.81) の型に限ってしまってすべての議論を行なうのも一法であるが，Schrödinger 作用素に対するスペクトル理論では，そのとき用いている方法が許す範囲で，なるべく一般的な条件を V に課すように努めるのが普通である．これは，一つには，Coulomb ポテンシャルという，特異性をもつポテンシャルを扱うことが，物理的に要請されていたためであろう．本講でも，V に対する仮定は十分一般的なものにするという方針をとる．しかし，この節では，基本的な形 (3.81) を用いて，$H=H_0+V$ のスペクトルの性質についてまとめておく．

$V(x)\to\infty$ $(|x|\to\infty)$ の場合には，H のスペクトルは離散的な固有値のみからなり，固有値は無限大のみに集積する (図 3.1 の (i) 参照)．調和振動子 ($V(x)=|x|^2$) がその典型である．本講では，この場合はあまり論じない．なお，$V(x)\to\infty$ のときの自己共役性については，別に考えねばならない (第 6 章参照)．

(3.81) で $\delta=0$ のときには，V は H_0-有界 ($\|V\|_{H_0}=0$) であり，$\sigma(H)$ は下に有界である．特に，V が $\boldsymbol{R}^n$ 上で下に有界のときには，$\sigma(H)$ の下端は $\inf_{x\in\boldsymbol{R}^n}V(x)$ よりさがることはない．しかし，それ以外には，スペクトルについて一般的なことはいえない．たとえば，V が周期性をもつときには，結晶におけるバンド構造に対応して，スペクトルがギャップをもつことが期待され，適当な条件のもと

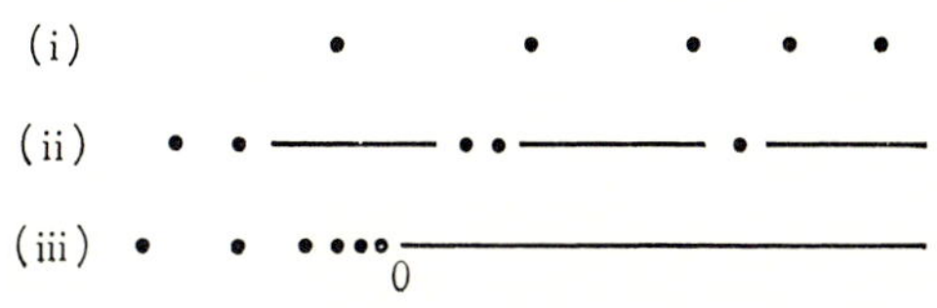

図 3.1

で証明されている(図3.1の(ii)).

$\delta>0$ のときは，V は H_0-コンパクトである．したがって，$\sigma(H)$ は図3.1の(iii)のようになる．負の固有値はすべて多重度有限で，0以外に集積することはない．なお，$\delta>2$ の場合には，負の固有値は有限個であることがわかっている．それについては，第5章で述べる(定理5.9).

$\delta>0$ の場合，$(0,\infty)$ におけるスペクトルの構造を調べることが問題になる．その場合，$\delta>1$ の場合と $0<\delta\leqq 1$ の場合で，スペクトルに関して得られる結論には多くの共通性があるが，それを得るための方法や散乱理論の構造において事情が大きく変わる．(3.81)で $\delta>1$ の場合，またはそれに対応する一般的条件が課されている場合，ポテンシャル V は**短距離型**(short range)であるといわれる．これに対して，$0<\delta\leqq 1$ の場合(あるいは，単に $\delta>0$ とする場合)，V は**遠距離型**(long range)であるといわれる．

以下，第4章，第5章で短距離型の問題を論じる[1]．そのとき，いわゆる'波動作用素'が存在して'完全'であることが示され(第4章)，$(0,\infty)$ における H のスペクトルは，離散的な'埋め込まれた固有値'を別とすれば絶対連続で，H_{ac} は H_0 とユニタリ同値であることがわかる(第4章，第5章)．概していえば，短距離型の問題は，作用素論的方法で統御可能である．

遠距離型のポテンシャルを含む問題では，理論は短距離型の場合に比べて複雑になる．方法的にも，部分積分の方法や振動積分の評価などが併せ用いられる．$\delta=1$ を境に事情が変わる理由の一端については，§4.1のb)で素朴な考察を行なう．

遠距離型の問題の研究は，1970年代になって急速に進歩し，70年代後半に至ってほぼ完成の域に達したようにみえる．この間，池部晃生・斉藤義実・北田均・磯崎洋ら日本からの貢献が大きかった．しかし，現時点で遠距離型の理論を要領よくまとめて紹介するのは筆者には難事であり，紙数等の余裕もないので，本講では遠距離型の問題は残念ながら割愛する．

b) 短距離型の条件

V が短距離型であることを表わす条件は，研究の過程でいくつか提案されて

---

1) 第5章では，便宜上 $n=3$ かつ $\delta>2$ の場合だけを考える．

きた．ここでは，そのうちの三つをあげ，それらの相互関係を調べておく．V はつねに実数値関数であるとする．

定義 3.2　V が Agmon の $\boldsymbol{SR}$ **型**である (記号では $V\in SR$) とは，ある $\varepsilon>0$ に対して掛け算作用素

$$u(x)\longmapsto(1+|x|)^{1+\varepsilon}V(x)u(x) \tag{3.84}$$

が $H^2(\boldsymbol{R}^n)$ から $L^2(\boldsymbol{R}^n)$ へのコンパクト作用素になることをいう．

注　この条件は S. Agmon (文献 [17]) によって導入された．この条件は，掛け算作用素 $u(x)\mapsto V(x)u(x)$ が $H^2(\boldsymbol{R}^n)$ から $L^{2,1+\varepsilon}(\boldsymbol{R}^n)$ へのコンパクト作用素になる，といってもよい．——

定義 3.3　V が $\boldsymbol{SR}(\boldsymbol{S})$ **型**である (記号では $V\in SR(S)$) とは，ある $\varepsilon>0$ と $0<\mu<4$ なる μ に対して，次の関係が成り立つことをいう．

$$\begin{aligned}&\sup_{x\in\boldsymbol{R}^n}\{(1+|x|)^{2+2\varepsilon}M_\mu(x\,;V)\}\\&\quad=\sup_{x\in\boldsymbol{R}^n}\left\{(1+|x|)^{2+2\varepsilon}\int_{|x-y|\leq 1}\frac{|V(y)|^2}{|x-y|^{n-\mu}}dy\right\}<\infty.\end{aligned} \tag{3.85}$$

定義 3.4　$L^2(\boldsymbol{R}^n)$ における対称作用素 V が $\boldsymbol{SR}(\boldsymbol{E})$ 型である (記号では $V\in SR(E)$) とは，次の二つの条件 (i), (ii) が成り立つことをいう．

(i)　V は H_0-有界で　$\|V\|_{H_0}<1$.

(ii)　$\chi_{\{|x|\geqq R\}}(x)$ を掛ける掛け算作用素を $\chi_{\{|x|\geqq R\}}$ で表わし，

$$h(R)=\|VR(-1\,;H_0)\chi_{\{|x|\geqq R\}}\| \tag{3.86}$$

とおくとき，R の関数として

$$h\in L^1(0,\infty). \tag{3.87}$$

注 1　定義 3.4 で述べた条件は，最近 V. Enss (文献 [19]) によって導入された．$V\in SR(E)$ のもとでの Enss の理論については，第 4 章で詳しく述べる．

注 2　$SR(E)$ 型の定義においては，V が掛け算作用素であることは要求していない．定義 3.2 においても，みかけ上は V が掛け算作用素であることは必要ないが，後の都合上，$V\in SR$ の定義の中には，V が掛け算作用素であるという要求も含めておく．

注 3　V が

$$|V(x)|\leqq c(1+|x|)^{-\delta},\qquad \delta>1 \tag{3.88}$$

をみたせば，V は $SR(S)$ 型である．(なお，後の (3.91) 参照.)

注 4　$SR(S)$ 型，$SR(E)$ 型は，本講で仮りに用いる用語である．——

命題 3.10　V は掛け算作用素で定義 3.4 の条件 (i) をみたすとする．そのとき

定義3.4の条件(ii)は次と同値である：

$$h_1(R)\equiv\|\chi_{\{|x|\geqq R\}}VR(-1;H_0)\|\in L^1(0,\infty). \tag{3.89}$$

注　この命題は文献[31]による.

証明　簡単のため $R_0=R(-1;H_0)$ とおく. $\varphi\in C^\infty(\boldsymbol{R}^n)$ で, $|x|<1$ なら $\varphi(x)=0$, $|x|>2$ なら $\varphi(x)=1$, かつ $0\leqq\varphi(x)\leqq1$ なるものをとり, $\varphi_R(x)=\varphi(x/R)$ とおく. φ_R を掛ける掛け算作用素を Φ_R で表わして

$$\tilde{h}(R)=\|VR_0\Phi_R\|,\qquad \tilde{h}_1(R)=\|\Phi_R VR_0\|$$

とおく. $0\leqq\varphi_R\leqq\chi_{\{|x|\geqq R\}}\leqq\varphi_{R/2}$ だから, $h_1\in L^1$ と $\tilde{h}_1\in L^1$ は同値である. 共役作用素をとった上で同様に考えれば, $h\in L^1$ と $\tilde{h}\in L^1$ が同値であることもわかる. ゆえに, 命題を証明するためには, $\tilde{h}\in L^1$ と $\tilde{h}_1\in L^1$ が同値であることを示せば十分である.

さて, 簡単な計算で次のことがわかる. ただし, $\nabla\varphi_R\cdot\nabla=\sum_{j=1}^n\dfrac{\partial\varphi_R}{\partial x_j}\dfrac{\partial}{\partial x_j}$ である.

$$\begin{aligned}VR_0\Phi_R-\Phi_R VR_0&=V(R_0\Phi_R-\Phi_R R_0)\\&=VR_0(\Phi_R\triangle-\triangle\Phi_R)R_0\\&=VR_0(-2\nabla\varphi_R\cdot\nabla-\triangle\varphi_R)R_0\\&=VR_0\Phi_{R/2}(-2\nabla\varphi_R\cdot\nabla-\triangle\varphi_R)R_0.\end{aligned}\tag{3.90}$$

ここで, 最後の等号は, φ_R の台の上で $\varphi_{R/2}=1$ であることによる. ここで, $|\nabla\varphi_R(x)|\leqq cR^{-1}$, $|\triangle\varphi_R(x)|\leqq cR^{-2}$ であり, D_jR_0 $(D_j=\partial/\partial x_j)$ は有界だから, いろいろな定数を同じ文字 c で表わして, 次の評価が得られる.

$$\begin{aligned}|\tilde{h}(R)-\tilde{h}_1(R)|&\leqq\|VR_0\Phi_R-\Phi_R VR_0\|\\&\leqq cR^{-1}\tilde{h}(R/2),\qquad R>1.\end{aligned}$$

ゆえに, $\tilde{h}\in L^1$ ならば $\tilde{h}_1\in L^1$ である ($\tilde{h}$, $\tilde{h}_1$ 共に有界だから, $0<R<1$ の部分は問題ない).

逆に, $\tilde{h}_1\in L^1$ ならば $\tilde{h}\in L^1$ であることを示すために, (3.90) の右辺で R_0 と $\Phi_{R/2}$ の順序を変えると, 補正項として

$$V(R_0\Phi_{R/2}-\Phi_{R/2}R_0)(-2\nabla\varphi_R\cdot\nabla-\triangle\varphi_R)R_0$$

がでるが, $R_0\Phi_{R/2}-\Phi_{R/2}R_0$ を (3.90) の第2行以下におけると同様に処理すれば,

$$|\tilde{h}(R)-\tilde{h}_1(R)|\leqq cR^{-1}\tilde{h}_1(R/2)+cR^{-2},\qquad R>1$$

が得られる. これから, $\tilde{h}_1\in L^1$ ならば $\tilde{h}\in L^1$ であることがわかる. ▌

定理 3.12　上の三つの定義の間には次の関係がある.

(3.91)　　$V\in SR(S)\Longrightarrow V\in SR\Longrightarrow V\in SR(E)$.

証明　$SR(S)\Longrightarrow SR$　(3.85) が $\varepsilon>0$ に対して成り立っていると仮定して，$0<\varepsilon'<\varepsilon$ なる任意の ε' に対して $V\in\mathcal{L}_C(H^2, L^{2,1+\varepsilon'})$ が成り立つことを示す．

$$W(x)=(1+|x|)^{1+\varepsilon'}V(x)$$

とおく．$|x-y|\leqq 1$ のとき $(1+|y|)^{1+\varepsilon'}\leqq(2+|x|)^{1+\varepsilon'}\leqq 2^{1+\varepsilon'}(1+|x|)^{1+\varepsilon'}$ だから

$$M_\mu(x\,;W)\leqq 2^{2+2\varepsilon'}(1+|x|)^{2+2\varepsilon'}M_\mu(x\,;V)$$

が成り立つ．ゆえに，(3.85) と $0<\varepsilon'<\varepsilon$ とにより，関係

$$M_\mu(W)<\infty,\qquad \lim_{|x|\to\infty}M_\mu(x\,;W)=0$$

がみたされていることがわかる．したがって，定理 3.10 により $WR(-1\,;H_0)\in\mathcal{L}_C(L^2(\boldsymbol{R}^n))$ である．これは，$W\in\mathcal{L}_C(H^2, L^2)$，したがって $V\in\mathcal{L}_C(H^2, L^{2,1+\varepsilon'})$ であることを意味する．

$V\in SR\Longrightarrow V\in SR(E)$　(3.89) が成り立つことを示せばよい．SR の定義により $VR(-1\,;H_0)\in\mathcal{L}(L^2, L^{2,1+\varepsilon})$ である．一方

$$\int_{|x|\geqq R}|u(x)|^2dx\leqq\frac{1}{(1+R^2)^{1+\varepsilon}}\int_{\boldsymbol{R}^n}(1+|x|^2)^{1+\varepsilon}|u(x)|^2dx$$

が成り立つから，掛け算作用素 $\chi_{\{|x|\geqq R\}}$ は $L^{2,1+\varepsilon}$ から L^2 への有界作用素で，そうみたときの作用素ノルムは $(1+R^2)^{-(1+\varepsilon)/2}$ をこえない．これで (3.89) が示された．∎

問　　題

1　対称作用素 A と 1 パラメータをもつ強連続ユニタリ群 $\{U(t)\}_{t\in\boldsymbol{R}^1}$ が次の条件 (i), (ii) をみたすとする：

(i)　$U(t)\mathcal{D}(A)\subset\mathcal{D}(A)$，$\forall t\in\boldsymbol{R}^1$,

(ii)　任意の $u\in\mathcal{D}(A)$ に対して，$U(t)u$ は強微分可能で

$$\frac{d}{dt}U(t)u=iAU(t)u,\qquad \forall t\in\boldsymbol{R}^1.$$

このとき，A は本質的に自己共役であることを証明せよ．(E. Nelson, 1959)

2　問題 1 の仮定に加えて

(iii)　$A\mathcal{D}(A)\subset\mathcal{D}(A)$　(したがって $\mathcal{D}(A^k)=\mathcal{D}(A)$),

(iv)　$U(t)A=AU(t)$，$\forall t\in\boldsymbol{R}^1$

がみたされれば，$A^k\ (k=1,2,\cdots)$ は本質的に自己共役であることを証明せよ．(P. Chernoff, 1973)

以下の問題では H_0 は §3.2, c) の通りとする.

3　$u \in L^2(\boldsymbol{R}^n)$ に対して,

$$\psi_t(y) = e^{-y^2/4it}u(y)$$

とおく. このとき,

$$e^{-itH_0}u(x) = \frac{e^{-x^2/4it}}{(2it)^{n/2}}(F\psi_t)\left(\frac{x}{2t}\right)$$

が成り立つことを示し, これを用いて

$$e^{-itH_0}u(x) = \frac{e^{-x^2/4it}}{(2it)^{n/2}}Fu\left(\frac{x}{2t}\right)+R(t,x;u), \tag{3.92}$$

$$\|R(t,\cdot;u)\|_{L^2(\boldsymbol{R}^n)} \longrightarrow 0, \qquad |t|\to\infty$$

が成り立つことを示せ. もし u の台がコンパクトならば $\|R(t,\cdot;u)\|\leqq c|t|^{-1}$ であることも確かめよ. (3.92) の物理的意味を考えてみよ.

4　$u \in L^2(\boldsymbol{R}^n)$ は台がコンパクトであるとする. そのとき, もしある $\tau\neq 0$ とある開集合 $\Omega\subset\boldsymbol{R}^n$ に対して

$$e^{-i\tau H_0}u(x) = 0, \qquad \forall x \in \Omega$$

が成り立つならば $u=0$ である. これを証明せよ.

5　次のことを確かめよ.

(i)　$R(z;H_0)\mathcal{S}(\boldsymbol{R}^n) = \mathcal{S}(\boldsymbol{R}^n)$,　$z\notin[0,\infty)$

(ii)　$\lambda>0$ のとき, $u\in L^2$ として

$$u(x)\geqq 0 \text{ (a.e.)} \Longrightarrow (H_0+\lambda)^{-1}u(x)\geqq 0 \text{ (a.e.)}.$$

(これは $(H_0+\lambda)^{-1}=-R(-\lambda;H_0)$ が正 (positivity preserving) の作用素であることを示す.)

第4章　波動作用素の方法

Schrödinger 作用素の連続スペクトルについて研究する方法に，波動作用素(wave operator) の方法(別名，時間を含む方法)と，定常的な方法(別名，時間を含まない方法，固有関数展開の方法)とがある．大雑把にいえば，前者は e^{-itH} の研究から情報をひきだし，後者はレゾルベント $R(z;H)$——特に，その実軸上での境界値——の研究から情報をひきだす．両者は Laplace 変換で結びついていると考えることができる．

定常的方法は，スペクトル理論らしい方法であり，Schrödinger 作用素のスペクトル的な性質を詳しく解析するのには欠かせないものであろう．一方，波動作用素の方法は，量子力学系に対する散乱理論の研究に源をもつもので，物理的には自然な発想であるが，初めて接する読者はあるいは少し奇妙なものという印象を持たれるかもしれない．しかし，直截的で面白い方法である．1950 年代以後の研究においては，波動作用素の方法が先行したが，応用に限界があるようにみえ，一時，定常的方法に席を譲っているかにみえた．しかし，昨 1978 年に，V. Enss の新しい結果が発表されて以来，波動作用素の方法もリバイバルの感がある．

本章では，Enss の結果も含めて，波動作用素の方法について述べる．§4.1 では物理的背景について若干の解説を行なう．§4.2 では波動作用素に関する一般論を述べる．§4.3 でトレース族型の摂動に関する Rosenblum-加藤の定理を最近 D. B. Pearson によって発表された証明法によって紹介する．§4.4, §4.5 では Enss の方法を用いて，Schrödinger 作用素に対する波動作用素を論じる．

§4.1　散乱理論と波動作用素

a)　物理的背景

ある物理系があって，その状態が時間とともに変化しているとする．系の状態の時間的変動(以後，系の運動という)の仕方を定める物理法則が時間に関係しないとすると，系の運動はある作用素 $U(t)$ によって記述されるであろう．すなわち，ある時刻における系の状態が u で表わされたとすると，時間が t だけ経過した後の状態は，$U(t)u$ で表わされる．たとえば，系の運動が，H をハミルトニアンとする Schrödinger 方程式に従うならば，

$$U(t) = e^{-itH}$$

である (§3.1).

さて，二つの系 $\boldsymbol{S}_0$, $\boldsymbol{S}$ があり，それぞれの系の運動が $U_0(t)$, $U(t)$ によって記述されているとする．いま，

(i)　$U_0(t)$ の構造はよくわかっている，

(ii)　$U(t)$ (またはそれを定める法則) は $U_0(t)$ (またはそれを定める法則) に何らかの意味で近く，そのことを $\boldsymbol{S}$ の構造の研究に利用できる，

というような状況にあるとき，$\boldsymbol{S}_0$ を非摂動系，$\boldsymbol{S}$ を摂動系とよぶことがある．たとえば，

$$\begin{cases} U_0(t) = e^{-itH_0}, & H_0 = -\triangle \\ U(t) = e^{-itH}, & H = -\triangle + V \end{cases} \tag{4.1}$$

である場合がその一例である．

一部§1.1のくりかえしになるが，しばらく，この例について考えていこう．仮りに，V の台が有界 ($|x| \geqq R \Longrightarrow V(x) = 0$) であるとする．$e^{-itH_0}$ はよくわかっている (§3.2, f))．そして，$u_0 \in L^2 \cap L^1$ ならば，(3.47) により

$$\int_{|x| \leqq R} |(e^{-itH_0}u_0)(x)|^2 dx = O(t^{-n}), \qquad t \to \infty$$

である．これからもちろん $\|Ve^{-itH_0}u_0\| \to 0$ ($t \to \infty$)．したがって，t が十分大きいとき，$u_0(t) = e^{-itH_0}u_0$ は Schrödinger 方程式

$$i\frac{d}{dt}u(t) = Hu(t)$$

を近似的にみたしている．このことから，(少し乱暴ではあるが) 摂動系の運動 $e^{-itH}u_+$ で，$t \to \infty$ のとき漸近的に $e^{-itH_0}u_0$ に近づくものが存在するのではないかと期待される．すなわち

$$e^{-itH}u_+ = e^{-itH_0}u_0 + o(1), \qquad t \to \infty \tag{4.2}$$

となるような u_+ の存在が期待される．(4.2) が成り立つとき，u_0 は $t \to \infty$ のときの u_+ の**漸近状態**であるといい，また u_+ は $t \to \infty$ のとき漸近状態 u_0 をもつと

いう．(4.2) を書きかえれば

(4.3)
$$u_{+} = \lim_{t\to\infty} e^{itH}e^{-itH_0}u_0$$

となる．この右辺にでてきた作用素，すなわち

(4.4₊)
$$W_{+} = \lim_{t\to\infty} e^{itH}e^{-itH_0}$$

が**波動作用素**とよばれるものである．$t\to\infty$ を $t\to-\infty$ に変えて同様の考察を行なえば，$t\to-\infty$ のときの波動作用素

(4.4₋)
$$W_{-} = \lim_{t\to-\infty} e^{itH}e^{-itH_0}$$

がでてくる．

以上，(4.1) を例にとって論じたが，一般の $\boldsymbol{S}_0, \boldsymbol{S}$ に対しても，同様の考えを適用することができる．波動作用素は，次のような作用素である：

(4.5)
$$W_{\pm} = \lim_{t\to\pm\infty} U(t)^{-1}U_0(t).$$

注意 4.1　我々は，運動 $U(t)u$ の解析に興味をもつのだから，$W_{+}: u_0 \mapsto u_{+}$ を考えるよりも，逆の対応 $W_{+}^{-1}: u_{+} \mapsto u_0$ を考える方が自然ではないか，という異論もあろう．実際，$U(t)u_{+} \mapsto U_0(t)u_0$ という対応は，現実の運動に漸近的運動を対応させているものとみられる．それにもかかわらず，W_{+} を上のように定義したのは，多くの物理的問題で，u_0 を任意に与えるとき，それを漸近状態とする u_{+} は存在するが，逆に任意の u_{+} が漸近状態 u_0 をもつとは限らないからである．たとえば，(4.1) の例にもどり，u_{+} が H の固有関数 (固有値 λ) であるとすると，$e^{-itH}u_{+}=e^{-it\lambda}u_{+}$ である．このとき，もし (4.2) をみたすような u_0 が存在すれば，$e^{-itH_0}u_0=e^{-it\lambda}u_0$ でなければならないことが，容易にわかる．すると，λ は H_0 の固有値でなければならないが，それは矛盾，したがって上のような u_0 は存在しない．§4.2 で，$W_{\pm}$ は改めて H_0, H に関して対称な形で定義される．したがって，この注意で述べたことは，とりたてて問題にする必要はなくなる．——

ある u に対して，$t\to+\infty$ および $t\to-\infty$ のときの漸近状態が共に存在するとき，u を系 $\boldsymbol{S}$ の**散乱状態**という．散乱状態 u に対しては

(4.6)
$$U(t)u = U_0(t)u_0^{(\pm)} + o(1), \qquad t\to\pm\infty$$

であるような $u_0^{(\pm)}$ が存在する．((4.2) 参照．ただし，注意 4.1 のはじめの部分で述べたような見方をとっている.)　このとき，対応

(4.7) $$S:\ u_0^{(-)}\longmapsto u_0^{(+)}$$

は，$t\to-\infty$ のときの漸近状態に，$t\to+\infty$ のときの漸近状態を対応させるもので，**散乱作用素**とよばれる．S がわかれば，系 $\boldsymbol{S}$ における散乱の状態がわかったとされるが，その物理的意味については，これ以上立ち入らない．その代りに，次の小節で，最も単純な古典力学的な系に対して，$W_\pm$ に関する具体的計算を行なう．(4.4$_\pm$) の $W_\pm$ に対する系統的考察は，次節からはじめる．

b）1次元古典粒子の例

x 軸上を，ポテンシャル

(4.8) $$V(x)=-\frac{1}{(1+|x|)^{\delta}},\qquad -\infty<x<\infty\quad(\delta>0)$$

の作用のもとで運動する質量 1/2 の古典粒子を考える．この粒子の運動をしらべるには，時刻 t における粒子の位置を $x(t)$，運動量を $p(t)=2^{-1}\dot{x}(t)$ として[1)]，x-p 平面 (相空間 (phase space) とよばれる) における点 $(x(t),p(t))$ の動きをみるのがよい．$V\equiv0$ の場合を非摂動系として，x-p 平面における二つの方程式系

(4.9) $$\begin{cases}\dot{x}_0(t)=2p_0(t), & \dot{p}_0(t)=0,\\ x_0(0)=x_0, & p_0(0)=p_0;\end{cases}$$

(4.10) $$\begin{cases}\dot{x}(t)=2p(t), & \dot{p}(t)=-V'(x(t)),\\ x(0)=x, & p(0)=p\end{cases}$$

を考えよう．(4.9) はすぐに解けて

(4.11) $$x_0(t)=2p_0t+x_0,\qquad p_0(t)=p_0.$$

点 $(x_0(t),p_0(t))$ の動きを図 4.1(a) に示す．たとえば，$t=0$ で $A_0^+=(x_0^+,p_0^+)$ にある点は，半直線 $A_0^+A_0'$ 上を右方向に一定速度 $2p_0^+$ で動いていく．この運動を $\boldsymbol{z}_0(t)$ で表わす．

次に (4.10) を考える．エネルギーの保存則

(4.12) $$p(t)^2-(1+|x(t)|)^{-\delta}=E\qquad(E\text{ は運動の定数})$$

からわかるように，$(x(t),p(t))$ は x-p 平面で図 4.1(b) の実線で示されるような軌跡を描く．いま，エネルギーが正である運動だけをとりあげ，一例として，x-p 平面上の点

$$A=(x,p)\quad\text{ただし}\quad p^2-(1+|x|)^{-\delta}=p_0^2$$

---

1) 以下，˙，′ はそれぞれ t,x での微分を表わす．

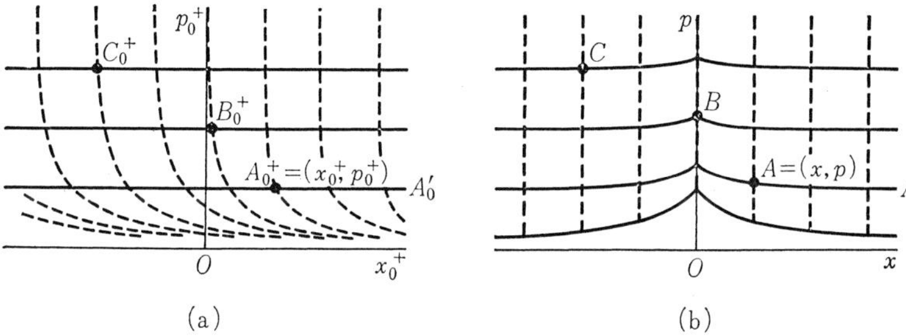

図 4.1　$\delta=2$ の場合に，$(x, p)=W_+(x_0{}^+, p_0{}^+)$ の対応を示す．ただし，$p_0{}^+, p>0$ の範囲のみに限った．(a), (b) 両図において，相応する実線と破線の交点同士が対応する．たとえば $A=W_+A_0{}^+$, $B=W_+B_0{}^+, \cdots$. (b) で破線の入っていない部分は W_+ の値域に属さない．

から出発する運動を考える．このとき，$(x(t), p(t))$ は図 4.1(b) の曲線 AA' 上を右方へ動いていく．この運動を $\boldsymbol{z}(t)$ で表わす．

さて，図 4.1 の (a) と (b) を重ねてみると，$\boldsymbol{z}_0(t)$ の軌跡と $\boldsymbol{z}(t)$ の軌跡は，$t\to+\infty$ のとき互いに漸近することがわかる．このように，軌跡が漸近するという意味では，摂動系のエネルギー正の運動は，非摂動系のある運動に'近づく'．しかし，$A_0{}^+$ と A の関係をうまくとって，点 $\boldsymbol{z}_0(t)$ と点 $\boldsymbol{z}(t)$ が相空間上で近づくようにできるか，すなわち

$$|\boldsymbol{z}_0(t)-\boldsymbol{z}(t)| \longrightarrow 0, \qquad t\to\infty \tag{4.13}$$

が成り立つようにできるか，は別問題である．以下に示すように，これができるのは (4.8) で $\delta>1$ のときだけである[1]．

(4.10) の解でエネルギーが正であり，さらに，簡単のため $x>0$ かつ右方向へ進行するものを考える．すなわち，条件

$$x>0, \qquad p>0, \qquad E\equiv p^2-(1+x)^{-\delta}>0 \tag{4.14}$$

のもとで，(4.10) の解 $(x(t), p(t))$ を考える．エネルギーの保存則 (4.12) から

$$p(t)=2^{-1}\dot{x}(t)=(E+(1+x(t))^{-\delta})^{1/2} \tag{4.14$'$}$$

がでる．これを 0 から t まで積分すると

1)　なお，$\delta\leqq 1$ のときには $\boldsymbol{z}(t)$ の軌跡が自由運動 $\boldsymbol{z}_0(t)$ の軌跡に漸近するのは，x 空間が 1 次元の場合，または 2 次元以上でも中心力の場合に成り立つ特殊事情である．

$$\frac{1}{2}\int_x^{x(t)}(E+(1+y)^{-\delta})^{-1/2}dy = t \tag{4.15}$$

が得られる．ひとまず，左辺を形式的に展開してみると，両辺に $2E^{1/2}$ を掛けて

$$\int_x^{x(t)}\left(1-\frac{1}{2E(1+y)^{\delta}}+\frac{3}{8E^2(1+y)^{2\delta}}+\cdots\right)dy = 2E^{1/2}t. \tag{4.16}$$

いま，$\delta>1$ とすれば，左辺の展開の第2項以下の各項は $(0,\infty)$ 上で可積分である．したがって，級数の収束性に関する議論を無視すれば，

$$x(t) = x+2E^{1/2}t+\gamma_+(x,p)+o(1), \qquad t\to\infty \tag{4.17}$$

となると予想される．ここで，$\gamma_+(x,p)$ は初期値 (x,p) できまる定数である．

議論を厳密にするため

$$g_E(y) = E^{1/2}(E+(1+y)^{-\delta})^{-1/2}-1$$

とおく．これを (4.15) に代入し，簡単な計算を行なうと，

$$\begin{aligned} x(t) &= x+2E^{1/2}t-\int_x^{x(t)} g_E(y)\,dy \\ &= x+2E^{1/2}t-E^{-1/\delta}\int_{E^{1/\delta}(1+x)}^{E^{1/\delta}(1+x(t))}\left\{\frac{y^{\delta/2}}{(1+y^{\delta})^{1/2}}-1\right\}dy \end{aligned}$$

が得られる．右辺で

$$\begin{aligned} |\{\cdots\}| &= (1+y^{\delta})^{-1/2}|y^{\delta/2}-(1+y^{\delta})^{1/2}| \\ &= (1+y^{\delta})^{-1/2}(y^{\delta/2}+(1+y^{\delta})^{1/2})^{-1} \end{aligned}$$

だから，$\{\cdots\}$ は $(0,\infty)$ 上で可積分である $(\delta>1)$．したがって

$$\begin{cases} \gamma_+(x,p) = E^{-1/\delta}\displaystyle\int_{E^{1/\delta}(1+x)}^{\infty}\left\{1-\frac{y^{\delta/2}}{(1+y^{\delta})^{1/2}}\right\}dy, \\ E = p^2-(1+x)^{-\delta} > 0 \end{cases} \tag{4.18}$$

とおけば，(4.17) が成り立つ．

上で求めた運動 $x(t), p(t)$ が，非摂動系の運動 (4.11) に漸近するとすれば，$E = p_0{}^2$ でなければならない ((4.14)′をみよ)．このことと，上の計算から，次の定理が得られる．

定理 4.1 (x,p) は (4.14) をみたすとし，(x,p) を初期値とする (4.10) の解を $x(t), p(t)$ とする．さらに，$\gamma_+(x,p)$ は (4.18) で与えられるものとして，

$$\begin{cases} x_0{}^+ = x+\gamma_+(x,p), \\ p_0{}^+ = (p^2-(1+x)^{-\delta})^{1/2} \end{cases} \tag{4.19}$$

とおく．そのとき

(4.20)　$$x(t)-2p_0{}^+t-x_0{}^+ \longrightarrow 0, \qquad t\to\infty,$$

(4.21)　$$p(t)-p_0{}^+ \longrightarrow 0, \qquad t\to\infty$$

が成り立つ．

注1　$x<0$ でも同様の結果が成り立つが，$\gamma_+(x,p)$ を表わす式が少し変わる．左へ進行する運動 ($p<0$) は，x, p の符号を変えれば，$p>0$ の場合に帰着する．

注2　$\gamma_+(x,p)>0$ である．これは，引力 $-V'(x)$ に引き戻される分だけ，x が $x_0{}^+$ より小さいことを示している．初速 $2p$ を $2p_0{}^+$ より大きくせねばならないから，その分だけ後から出発せねばならないのである．

注3　波動作用素 W_+ は $(x,p)=W_+(x_0{}^+,p_0{}^+)$ で決まる．この対応の様子を図4.1に示してある．$\delta=2$ のときには，γ_+ が計算できて，

$$\gamma_+(x,p)=\frac{1}{E^{1/2}(E^{1/2}+p)(1+x)}=(1+x)(pE^{-1/2}-1), \qquad \delta=2.$$

図4.1は $\delta=2$ として描いてある．図で，$p^2-(1+x)^{-\delta}<0$ であるような (x,p) から出発した運動は，x 軸上有限な部分に留まり，漸近状態をもたない．これは，注意4.1で述べた事情と対応している．——

$\delta\leqq 1$ のときには，(4.16) の展開の第2項が可積分でなくなり，上の議論はできない．しばらく，$1/2<\delta<1$ としてみよう．すると (4.16) の展開の第3項以下は可積分だから，(4.17) の代りに

(4.22)　$$x(t)-x-(2E)^{-1}(1-\delta)^{-1}\{(1+x(t))^{1-\delta}-(1+x)^{1-\delta}\}+c_1+o(1) = 2E^{1/2}t$$

が得られる．そこで，$x(t)=x+2E^{1/2}t+ct^{\beta}+c_2+o(1)$ と仮定して上式に代入し，両辺を比較すれば

(4.23)　$$x(t)=x+2E^{1/2}t+\frac{1}{2^{\delta}(1-\delta)E^{(1+\delta)/2}}t^{1-\delta}+\tilde{\gamma}_+(x,p)+o(1),$$
$$t\to\infty \quad (1/2<\delta<1)$$

となる．ここで，$\tilde{\gamma}_+(x,p)$ はある定数である．これから"$1/2<\delta<1$ のときには，$x(t)$ は $a+bt$ という形の運動には漸近せず，$a+bt+ct^{1-\delta}$ という形の運動に漸近する"，ということがわかる．したがって，非摂動系として (4.9) をとる限り，$W_\pm$ は存在しない．$\delta=1$ のときには，$t^{1-\delta}$ の項が $\log t$ になる．$1/3<\delta\leqq 1/2$ のときには，(4.16) の展開で，第3項目までとらねばならない．$1/4<\delta\leqq 1/3, \cdots$ の場合も同様で，次々にとる項が増えていく．

以上の考察により，古典力学の初等的な問題においても，$\delta=1$ を境にして，短距離型と遠距離型の区別が生ずることがわかった．この事情は，そのまま，量子力学的な散乱問題にまでもちこされるのである．

§4.2 波動作用素の一般論

この節では，$(4.4_\pm)$ の型の波動作用素の一般論を述べる．ただし，外部問題[1)]等への応用も念頭において，H_0 と H が異なる Hilbert 空間の中で作用する場合もある程度含めて解説する．

記述を幾分簡単にするためと，一般論では非摂動作用素と摂動作用素は特に区別されないことを強調するため，この節では，H_0, H の代りに，H_1, H_2 を用いる．今までの記号と強いて対応をつければ，次の通りである：

$$H_0 \longrightarrow H_1, \qquad H \longrightarrow H_2.$$

a) 定義と基本的性質

H_j $(j=1,2)$ を Hilbert 空間 X_j における自己共役作用素とする．そして，簡単のため，次の諸記号を用いる．

$$H_j = \int_{-\infty}^{\infty} \lambda dE_j(\lambda), \tag{4.24}$$

$$R_j(z) = R(z\,;H_j), \tag{4.25}$$

(4.26) $X_{j,ac} = X_{ac}(H_j) = H_j$ に関する絶対連続部分空間．

$X_{j,p}$, $X_{j,sc}$ もこれに準ずる．

定義 4.1 $X_j, H_j, X_{j,ac}$ $(j=1,2)$ を上の通りとし，X_j における $X_{j,ac}$ 上への射影作用素を P_j とする．また，$J\in\mathcal{L}(X_1,X_2)$ とする．次の式の右辺の強極限が存在するとき，

$$W_\pm = W_\pm(H_2,H_1\,;J) = \operatorname*{s-lim}_{t\to\pm\infty} e^{itH_2}Je^{-itH_1}P_1 \tag{4.27}$$

とおき，$W_\pm(H_2,H_1\,;J)$ を**波動作用素** (wave operator) という．また

$$S = S(H_2,H_1\,;J) = W_+(H_2,H_1\,;J)^*W_-(H_2,H_1\,;J) \tag{4.28}$$

を**散乱作用素** (scattering operator) という．特に，$X_2=X_1$，$J=I$ (=恒等作用素) のときが本来の波動作用素，散乱作用素で，そのとき次のように書く．

---

1) 外部問題については，本講座“数理物理に現われる偏微分方程式”第6章に論じられている．本講では，例 4.1, 4.2 等で随時とりあげていく．

$$(4.29)\qquad W_{\pm} = W_{\pm}(H_2, H_1) = \operatorname*{s-lim}_{t\to\pm\infty} e^{itH_2}e^{-itH_1}P_1,$$

$$(4.30)\qquad S = S(H_2, H_1) = W_{+}(H_2, H_1)^{*}W_{-}(H_2, H_1).$$

今後，(4.27) または (4.29) の極限が存在することを，波動作用素 $W_{\pm}$ が存在する，と略称する.

注1 以下，定義，定理等に ±，∓ が現われるときは，複号同順とする．特に，複号同順で読める定理，命題においては，仮定が複号の上のものに対してのみみたされれば，複号の上のものに対する結論が成り立つ．下についても同様.

注2 用語について一言する．もともとは，(4.29) で $P_1=I$ とした形の $W_{\pm}$ を波動作用素とよぶ．これに対して，P_1 がついた形での (4.29) の $W_{\pm}$ は，**一般化された波動作用素** (generalized wave operator) とよばれる．本講では，簡単のため，J をもつ場合も含めて，(4.27) の $W_{\pm}$ を波動作用素とよぶ.

注3 一般論では，H_1 が固有値をもつことも許す．したがって，(4.27) の右辺の一番右側に，$X_{1,p}$ 上で0になる因子を置くのは自然である (注意4.1参照)．その因子を，$X_{1,p}{}^{\perp}$ 上への射影でなく，$X_{1,ac}=X_{1,p}{}^{\perp}\ominus X_{1,sc}$ 上の射影に選ぶとよいということは，波動作用素に関する数学的研究の初期に発見されたものである．(M. Rosenblum，加藤敏夫による (1957)．小節 b) 参照.) 形式論の範囲では，P_1 として別のものをとり，極端にいえば，$e^{itH_2}Je^{-itH_1}u$ の極限が存在するような u 全体への射影とすることもできようが，本講の範囲では，そうしても特に意味はない．偏微分作用素の問題への応用では，$X_{1,sc}\neq\{0\}$ となることはまずないから，この注で述べたことはとりたてて問題にする必要はない．——

次に，波動作用素の定義から簡単に導かれる性質を吟味しよう.

命題4.1 $W_{\pm}=W_{\pm}(H_2, H_1; J)$ が存在するとき，$W_{\pm}$ に対して，次の関係が成り立つ.

$$(4.31)\qquad e^{isH_2}W_{\pm} = W_{\pm}e^{isH_1},\qquad s\in \boldsymbol{R}^1,$$

$$(4.32)\qquad R_2(z)W_{\pm} = W_{\pm}R_1(z),\qquad z\in\rho(H_1)\cap\rho(H_2),$$

$$(4.33)\qquad E_2(\Delta)W_{\pm} = W_{\pm}E_1(\Delta),\qquad \Delta\in\mathcal{B}_1,$$

$$(4.34)\qquad H_2W_{\pm} \supset W_{\pm}H_1.$$

証明 (4.31) は次のようにして得られる.

$$e^{isH_2}W_{\pm} = \operatorname*{s-lim}_{t\to\pm\infty} e^{i(s+t)H_2}Je^{-i(s+t)H_1}e^{isH_1}P_1 = W_{\pm}e^{isH_1}.$$

一般に，自己共役作用素 H に対して，(3.34) と同様に，

$$(4.35)\qquad (R(x+iy; H)u, v) = \mp i\int_0^{\infty}(e^{\pm it(x+iy-H)}u, v)\,dt,\qquad y\gtrless 0$$

が成り立つ．これと (4.31) から (4.32) が得られる (z が実数のときは極限操作に

よる)．さらに，(2.12)を用いれば，(4.33)が $\Delta=(a,b)$ のときに成り立つことがわかるが，これから一般の Δ に移るのは容易である．最後に，(4.34)の証明であるが，$u\in\mathcal{D}(H_1)$ とすると，$u=R_1(i)v$ と書けるから，(4.32)により

$$\begin{aligned} W_\pm u &= W_\pm R_1(i)v = R_2(i)W_\pm v\in\mathcal{D}(H_2),\\ H_2W_\pm u &= H_2R_2(i)W_\pm v = \{iR_2(i)-I\}W_\pm v\\ &= W_\pm\{iR_1(i)-I\}v = W_\pm H_1u. \end{aligned}$$ ▌

系　$W_\pm$ の値域に関して次の関係が成り立つ．

(4.36)　$$\mathcal{R}(W_\pm(H_2,H_1;J))\subset X_{2,ac}.$$

証明　(2.51)により $P_1E_1(\Delta)=E_1(\Delta)P_1$ が成り立つ．したがって，(4.33)と $W_\pm$ の定義により

$$\|E_2(\Delta)W_\pm u\| = \|W_\pm E_1(\Delta)u\| = \|W_\pm P_1E_1(\Delta)u\| = \|W_\pm E_1(\Delta)P_1u\|.$$

ところが，$P_1u\in X_{1,ac}$ だから $|\Delta|=0$ ならば右辺は0である．このことは $W_\pm u\in X_{2,ac}$ を意味する．▌

命題 4.2　$W_\pm(H_2,H_1;J)$ および $W_\pm(H_1,H_2;J^*)$ が共に存在すれば

(4.37)　$$W_\pm(H_1,H_2;J^*) = W_\pm(H_2,H_1;J)^*$$

が成り立つ．($J^*\in\mathcal{L}(X_2,X_1)$ に注意.) ——

証明は容易だから読者に任せる((4.36)を用いる)．

次の定理は，波動作用素に関する**結合法則** (chain rule) とよばれている．

定理 4.2　$J_{21}\in\mathcal{L}(X_1,X_2)$，$J_{32}\in\mathcal{L}(X_2,X_3)$ とし，$J_{31}=J_{32}J_{21}\in\mathcal{L}(X_1,X_3)$ とおく．$W_\pm(H_2,H_1;J_{21})$，$W_\pm(H_3,H_2;J_{32})$ が存在すれば，$W_\pm(H_3,H_1;J_{31})$ も存在して，次の関係が成り立つ．

(4.38)　$$W_\pm(H_3,H_1;J_{31}) = W_\pm(H_3,H_2;J_{32})W_\pm(H_2,H_1;J_{21}).$$

証明

$$\begin{aligned} e^{itH_3}J_{31}e^{-itH_1}P_1 &= e^{itH_3}J_{32}J_{21}e^{-itH_1}P_1\\ &= e^{itH_3}J_{32}e^{-itH_2}P_2\cdot e^{itH_2}J_{21}e^{-itH_1}P_1\\ &\quad+e^{itH_3}J_{32}e^{-itH_2}(I-P_2)e^{itH_2}J_{21}e^{-itH_1}P_1 \end{aligned}$$

において，右辺第1項は(4.38)の右辺に強収束するから，上式右辺第2項(それを $Z(t)$ とおく)が0に強収束することをみれば十分．ところが，$I-P_2=Q_2$，$W_\pm(H_2,H_1;J_{21})=W_\pm$ とおくと，(4.36)により，$Q_2W_\pm=0$ である．ゆえに，

$$\|Z(t)u\| \leqq \|J_{32}\|\|Q_2(e^{itH_2}J_{21}e^{-itH_1}P_1-W_\pm)u\| \longrightarrow 0.$$ ▌

(4.29) の $W_\pm(H_2, H_1)$ に対しては

$$\|W_\pm(H_2, H_1)u\| = \lim_{t\to\infty}\|e^{itH_2}e^{-itH_1}P_1u\| = \|P_1u\|$$

が成り立ち，したがって $W_\pm(H_2, H_1)$ は $X_{1,ac}$ を始集合とする部分等長作用素になる[1)]. J を含む $W_\pm$ に対しては，これは一般には成り立たない．そこで，次の条件を導入する.

$$\lim_{t\to\pm\infty}\|Je^{-itH_1}P_1u\| = \|P_1u\|, \qquad \forall u \in X_1. \tag{4.39}$$

注意 4.2 (i) いうまでもなく，$X_2=X_1$, $J=I$ のとき，(4.39) はみたされる.

(ii) X_1 で稠密な集合 $\mathscr{D}$ に属するすべての u に対して，(4.39) が成り立てば，任意の $u\in X_1$ に対して (4.39) が成り立つ．これを確かめるのは容易である.

定理 4.3 条件 (4.39) がみたされ，かつ $W_\pm=W_\pm(H_2, H_1; J)$ が存在するとする．そのとき，次の (i), (ii) が成り立つ.

(i) $W_\pm$ は $X_{1,ac}$ を始集合とする部分等長作用素である．すなわち

$$\|W_\pm u\| = \|u\|, \qquad \forall u \in X_{1,ac}, \tag{4.40}$$

$$W_\pm u = 0, \qquad \forall u \in X_{1,ac}{}^\perp. \tag{4.41}$$

(ii) $\mathscr{R}_\pm=\mathscr{R}(W_\pm)$ とおくと，$\mathscr{R}_\pm$ は $X_{2,ac}$ の閉部分空間であり，H_2 を約する．

そして，$\mathscr{R}_\pm$ における H_2 の部分は，$H_{1,ac}$ とユニタリ同値である：

$$H_2|_{\mathscr{R}_\pm} = W_\pm|_{X_{1,ac}}H_{1,ac}(W_\pm|_{X_{1,ac}})^{-1}. \tag{4.42}$$

特に，(4.29) の $W_\pm$ に対しては，上の主張 (i), (ii) が成り立つ.

注 1 (i) により，$W_\pm|_{X_{1,ac}}$ は $X_{1,ac}$ から $\mathscr{R}_\pm$ 上へのユニタリ作用素である.

注 2 (4.39) がみたされない一般の場合においても，次の主張が成り立つ (加藤敏夫 [23] 参照) が，ここでは証明しない．$\mathscr{M}_\pm=\mathscr{N}(W_\pm)^\perp$ は H_1 を，$\bar{\mathscr{R}}_\pm$ は H_2 を約し，$H_2|_{\bar{\mathscr{R}}_\pm}$ と $H_1|_{\mathscr{M}_\pm}$ はユニタリ同値である．なお，J を含む $W_\pm$ の一般論は，上に引用した文献 [23] に詳しく述べられている.

証明 (i) が成り立つことは，条件 (4.39) から明らか．$\mathscr{R}_\pm\subset X_{2,ac}$ は既証，また $W_\pm$ が $X_{1,ac}$ の上で等長だから，$\mathscr{R}_\pm$ は閉である．$\mathscr{R}_\pm$ が H_2 を約することを示すには，$\mathscr{R}_\pm$ 上への射影を $P_\pm$ として，$R_2(i)P_\pm=P_\pm R_2(i)$ が成り立つことを示せばよい (命題 2.8)．$P_\pm u=W_\pm v$ と書けば (4.32) により $R_2(i)P_\pm u=R_2(i)W_\pm v=W_\pm R_1(i)v=P_\pm W_\pm R_1(i)v=P_\pm R_2(i)W_\pm v=P_\pm R_2(i)P_\pm u$．すなわち，$P_2(i)P_\pm=P_\pm P_2(i)P_\pm$．$i$ を $-i$ にした式の共役をとれば，上の式の右辺$=P_\pm P_2(i)$.

---

1) 部分等長作用素の定義と基本的性質については，本章末の附録を参照.

次に，(4.32) と定理 2.3 の (iv) から容易に

$$R(z\,;H_2\,|\,_{\mathcal{R}_*})\,W_\pm\,|\,_{X_{1,ac}} = W_\pm\,|\,_{X_{1,ac}} R(z\,;H_{1,ac})$$

が得られ，これと $W_\pm\,|\,_{X_{1,ac}}$ のユニタリ性から (4.42) が成り立つことがわかる．▮

条件 (4.39) と関連して，次の命題を述べておく．証明は自明である．

命題 4.3　$J, J' \in \mathcal{L}(X_1, X_2)$ は次の条件をみたすとする：

(4.43)
$$\lim_{t\to\pm\infty} \|(J-J')e^{-itH_1}P_1u\| = 0, \qquad \forall u \in X_1.$$

そのとき，$W_\pm(H_2, H_1\,;J)$ が存在すれば，$W_\pm(H_2, H_1\,;J')$ も存在する．

注意 4.3　仮定 (4.43) においても，u を稠密な $\mathcal{D}$ に属するものに限ってよい．

例 4.1　$K\subset \boldsymbol{R}^n$ をコンパクト集合とし，$\Omega = \boldsymbol{R}^n\setminus K$ とする．$X_1 = L^2(\boldsymbol{R}^n)$，$X_2 = L^2(\Omega)$ とし，$J \in \mathcal{L}(X_1, X_2)$ を

(4.44)
$$Ju(x) = u(x), \qquad x \in \Omega$$

によって定義する．(J は Ω 上への制限.) $H_1 = -\Delta$ とすれば，条件 (4.39) が成り立つ．

実際，$u \in L^2(\boldsymbol{R}^n) \cap L^1(\boldsymbol{R}^n)$ ならば (3.47) により $\|e^{-itH_1}u\|_{L^2(K)} \to 0\ (t\to\pm\infty)$．したがって，$P_1 = I$ と $\|e^{-itH_1}u\|_{L^2(\boldsymbol{R}^n)} = \|u\|_{L^2(\boldsymbol{R}^n)}$ とに注意して

$$\|Je^{-itH_1}u\| = \|e^{-itH_1}u\|_{L^2(\Omega)} \longrightarrow \|u\|, \qquad t\to\pm\infty.$$

例 4.2　X_1, X_2, H_1, J は上と同様とする．また $\varphi \in C^\infty(\Omega)$ は Ω の境界の近傍では 0，K を内部に含むある球の外では 1 に等しいものとする．J' を

(4.45)
$$J'u(x) = \varphi(x)u(x), \qquad x \in \Omega$$

によって定義すると，J, J' に対して条件 (4.43) が成り立つ．証明は例 4.1 の証明と同じようにしてできる．

b) 波動作用素の完全性

$W_\pm$ の完全性は，条件 (4.39) が成り立つ場合にだけ考えることにする．

定義 4.2　条件 (4.39) がみたされ，かつ $W_\pm = W_\pm(H_2, H_1\,;J)$ が存在するとする．その $W_\pm$ に対して

(4.46)
$$\mathcal{R}_\pm \equiv \mathcal{R}(W_\pm) = X_{2,ac}$$

が成り立つとき，$W_\pm$ は**完全** (complete) であるという．——

次の定理は，定理 4.3 のいいかえである．

定理 4.4　条件 (4.39) のもとで，$W_\pm(H_2, H_1\,;J)$ が存在して完全ならば，$H_{2,ac}$

と $H_{1,ac}$ はユニタリ同値である．$W_\pm|_{X_{1,ac}}$ は $X_{1,ac}$ から $X_{2,ac}$ の上へのユニタリ作用素で

$$H_{2,ac} = W_\pm|_{X_{1,ac}} H_{1,ac} (W_\pm|_{X_{1,ac}})^{-1}, \tag{4.47}$$

いいかえれば

$$H_{2,ac}u = W_\pm H_{1,ac} W_\pm{}^* u, \qquad u \in X_{2,ac} \cap \mathcal{D}(H_2) \tag{4.48}$$

が成り立つ．——

こうして，波動作用素の方法における基本的問題は，次のように述べられる．

問題　"いかなる条件のもとで，波動作用素が存在して完全であるか．"

この問題に対する具体的解答は，§4.3, §4.4 で論ずる．

注意 4.4　条件 (4.39) のもとで，$W_+(H_2, H_1; J)$ と $W_-(H_2, H_1; J)$ が共に存在し，かつ

$$\mathcal{R}_+ = \mathcal{R}_- \tag{4.49}$$

が成り立つならば，散乱作用素 $S(H_2, H_1; J)$ は $X_{1,ac}$ 上ではユニタリ作用素になる．(4.49) をもって完全性の定義とすることもある．((4.46) は W_+, W_- に対して別々に述べられる定義であるが，(4.49) は，そうではないことに注意.) 逆に，(4.46) より強い条件

$$\mathcal{R}_\pm = X_{2,p}{}^\perp \tag{4.50}$$

が成り立つとき，$W_\pm$ は**強い意味で完全**ということにする(これは本講での仮りの用語である)．(4.50) は，$W_\pm$ が完全でありかつ $X_{2,sc} = \{0\}$ であることと同値である．——

次に，完全性のための必要十分条件を考える．(4.29) の型の $W_\pm$ の場合は簡明なので，その場合を先に論じよう．

定理 4.5　(4.29) の $W_\pm(H_2, H_1)$ が存在するとき，$W_\pm(H_2, H_1)$ が完全であるための必要十分条件は，逆向きの波動作用素 $W_\pm(H_1, H_2)$ も存在することである．そのとき，$W_\pm(H_1, H_2) = W_\pm(H_2, H_1)^*$ も完全で，次の関係が成り立つ．

$$W_\pm(H_1, H_2)\, W_\pm(H_2, H_1) = P_1, \tag{4.51}$$

$$W_\pm(H_2, H_1)\, W_\pm(H_1, H_2) = P_2. \tag{4.52}$$

証明　十分性　$W_\pm(H_2, H_1)$ は $X_{1,ac}$ を始集合とする部分等長作用素である(定理 4.3)．ゆえに，$W_\pm(H_2, H_1)^*$ は $\mathcal{R}_\pm$ を始集合とする部分等長作用素である(本章末の附録，定理 4.14 参照)．一方，$W_\pm(H_1, H_2)$ は存在すれば $W_\pm(H_2, H_1)^*$

に等しい((4.37)). ゆえに, $\mathcal{R}_\pm$ は $W_\pm(H_1, H_2)$ の始集合, すなわち $X_{2,ac}$ に一致せねばならない.

必要性 仮定により $X_{2,ac}=\mathcal{R}_\pm$ だから, 任意の $v\in X_{2,ac}$ に対して

$$\|v-e^{itH_2}e^{-itH_1}u_\pm\| \longrightarrow 0, \qquad t\to\pm\infty$$

なる $u_\pm\in X_{1,ac}$ が存在する. これから直ちに

$$\|e^{itH_1}e^{-itH_2}v-u_\pm\| \longrightarrow 0, \qquad t\to\pm\infty$$

がでる. $v\in X_{2,ac}$ は任意だったから, これは $W_\pm(H_1, H_2)$ が存在することを意味する.

残りの主張は明らかであろう. ▮

J を含む $W_\pm$ に対する完全性を扱う場合も考えの筋道は同じであるが, 定理の形がやや煩瑣になる.

命題 4.4 条件

$$\lim_{t\to\pm\infty}\|(J^*J-I)e^{-itH_1}P_1u\| = 0, \qquad \forall u\in X_1 \tag{4.53}$$

が成り立てば, 条件 (4.39) が成り立つ.

証明
$$\|Je^{-itH_1}P_1u\|^2 = ((J^*J-I)e^{-itH_1}P_1u, e^{-itH_1}P_1u)+\|e^{-itH_1}P_1u\|^2 \longrightarrow \|P_1u\|^2.$$
▮

定理 4.6 (i) 条件 (4.39) および

$$\lim_{t\to\pm\infty}\|J^*e^{-itH_2}P_2u\| = \|P_2u\|, \qquad \forall u\in X_2 \tag{4.54}$$

がみたされ, かつ $W_\pm(H_2, H_1; J)$, $W_\pm(H_1, H_2; J^*)$ が共に存在すれば, 両者共に完全である.

(ii) 条件 (4.53) がみたされ, かつ $W_\pm(H_2, H_1; J)$ が存在して完全ならば, $W_\pm(H_1, H_2; J^*)$ も存在する. そのとき, 条件 (4.54) もみたされ, $W_\pm(H_1, H_2; J^*)$ も完全である.

注 $X_1=X_2$, $J=I$ の場合には, 条件 (4.39), (4.53), (4.54) はすべてみたされるから, 定理 4.5 は定理 4.6 の特別の場合である.

証明 (i) 定理 4.5 における十分性の証明とほぼ同じだから読者に任せる.

(ii) 定理 4.5 における必要性の証明と同様にして, 任意の $v\in X_{2,ac}$ に対して

$$\|e^{itH_1}J^*e^{-itH_2}v-e^{itH_1}J^*Je^{-itH_1}u_\pm\| \longrightarrow 0, \qquad t\to\pm\infty$$

なる $u_\pm\in X_{1,ac}$ が存在することがわかる. これと条件 (4.53) とにより

$$\|e^{itH_1}J^*e^{-itH_2}v-u_\pm\| \longrightarrow 0, \qquad t\to\pm\infty.$$

したがって $W_\pm(H_1, H_2\,;J^*)$ が存在する．命題4.4により，条件(4.39)もみたされているから，$W_\pm(H_2, H_1\,;J)$ は部分等長（始集合は $X_{1,ac}$，値域は $X_{2,ac}$）．ゆえに $W_\pm(H_1, H_2\,;J^*)=W_\pm(H_2, H_1\,;J)^*$ も部分等長（始集合は $X_{2,ac}$, 値域は $X_{1,ac}$）．これから条件(4.54)が成り立つこと，および $W_\pm(H_1, H_2\,;J^*)$ が完全であることがわかる．∎

c）波動作用素存在の判定条件

次の判定条件はよく用いられる．

定理 4.7 $X_{1,ac}$ の部分集合 $\mathscr{D}$ で次の条件(i)-(iii)をみたすものが存在すれば，$W_+(H_2, H_1\,;J)$ が存在する．

（i） $\mathscr{D}$ の閉線型包 $\overline{\text{L.h.}[\mathscr{D}]}$ は $X_{1,ac}$ と一致する．

（ii） $\mathscr{D}\subset\mathscr{D}(H_1)$．

（iii） 任意の $u\in\mathscr{D}$ に対して，次の(a)-(c)をみたす $t_u>0$ が存在する：

(a) $Je^{-itH_1}u\in\mathscr{D}(H_2)$，$t\geqq t_u$；

(b) $(H_2J-JH_1)e^{-itH_1}u$ $(t\geqq t_u)$ は t に関して強連続；

(c) 次が成り立つ：

$$\int_{t_u}^{\infty}\|(H_2J-JH_1)e^{-itH_1}u\|dt<\infty. \tag{4.55}$$

$W_-(H_2, H_1\,;J)$ に対しても同様の主張が成り立つ．——

系 $X_1=X_2$，$J=I$ とし，H_1-有界な V を用いて，$H_2=H_1+V$ と書けているとする．そのとき，上の条件(i)，(ii)と次の(iii′)をみたす $\mathscr{D}\subset X_{1,ac}$ が存在すれば，$W_+(H_2, H_1)$ が存在する．

(iii′) 任意の $u\in\mathscr{D}$ に対して，次をみたす $t_u>0$ が存在する：

$$\int_{t_u}^{\infty}\|Ve^{-itH_1}u\|dt<\infty, \qquad u\in\mathscr{D}. \tag{4.56}$$

注 (4.55)または(4.56)はしばしば **Cook の判定条件**とよばれる (J. M. Cook, 1957)．

系の証明 (iii′)の仮定のもとで，定理の条件(a)，(b)，(c)がみたされることをみればよい．(a)は $J=I$ と $\mathscr{D}(H_2)=\mathscr{D}(H_1)$ より明らか．(b)，(c)においては

$$(H_2J-JH_1)e^{-itH_1}u = Ve^{-itH_1}u$$

であることに注意すれば，(b)は

$$\|Ve^{-it'H_1}u-Ve^{-itH_1}u\|$$
$$\leqq a\|(e^{-it'H_1}-e^{-itH_1})H_1u\|+b\|(e^{-it'H_1}-e^{-itH_1})u\|\longrightarrow 0$$

からでる．(4.55) は (4.56) のいいかえである．▌

定理の証明　W_+ に対して証明する．任意の $u\in\mathcal{D}$ に対して

$$\lim_{t\to\infty}e^{itH_2}Je^{-itH_1}u$$

が存在することを示せば十分である．なぜならば，そのとき任意の $u\in\mathrm{L.h.}[\mathcal{D}]$ に対しても上の極限が存在する．ところが，$\mathrm{L.h.}[\mathcal{D}]$ は $X_{1,ac}$ で稠密 (条件 (i))，かつ $e^{itH_2}Je^{-itH_1}$ は一様有界だから，任意の $u\in X_{1,ac}$ に対しても上の極限が存在する．すなわち，$W_+(H_2,H_1;J)$ が存在することがわかる．

さて，$u\in\mathcal{D}$ とし，$u(t)=e^{itH_2}Je^{-itH_1}u$ とおくと，

$$\frac{d}{dt}u(t)=ie^{itH_2}(H_2J-JH_1)e^{-itH_1}u \tag{4.57}$$

が成り立つ．これは，$u\in\mathcal{D}(H_1)$ (条件 (ii)) と条件 (iii) の (a) に注意して (3.9) と同様な計算をすれば容易に確かめることができる．条件 (iii) の (b) により (4.57) の右辺は強連続である．ゆえに，(4.57) の両辺を t_u から $t>t_u$ まで積分すれば

$$u(t)-u(t_u)=i\int_{t_u}^{t}e^{i\tau H_2}(H_2J-JH_1)e^{-i\tau H_1}ud\tau.$$

条件 (4.55) は，この右辺の被積分関数が X_2-値関数として可積分であることを示している．したがって，

$$\lim_{t\to\infty}u(t)=u(t_u)+i\int_{t_u}^{\infty}e^{i\tau H_2}(H_2J-JH_1)e^{-i\tau H_1}ud\tau$$

が存在する．▌

例 4.3　Schrödinger 作用素への応用は，§4.4 で一般的に述べるが，例として簡単な場合を扱っておこう．空間次元を 3 とし，$X=L^2(\boldsymbol{R}^3)$ として

$$H_1=-\triangle,\qquad H_2=-\triangle+V(x) \tag{4.58}$$

を考える．($X_1=X_2$，$J=I$ の場合である．) ここで，$V\in L^2(\boldsymbol{R}^3)$ と仮定して，$W_\pm(H_2,H_1)$ が存在することを示そう．V が H_1-有界であることは既知である．(むしろ，$\|V\|_{H_1}=0$ を利用して，自己共役作用素 H_2 を定義したのであった．) 定理 4.7 の系を適用するため，$\mathcal{D}=L^2(\boldsymbol{R}^3)\cap L^1(\boldsymbol{R}^3)$，$t_u=1$ とおく．(3.47) により

$$\|Ve^{-itH_1}u\|\leqq(4\pi t)^{-3/2}\|V\|_{L^2}\|u\|_{L^1},\qquad u\in\mathcal{D}$$

が成り立ち，したがって，(4.56) がみたされる．——

Cook の判定条件は，簡単ではあるが，$W_\pm(H_2, H_1)$ の完全性を示すのには適用しにくい．e^{-itH_2} に対しては，(3.47) のような情報が利用できないからである．散乱理論では，$W_\pm$ の完全性を知って，e^{-itH_2} に対する何らかの知識を得ようというのだから，話は逆である．

トレース族型の摂動問題では，抽象的方法によって $W_\pm(H_1, H_2)$ の存在が示され，それによって，完全性の証明ができる．次節でそれについて述べ，§4.4 では Schrödinger 作用素の特質をより利用する方法について述べる．

§4.3　トレース族型の摂動

a)　トレース族

トレース族，Hilbert-Schmidt 族については，関数解析・§13.2 に述べられている．多少の補足をしながら，必要なことだけをまとめておく．

X_1, X_2 を Hilbert 空間とし，X_j での内積を $(\ ,\ )_j$ と書く．§2.5 で述べたように ((2.69) 参照)，$A \in \mathcal{L}_C(X_1, X_2)$ は次のような表示をもつ．

$$Au = \sum_k \lambda_k (u, \varphi_k)_1 \psi_k, \qquad u \in X_1. \tag{4.59}$$

ここで，$\sum_k$ は有限和または可算和，$\{\varphi_k\}$, $\{\psi_k\}$ はそれぞれ X_1, X_2 の正規直交系で，$\lambda_1 \geqq \lambda_2 \geqq \cdots > 0$, $\lambda_k \to 0$ $(k \to \infty)$ とする．このとき

$$A^* v = \sum_k \lambda_k (v, \psi_k)_2 \varphi_k, \qquad v \in X_2,$$

$$|A| = (A^* A)^{1/2} = \sum_k \lambda_k (u, \varphi_k)_1 \varphi_k, \qquad u \in X_1$$

が成り立つ．したがって，(4.59) の λ_k は非負値コンパクト作用素 $|A|$ の 0 でない固有値を，重複度だけ反復して大きさの順にならべたものであり，A によって一意的に定まっている．

定義 4.3　$A \in \mathcal{L}_C(X_1, X_2)$ で (4.59) の λ_k が $\sum_k \lambda_k^2 < \infty$ をみたすものの全体を **Hilbert-Schmidt 族**といい，$\mathcal{L}_2(X_1, X_2)$ で表わす．また，$\sum_k \lambda_k < \infty$ をみたすものの全体を**トレース族**といい，$\mathcal{L}_1(X_1, X_2)$ で表わす．$\mathcal{L}_j(X, X)$ を $\mathcal{L}_j(X)$ と書く．さらに

$$\|A\|_2 = \left(\sum_k \lambda_k^2\right)^{1/2}, \qquad A \in \mathcal{L}_2(X_1, X_2), \tag{4.60}$$

(4.61) $$\|A\|_1=\sum_k \lambda_k, \qquad A\in\mathscr{L}_1(X_1,X_2)$$

とおき，それぞれ A の **Hilbert-Schmidt ノルム，トレース・ノルム**という．——

定義からわかるように，$A\in\mathscr{L}_j(X_1,X_2)$，$A^*\in\mathscr{L}_j(X_2,X_1)$，$|A|\in\mathscr{L}_j(X_1)$，$|A^*|\in\mathscr{L}_j(X_2)$ は互いに同値である．

なお，容易にわかるように，

(4.62) $$\begin{cases} |A|\in\mathscr{L}_1(X_1) \Longleftrightarrow |A|^{1/2}\in\mathscr{L}_2(X_1), \\ \|A\|_1=\||A|\|_1=\||A|^{1/2}\|_2^{\,2}. \end{cases}$$

命題 4.5 $A\in\mathscr{L}(X_1,X_2)$ とする．X_1 のある完全正規直交系 $\{\varphi_k\}$ に対して，次の (4.63) の右辺の和が有限であれば，$A\in\mathscr{L}_2(X_1,X_2)$ であり，そのとき X_1 の任意の完全正規直交系 $\{\varphi_k\}$ に対して，

(4.63) $$\|A\|_2=\left(\sum_k \|A\varphi_k\|^2\right)^{1/2}$$

が成り立つ．また，$\|A^*\|_2=\|A\|_2$ である．——

証明は，関数解析・定理 13.5 参照．

命題 4.6 $A\in\mathscr{L}_2(X_1,X_2)$，$B\in\mathscr{L}_2(X_2,X_3)$ ならば $BA\in\mathscr{L}_1(X_1,X_3)$ で

(4.64) $$\|BA\|_1\leqq\|B\|_2\|A\|_2.$$

証明 $BA\in\mathscr{L}_C(X_1,X_3)$ だから

$$BAu=\sum_k \lambda_k(u,\varphi_k)_1\phi_k, \qquad u\in X_1$$

と書ける．これから，X_2 における Schwarz の不等式を使って

$$0<\lambda_k=(BA\varphi_k,\phi_k)_3=(A\varphi_k,B^*\phi_k)_2\leqq\|A\varphi_k\|\|B^*\phi_k\|$$

が得られるから，和に対する Schwarz の不等式により

$$\begin{aligned}\sum_k\lambda_k &\leqq \left(\sum_k\|A\varphi_k\|^2\right)^{1/2}\left(\sum_k\|B^*\phi_k\|^2\right)^{1/2} \\ &\leqq \|A\|_2\|B^*\|_2=\|A\|_2\|B\|_2.\end{aligned}$$ ∎

命題 4.7 $A\in\mathscr{L}_j(X_1,X_2)$ $(j=1,2)$，$B\in\mathscr{L}(X_2,X_3)$ ならば $BA\in\mathscr{L}_j(X_1,X_3)$ で

(4.65) $$\|BA\|_j\leqq\|B\|\|A\|_j$$

が成り立つ．$B\in\mathscr{L}(X_3,X_1)$ のときの AB に対しても同様である．

証明 $A\in\mathscr{L}_2(X_1,X_2)$ のとき，X_1 の完全正規直交系 $\{\varphi_k\}$ に対して，

$$\sum_k\|BA\varphi_k\|^2\leqq\|B\|^2\sum_k\|A\varphi_k\|^2=\|B\|^2\|A\|_2^{\,2}.$$

ゆえに，$BA \in \mathcal{L}_2$ で (4.65) が成り立つ (命題 4.5)．$A \in \mathcal{L}_1(X_1, X_2)$ のときは，$A = W|A|$ を A の標準分解 ($\|W\|=1$) として

$$BA = BW|A|^{1/2}\cdot|A|^{1/2}$$

を考え，(4.62)，命題 4.6，および今証明した $\mathcal{L}_2$ に対する結果を用いればよい．$B \in \mathcal{L}(X_3, X_1)$ のときには，共役作用素を考える．▌

b) トレース族型の摂動と波動作用素

まず，基本定理を述べよう．

定理 4.8 H_j は X_j における自己共役作用素とし ($j=1,2$)，$J \in \mathcal{L}(X_1, X_2)$ とする．さらに，条件

$$J\mathcal{D}(H_1) \subset \mathcal{D}(H_2), \tag{4.66}$$

$$A \equiv (H_2J-JH_1)^\sim \in \mathcal{L}_1(X_1, X_2) \tag{4.67}$$

がみたされていると仮定する[1]．そのとき，$W_\pm = W_\pm(H_2, H_1; J)$ が存在する．

定理 4.9 H_1, H_2 は X における自己共役作用素とする．ある $z \in \rho(H_1)\cap\rho(H_2)$ に対して

$$R_2(z) - R_1(z) \in \mathcal{L}_1(X) \tag{4.68}$$

が成り立つならば，$W_\pm(H_2, H_1)$, $W_\pm(H_1, H_2)$ は共に存在して完全である．

注 1 定理 4.9 で $H_2 = H_1 + V$，$V \in \mathcal{L}_1(X)$ の場合は，Rosenblum-加藤の定理 (1957) とよばれる．定理 4.9 への拡張は，M. Š. Birman，加藤敏夫らによる．定理 4.8 の形と小節 c) で述べるその証明は，最近 D. Pearson (文献 [29]) によって発表されたものである．

注 2 条件 (4.68) については，章末の問題 1 もみよ．——

定理 4.8 の証明は小節 c) で行なう．

定理 4.9 の証明[2] $X_1 = X_2 = X$ とし，$J = R_2(z)R_1(z)$ ととる．条件 (4.66) がみたされることは明らか．次に，$u \in \mathcal{D}(H_1)$ とし，$H_jR_j(z) = zR_j(z) - I$ に注意して変形すれば，容易に

$$(H_2J-JH_1)u = \{R_2(z)-R_1(z)\}u, \qquad u \in \mathcal{D}(H_1)$$

が得られる．ゆえに，仮定 (4.68) により，条件 (4.67) もみたされていることがわかる．したがって，定理 4.8 により

1) (4.66) により，H_2J-JH_1 は $\mathcal{D}(H_1)$ 上で定義される．それが $\mathcal{D}(H_1)$ 上で有界で，その閉包がトレース族に属する，というのが (4.67) の意味である．

2) 最近出版された参考書 [7] の vol. III，定理 XI. 9 の証明でも同じような方法が用いられている．

$$(4.69)\qquad \operatorname*{s-lim}_{t\to\pm\infty} e^{itH_2}R_2(z)R_1(z)e^{-itH_1}P_1 = \operatorname*{s-lim}_{t\to\pm\infty} e^{itH_2}R_2(z)e^{-itH_1}P_1R_1(z)$$

が存在することがわかる．ここで，$R_1(z)$ の値域 $\mathscr{D}(H_1)$ は X で稠密だから，上式右辺で $R_1(z)$ を除いても極限は存在する．さらに，定理2.8と仮定(4.68)とにより ($\mathscr{L}_1 \subset \mathscr{L}_C$ に注意)

$$\operatorname*{s-lim}_{t\to\pm\infty} \{R_2(z)-R_1(z)\}e^{-itH_1}P_1 = 0.$$

したがって，(4.69)の右辺で $R_2(z)$ を $R_1(z)$ に代えてよく，結局

$$\operatorname*{s-lim}_{t\to\pm\infty} e^{itH_2}R_1(z)e^{-itH_1}P_1 = \operatorname*{s-lim}_{t\to\pm\infty} e^{itH_2}e^{-itH_1}P_1R_1(z)$$

が存在することがわかった．上と同じような理由で，右辺の $R_1(z)$ は除けるから，$W_\pm(H_2, H_1)$ が存在する．定理の仮定は，H_1 と H_2 を入れかえても成り立つから，$W_\pm(H_1, H_2)$ も存在する．そうすれば，完全性は定理4.5からでる．▌

定理4.9を Schrödinger 作用素に応用すると，次の定理が得られる．

定理4.10　$X=L^2(\boldsymbol{R}^3)$ とし，(4.58)において

$$(4.70)\qquad V\in L^2(\boldsymbol{R}^3)\cap L^1(\boldsymbol{R}^3)$$

とすれば，$W_\pm(H_2, H_1)$ は存在して完全である．

証明　$V(x)=W(x)|V(x)|$ ($|W(x)|=1$) とおく．$V\in L^2$ したがって $\mathscr{D}(H_2)=\mathscr{D}(H_1)$ だから

$$\begin{aligned} R_2(i)-R_1(i) &= R_2(i)VR_1(i) = KA^*B, \\ K &= [R_2(i)(i-H_1)]^{\sim} = [(-i-H_1)R_2(-i)]^*, \\ A &= |V|^{1/2}R_1(-i), \\ B &= W|V|^{1/2}R_1(i) \end{aligned}$$

が成り立つ．ここで，$V\in L^1$ だから，$|V|^{1/2}$, $W|V|^{1/2}$ はいずれも L^2 に属する．ゆえに，命題3.6により $A, B\in\mathscr{L}_2(X)$ である[1)]．命題4.6, 4.7により $KA^*B\in\mathscr{L}_1(X)$ となるから，(4.68)がみたされ，定理4.9が適用できることが示された．▌

c）定理4.8の証明

以下，定理4.8の仮定がみたされているとし，

$$(4.71)\qquad W(t) = e^{itH_2}Je^{-itH_1}$$

1) Hilbert-Schmidt 型の積分作用素は，Hilbert-Schmidt 族に属する．関数解析・§13.2参照

とおく．そして W_+ の存在を証明する．W_- についても証明は同様である．

命題 4.8 W_+ の存在を証明するためには，$X_{1,ac}$ で稠密なある $\mathscr{D}\subset X_{1,ac}$ に対して $(u\in\mathscr{D})$，

$$d_u(t,s)\equiv(W(t)^*\{W(t)-W(s)\}u,u)\longrightarrow 0,\qquad t,s\to\infty \tag{4.72}$$

が成り立つことを示せば十分である．

証明 次の等式に注意しさえすればよい：

$$\begin{aligned}\|\{W(t)-W(s)\}u\|^2&=(\{W(t)^*-W(s)^*\}\{W(t)-W(s)\}u,u)\\&=d_u(t,s)+d_u(s,t).\end{aligned}$$ ∎

以下 $\mathscr{D}$ を適当にとって，(4.72) を示す．まず，準備からはじめる．

命題 4.9 $J^*\mathscr{D}(H_2)\subset\mathscr{D}(H_1)$ であり

$$A^*=(J^*H_2-H_1J^*)^{\sim}. \tag{4.73}$$

証明 $v\in\mathscr{D}(H_2)$ とすれば，任意の $u\in\mathscr{D}(H_1)$ に対して

$$(J^*v,H_1u)-(J^*H_2v-A^*v,u)=(v,JH_1u)-(v,H_2Ju)+(v,Au)=0.$$

これは，$J^*v\in\mathscr{D}(H_1)$ かつ $H_1J^*v=J^*H_2v-A^*v$ であることを示す．∎

簡単のため，

$$F(r)=J^*e^{irH_2}A-A^*e^{irH_2}J\in\mathscr{L}(X_1),\qquad r\in\boldsymbol{R}^1 \tag{4.74}$$

とおく．

命題 4.10 任意の $\tau\in\boldsymbol{R}^1$ と $u\in X_1$ に対して

$$\begin{aligned}&W(t)^*\{W(t)-W(s)\}u\\&\quad=e^{i\tau H_1}W(t)^*\{W(t)-W(s)\}e^{-i\tau H_1}u\\&\qquad+i\int_0^\tau e^{i(\sigma+t)H_1}\{F(s-t)e^{-i(\sigma+s)H_1}-F(0)e^{-i(\sigma+t)H_1}\}ud\sigma.\end{aligned} \tag{4.75}$$

証明 $u\in\mathscr{D}(H_1)$ ならば $e^{i\sigma H_1}W(t)^*W(s)e^{-i\sigma H_1}u$ は σ について強微分可能で，その微分は次のように与えられる：

$$\begin{aligned}&\frac{d}{d\sigma}e^{i\sigma H_1}W(t)^*W(s)e^{-i\sigma H_1}u\\&\quad=\frac{d}{d\sigma}e^{i(\sigma+t)H_1}J^*e^{i(s-t)H_2}Je^{-i(\sigma+s)H_1}u\\&\quad=ie^{i(\sigma+t)H_1}\{H_1J^*e^{i(s-t)H_2}J-J^*e^{i(s-t)H_2}JH_1\}e^{-i(\sigma+s)H_1}u.\end{aligned} \tag{4.76}$$

これを確かめるには，命題 4.9 に注意した上で，(3.9) や (4.57) の時と同じよう

に，差分商を丹念に変形してから極限をとればよい．(4.76) の右辺で $e^{-i(\sigma+s)H_1}u \in \mathcal{D}(H_1)$ だから JH_1 を H_2J-A に変えることができる．その上で，(4.73) を用いて右辺を変形することにより

$$\frac{d}{d\sigma}e^{i\sigma H_1}W(t)^*W(s)e^{-i\sigma H_1}u = ie^{i(\sigma+t)H_1}F(s-t)e^{-i(\sigma+s)H_1}u$$

が得られる．この式の右辺は，σ につき強連続だから，これを σ につき 0 から τ まで積分すれば

$$W(t)^*W(s)u = e^{i\tau H_1}W(t)^*W(s)e^{-i\tau H_1}u \\ -i\int_0^\tau e^{i(\sigma+t)H_1}F(s-t)e^{-i(\sigma+s)H_1}ud\sigma.$$

ここで $s=t$ としたものとの差をとれば (4.75) が得られる．

以上では $u\in\mathcal{D}(H_1)$ とした．一般の $u\in X_1$ に対しては，$u_n\in\mathcal{D}(H_1)$，$u_n\to u$ なる u_n がとれるが，u_n に対しては (4.75) が成り立つから，そこで $n\to\infty$ とすればよい．∎

(4.75) の右辺第1項に対して次の命題が成り立つ．

命題 4.11

(4.77)　$$\lim_{\tau\to\infty} e^{i\tau H_1}W(t)^*\{W(t)-W(s)\}e^{-i\tau H_1}u = 0, \qquad \forall u\in X_{1,ac}.$$

証明　$W(t)$ を微分して積分することにより，

(4.78)　$$\{W(t)-W(s)\}u = i\int_s^t e^{i\sigma H_2}Ae^{-i\sigma H_1}ud\sigma, \qquad \forall u\in\mathcal{D}(H_1)$$

が得られる．ここで，$e^{i\sigma H_j}$ の強連続性から $e^{i\sigma H_2}Ae^{-i\sigma H_1}$ のノルム連続性が従う．それには，$A=W|A^*A|^{1/2}=W|A|^{1/2}|A|^{1/2}$ を A の標準分解 (39 ページ) として

$$e^{i\sigma H_2}Ae^{-i\sigma H_1} = e^{i\sigma H_2}W|A|^{1/2}\cdot(e^{i\sigma H_1}|A|^{1/2})^*$$

と書き，一般に $T(\sigma)$ が強連続，A がコンパクトならば $T(\sigma)A$ はノルム連続であること[1]に注意すればよい．このノルム連続性と，(4.78) とを用いれば，

$$W(t)-W(s) = i\int_s^t e^{i\sigma H_2}Ae^{-i\sigma H_1}d\sigma$$

が，右辺を $\mathcal{L}(X_1,X_2)$ 値連続関数の積分と考えて成立することがわかる．A はコンパクトだから，この右辺もコンパクトである (Riemann 和からの極限を考え

---

1) 証明は容易．関数解析・第5章，問題2に注意．

よ)．ゆえに，定理2.8を用いれば，(4.77)で $\{W(t)-W(s)\}e^{-i\tau H_1}u\to 0(\tau\to\infty)$ なることがわかり，(4.77)が示される．▮

(4.75)の右辺の第2項を扱うためには，次の補題を用いる．

補題4.1　H_1 は X_1 で自己共役，$A\in\mathscr{L}_1(X_1, X_2)$，$T\in\mathscr{L}(X_2, X_1)$ とする．$u\in X_{1,ac}$ が

(4.79)
$$m_u{}^2\equiv \operatorname*{ess\,sup}_{\lambda\in\boldsymbol{R}}\frac{d}{d\lambda}(E_1(\lambda)u, u)<\infty$$

をみたすならば，次の関係が成り立つ：

(4.80)
$$\int_{-\infty}^{\infty}\||A|^{1/2}e^{-irH_1}u\|^2dr\leqq 2\pi m_u{}^2\|A\|_1,$$

(4.81)
$$\left|\left(\int_0^{\tau}e^{i(\sigma+t)H_1}TAe^{-i(\sigma+s)H_1}ud\sigma, u\right)\right|$$
$$\leqq(2\pi)^{1/2}m_u\|T\|\|A\|_1{}^{1/2}p(s,u),\qquad \forall t,s,\tau>0.$$

ただし，ここで次のようにおいた．

(4.82)
$$p(s,u)=\left(\int_s^{\infty}\||A|^{1/2}e^{-irH_1}u\|^2dr\right)^{1/2}.$$

さらに，(4.81)の左辺で TA を A^*T^* におきかえ，右辺で $p(s,u)$ を $p(t,u)$ におきかえた式も成り立つ．——

系　u は(4.79)をみたすとする．そのとき

(4.83)
$$\left|\left(\int_0^{\tau}e^{i(\sigma+t)H_1}F(r)e^{-i(\sigma+s)H_1}ud\sigma, u\right)\right|$$
$$\leqq(2\pi)^{1/2}m_u\|J\|\|A\|_1{}^{1/2}\{p(s,u)+p(t,u)\},\qquad \forall s,\tau,r>0.\quad ——$$

系は，補題と(4.74)から直ちに従う．補題の証明は後廻しにして，定理を先に証明しよう．

定理4.8の証明

$$\mathscr{D}=\{u\in X_{1,ac}\cap\mathscr{D}(H_1)\mid u \text{ は (4.79) をみたす}\}$$

とおく．$\mathscr{D}$ が $X_{1,ac}$ で稠密であることは容易にわかる．さて，$u\in\mathscr{D}$ とし，(4.72)の右辺に(4.75)を代入しよう．そのとき，(4.75)の右辺第2項からの寄与は，絶対値において，

(4.84)
$$(2\pi)^{1/2}m_u\|J\|\|A\|_1{}^{1/2}(3p(t,u)+p(s,u))$$

を越えない(補題の系による)．(4.80)と(4.82)とにより $p(t,u)\to 0\ (t\to\infty)$ だか

ら，$\varepsilon>0$ が与えられたとき，t, s を十分大きくとって，(4.84) が $\varepsilon/2$ より小さくなるようにできる．(この評価は $\tau>0$ に対して一様に成り立っていることに注意.) t, s をこのように固定した上で，τ を十分大きくすれば，(4.72) の右辺に対する (4.75) の第1項からの寄与も，絶対値において $\varepsilon/2$ より小さくできる (命題 4.11 による)．以上で，$u\in\mathcal{D}$ に対して，(4.72) が成り立つことが示された．▌

補題 4.1 の証明　A が (4.59) のように表わされているとする．まず (4.80) を示す．

$$\||A|^{1/2}e^{-irH_1}u\|^2=\sum_k\lambda_k|(e^{-irH_1}u,\varphi_k)|^2$$
$$=\sum_k\lambda_k\left|\int_{-\infty}^{\infty}e^{-ir\lambda}\frac{d}{d\lambda}(E_1(\lambda)u,\varphi_k)\,d\lambda\right|^2$$

であるが，(2.58) と (4.79) とにより

$$\left|\frac{d}{d\lambda}(E_1(\lambda)u,\varphi_k)\right|\leqq m_u\left\{\frac{d}{d\lambda}(E_1(\lambda)\varphi_k,\varphi_k)\right\}^{1/2}.$$

この右辺は λ の関数として $L^2(\boldsymbol{R}^1)$ に属する．ゆえに，Parseval の公式により

$$\int_{-\infty}^{\infty}\||A|^{1/2}e^{-irH_1}u\|^2dr=2\pi\sum_k\lambda_k\int_{-\infty}^{\infty}\left|\frac{d}{d\lambda}(E_1(\lambda)u,\varphi_k)\right|^2d\lambda$$
$$\leqq 2\pi m_u{}^2\sum_k\lambda_k\int_{-\infty}^{\infty}\frac{d}{d\lambda}(E_1(\lambda)\varphi_k,\varphi_k)\,d\lambda$$
$$\leqq 2\pi m_u{}^2\sum_k\lambda_k\|\varphi_k\|^2=2\pi m_u{}^2\|A\|_1.$$

次に，(4.81) を示す．(4.81) の左辺に (4.59) を代入し，積分に対する Schwarz の不等式と和に対する Schwarz の不等式を用いて評価すれば，

$$(4.81)\text{ の左辺}\leqq f(\tau,s;u)^{1/2}g(\tau,t;u)^{1/2},$$
$$f(\tau,s;u)=\sum_k\lambda_k\int_0^{\tau}|(e^{-i(\sigma+s)H_1}u,\varphi_k)|^2d\sigma,$$
$$g(\tau,t;u)=\sum_k\lambda_k\int_0^{\tau}|(e^{i(\sigma+t)H_1}T\psi_k,u)|^2d\sigma$$

が得られる．そこで，f, g を次のように評価すれば，(4.81) が成り立つことがわかる．

$$f(\tau,s;u)=\int_s^{\tau+s}\sum_k\lambda_k|(e^{-irH_1}u,\varphi_k)|^2dr\leqq p(s,u)^2,$$
$$g(\tau,t;u)\leqq\sum_k\lambda_k\int_{-\infty}^{\infty}dr\left|\int_{-\infty}^{\infty}e^{-ir\lambda}\frac{d}{d\lambda}(E(\lambda)T\psi_k,u)\,d\lambda\right|^2$$

$$\leqq 2\pi m_u{}^2 \sum_k \lambda_k \|T\psi_k\|^2 \leqq 2\pi m_u{}^2 \|T\|^2 \|A\|_1.$$

最後に，(4.81) で AT を T^*A^* にかえた式を示すには，(4.81) の左辺で，すべての作用素を右側の u に移して考えればよい．∎

注 Pearson による証明は，Rosenblum-加藤の定理の場合に限っても，もとの証明より簡単である．トリックは，簡単なことのようだが命題 4.8 を使ったことと，(4.75) の変形にある．補題 4.1 は，Rosenblum-加藤の定理以来既知のことである．

§4.4 Schrödinger 作用素に対する散乱理論

a) まえおき

この節では，短距離型ポテンシャルをもつ Schrödinger 作用素に対する波動作用素の存在と完全性を論じる．この問題に対する部分的解答は，定理 4.10 で与えた．歴史的にいうと，その後の進歩は主として定常的方法に依拠し，いくつかの段階を経て，$V \in SR$ (定義 3.2) ならば $W_\pm$ は強い意味で完全 (注意 4.4) という結果に達した．

最近 (1978)，V. Enss は，$V \in SR(E)$ ならば $W_\pm$ は強い意味で完全であるという結果を，定常的な方法を用いることなく証明した (文献 [19])．証明の方法は，"散乱された粒子が時空の中でどのように振舞うかについての直観に依拠する" ([19] の序文より) ものである．このようなタイプの証明は，特に物理サイドの研究者によって期待されていたもののようであるが，それが (濃縮されているとはいえ) わずか 5 ページ——プレプリント 10 ページ——の証明でできたということは，驚きであった．

Enss の証明はその後 B. Simon (文献 [31]) によって整理され，$-\Delta+V$ 以外の問題への適用可能性も吟味された．なお整理が進む可能性もあり，現時点で本講座に書くのは時機尚早の感もあるが，注目すべき方法であるので，あえてここに紹介する．

注 1 定理 4.10 の結果は筆者 (1959) による．池部晃生 (文献 [21]) は固有関数展開の存在を示すことにより，(3.81) で $\delta>2$ の場合を証明した．$V \in SR$ に対する結果は S. Agmon (1970-75，文献 [17]) による．定常的方法については，第 5 章で解説するが，さらに詳しいことについては，文献 [27], [9] などを参照されたい．

注 2 Enss の考えはユニークなものであったが，公表された証明 (文献 [19]) は読み易いものではなかった．その後 Simon (文献 [31]) がある程度整理された形の証明を提案したのは前に述べた通りである．筆者は，Enss, Simon の証明をもう少し整理する形で準備を進めていたが，最近カリフォルニア大学の加藤敏夫教授から，教授の考えによる証明のノートをみせて頂くことができた．それによると，証明の見通しが大変よくなるので，お許しを得て，教授の考えを使わせて頂いた．筆者が特に教えられたのは，後に述べる波束の分解定理の使い方を徹底することにより，分解定理から定理 4.12 を導く過程が簡明になることである．要点は，後にでてくる記号で $P_{r,\pm}$ $(r\to\infty)$ と $e^{-it_NH}u$ $(t_N\to\infty)$ を独立に考えることであろう．(Enss, Simon の証明では，$r=N$ とし，それに関連して t_N を定めていた．) 分解定理そのものは，多少の変更を加えたが，筆者の準備していたものに近い形で，定理 4.13 として述べる．$W_\pm$ の完全性を示すためだけには，余分な要素 ((4.110) および定理の後半) も入っているが，別の応用の可能性も考えこの形で述べることにした．

未公表のノートを見せて下さり，それを利用することをお許し下さった加藤敏夫先生に感謝する．——

はじめに記号の約束をする．以下，u の Fourier 変換は Fu または $\hat{u}$ で表わす．$\chi_{\{|x|<R\}}$ は x 空間における集合 $\{|x|<R\}$ の定義関数，またはその定義関数を掛ける掛け算作用素を表わす．関数 f の台を $\operatorname{supp} f$ で表わす．

いくつかの不等式による評価を行なうとき，各所にでてくる定数を，誤解の恐れのない限り，同じ文字 c で表わす．(一つの不等号の両側にある二つの c の値が異なる場合もあり得る.) c が $K, m, \cdots$ に関係することを明示したいときには，$c_{K,m,\cdots}$ のように書く．ただし，$K, m, \cdots$ の中で大事なものだけを記すこともある．なお，c が空間の次元 n にも依存する場合でも，n は原則として明示しない．

以下，$X=L^2(\boldsymbol{R}^n)$ とし，

$$H_1=-\Delta,\qquad H_2=-\Delta+V \tag{4.85}$$

とする．$V\in SR(E)$ とするから，V は H_1-有界で，$\mathscr{D}(H_1)=\mathscr{D}(H_2)=H^2(\boldsymbol{R}^n)$ である．

b）波動作用素の存在

まず，自由粒子の運動 $e^{-itH_1}u$ の漸近的振舞いについての補題を述べる．(この種の補題の一般形については，文献 [20] の附録参照.)

補題 4.2　K は $\boldsymbol{R}^n$ のコンパクト集合，$\mathcal{O}$ は $\mathcal{O}\supset 2K=\{2\xi\mid\xi\in K\}$ なる開集合とし，m を任意の非負整数とする．そのとき，n, m および (4.87), (4.88) で定義される l, η のみによって定まる定数 $c=c_{n,m,l,\eta}$ が存在して次の関係が成り立つ：$\operatorname{supp}\hat{u}\subset K$ なる任意の $u\in\mathscr{S}(\boldsymbol{R}^n)$ に対して，

$$(4.86)\qquad |(e^{-itH_1}u)(x)| \leqq \frac{c}{(1+|t|+|x-x_0|)^m}\|(1+|y-x_0|^m)u\|_{L^2},$$
$$x_0, x \in \boldsymbol{R}^n,\ \ t \in \boldsymbol{R}^1,\ \ (x-x_0)/t \notin \mathcal{O}.$$

ただし，右辺のノルムは y の関数としての L^2 ノルムである．

注意 4.5 (4.86) の物理的意味は次の通り．$\mathrm{supp}\,\hat{u}\subset K$ だから，u を自由粒子の波束とみるとき，その運動量成分 $\nabla\xi^2=2\xi$ は $2K$ に含まれている．そのような運動量成分をもつ古典粒子が，$t=0$ で x_0 にあったとすれば，時刻 t における位置 x は $(x-x_0)/t\in\mathcal{O}$ をみたす．(4.86) は，このような古典的運動の存在範囲の外における $u(x,t)$ の減少度の評価を与えるものである．——

補題 4.2 の証明 $t\neq 0$ として証明すれば十分．また，e^{-itH_1} は平行移動と可換であるから，$x_0=0$ として証明すれば十分である．そのとき，右辺のノルムは $\|\hat{u}\|_{H^m}$ にかえてよい．さらに，$2K\subset\mathcal{O}'\subset\mathcal{O}$ なる開集合 $\mathcal{O}'$ で次の性質をもつものがとれる．

$$(4.87)\qquad l \equiv \sup_{\xi\in\mathcal{O}'}|\xi| < \infty,$$

$$(4.88)\qquad \eta \equiv \mathrm{dis}\,(2K, \boldsymbol{R}^n\setminus\mathcal{O}') > 0.$$

そこで，$\mathcal{O}$ を $\mathcal{O}'$ におきかえて証明すれば十分．

いま，両向きの円錐体

$$C_k = \{y=(y_1, \cdots, y_n)\neq 0 \mid |y_k| > (2n)^{-1/2}|y|\}, \qquad k=1, \cdots, n$$

をとると，$\boldsymbol{R}^n\setminus\{0\}\subset\bigcup_{k=1}^{n} C_k$ と被覆される．これに応じて，$\varphi_k\in C^\infty(\boldsymbol{R}^n)$ かつ任意の α に対して $|D^\alpha\varphi_k(y)|$ が有界であるような φ_k で条件

$$(4.89)\qquad \mathrm{supp}\,\varphi_k \subset C_k, \qquad |y| \geqq \eta \Longrightarrow \sum_{k=1}^{n}\varphi_k(y) = 1$$

をみたすものがとれる．さて，$x/t\notin\mathcal{O}'$ なる x, t を固定した上で

$$\hat{u}_k(\xi) = \varphi_k(2\xi - x/t)\,\hat{u}(\xi)$$

とおく．$\xi\in K\supset\mathrm{supp}\,\hat{u}$ のとき $\sum_k\varphi_k(2\xi-x/t)=1$ だから ((4.88), (4.89) 参照)

$$(4.90)\qquad \hat{u}(\xi) = \sum_{k=1}^{n}\hat{u}_k(\xi)$$

が成り立つ．そして，x, t には関係しない定数 c によって，不等式 $\|\hat{u}_k\|_{H^m}\leqq c\|\hat{u}\|_{H^m}$ が成り立つ．以上により，(4.86) を示すためには，各 $\hat{u}_k$ に対して，不等式

$$(4.91)\qquad \left|\int_{R^n} e^{-it\xi^2+i\xi x}\hat{u}_k(\xi)\,d\xi\right| \leqq \frac{c}{(1+|t|+|x|)^m}\|\hat{u}_k\|_{H^m}, \qquad \frac{x}{t}\notin \mathcal{O}'$$

を示せば十分であることがわかった．(ここで，(4.90) の分解の仕方は x,t に関係しているが，以下の証明で c は x,t には関係しないから，(4.91) を k に関して加えて得られる評価は，x,t——ただし $x/t\notin\mathcal{O}'$——に無関係に成り立つ.)

(4.91) の証明．同じことだから $k=1$ とし，$\hat{u}_1$ の代りに $\hat{u}$ と書く．$\mathrm{supp}\,\hat{u}$ の上では $2\xi-x/t\in C_1$ かつ $\xi\in K$ だから

$$(4.92)\qquad |2t\xi_1-x_1| > (2n)^{-1/2}|2t\xi-x| \geqq (2n)^{-1/2}|t|\eta > 0, \qquad \xi\in\mathrm{supp}\,\hat{u}$$

が成り立つ．ここで，$x/t\notin\mathcal{O}'$ と (4.88) を用いた．したがって，

$$h(\xi_1) = (2t\xi_1-x_1)^{-1}$$

とおき，$\partial/\partial\xi_1=\partial_1$ と書けば，部分積分により

$$(4.93)\qquad \int_{R^n} e^{-it\xi^2+i\xi x}\hat{u}(\xi)\,d\xi = i\int_{R^n}\partial_1 e^{-it\xi^2+i\xi x}\cdot h(\xi_1)\hat{u}(\xi)\,d\xi$$
$$= -i\int_{R^n} e^{-it\xi^2+i\xi x}\partial_1(h(\xi_1)\hat{u}(\xi))\,d\xi$$
$$\cdots$$
$$= (-i)^m\int_{R^n} e^{-it\xi^2+i\xi x}[\underbrace{\partial_1(h(\partial_1\cdots\partial_1}_{m\,回}(h\hat{u})\cdots))]\,d\xi$$

が得られる．Leibniz の公式を反復使用すれば，右辺の [⋯] は

$$(4.94)\qquad \partial_1^{j_1}h\cdots\partial_1^{j_m}h\partial_1^{\iota}\hat{u}, \qquad j_1+\cdots+j_m+\iota = m, \qquad j_k\geqq 0,\ \iota\geqq 0$$

という形の項の線型結合として表わされる．ここで，(4.92) に注意すれば

$$(4.95)\qquad |(\partial_1^{j}h)(\xi)| = \frac{c|t|^j}{|2t\xi_1-x_1|^{j+1}} \leqq \frac{c}{|2t\xi-x|}, \qquad \xi\in\mathrm{supp}\,\hat{u}$$

が得られる．($j=0$ の場合も含むことに注意.)　さらに不等式

$$(4.96)\qquad \frac{1}{|2t\xi-x|} \leqq \frac{c}{|t|+|x|}, \qquad \xi\in K,\ \frac{x}{t}\notin\mathcal{O}'$$

が成り立つ．実際，(4.92) の2番目の不等式により

$$|x|\leqq l|t| \Longrightarrow |2t\xi-x| \geqq \eta|t| \geqq 2^{-1}\eta|t|+2^{-1}\eta l^{-1}|x|.$$

また，(4.87) と (4.88) により $|2\xi|\leqq l-\eta$ ($\xi\in K$) だから ((4.87), (4.88) から $0<l-\eta<l$ が従うことに注意)

$$|x| \geqq l|t| \Longrightarrow |2t\xi - x| \geqq 2^{-1}\eta|t| + 2^{-1}|x-2t\xi| \geqq 2^{-1}\eta|t| + 2^{-1}\{|x| - (l-\eta)|t|\}$$
$$\geqq 2^{-1}\eta|t| + 2^{-1}(1-l^{-1}(l-\eta))|x|$$

が得られる．ゆえに，(4.96) が成り立つ．そこで，(4.94)，(4.95)，(4.96) を用いて (4.93) の右辺の絶対値を評価し，$\operatorname{supp}\hat{u}$ がコンパクトだから $\|\partial_1{}^l u\|_{L^1} \leqq c\|\partial_1{}^l u\|_{L^2}$ が成り立つこと，および (4.91) の左辺は有界であることに注意すれば，目的の不等式 (4.91) が示される．▮

定理 4.11　$V \in SR(E)$ ならば $W_\pm(H_2, H_1)$ が存在する．

証明　定理 4.7 の系を用いて W_+ の存在を示す．W_- に対しても証明は同様．$\mathcal{D}$ として $\hat{u} \in C_{0*}{}^\infty(\boldsymbol{R}^n)$ ((3.25) 参照) なる u の全体をとる．$\mathcal{D}$ が定理 4.7 の条件 (i)，(ii) をみたすことは明らか．次に (4.56) を証明する．$u \in \mathcal{D}$，$K = \operatorname{supp}\hat{u} = \operatorname{supp}[(H_1+1)u]^\wedge$ とし，$\delta > 0$ を $\mathcal{O} \equiv \{\xi \mid |\xi| > \delta\} \supset 2K$ なるようにとると

$$|(e^{-itH_1}(H_1+1)u)(x)| \leqq c_{u,m}(1+t+|x|)^{-m}, \qquad t > 0,\ |x| \leqq \delta t$$

が成り立つ．(補題 4.2 による．m を何にとるかは後で決める.) したがって

$$\begin{aligned}(4.97)\qquad \|Ve^{-itH_1}u\| &\leqq \|VR_1(-1)\chi_{\{|x|\leqq\delta t\}}e^{-itH_1}(H_1+1)u\| \\ &\quad + \|VR_1(-1)\chi_{\{|x|>\delta t\}}e^{-itH_1}(H_1+1)u\| \\ &\leqq c_{u,m}\|VR_1(-1)\|\left(\int_{|x|\leqq\delta t}(1+t+|x|)^{-2m}dx\right)^{1/2} \\ &\quad + \|VR_1(-1)\chi_{\{|x|>\delta t\}}\|\|(H_1+1)u\|.\end{aligned}$$

右辺第 2 項は $SR(E)$ の定義 (定義 3.4) により t の可積分関数である．一方，右辺第 1 項にでてくる積分は $(1+t)^{-(2m-n)}\int_{\boldsymbol{R}^n}(1+|y|)^{-2m}dy$ を越えないから，$m > (n+1)/2$ をみたすように m をとっておけば第 1 項も t の可積分関数である．こうして，(4.56) が示された．▮

$W_\pm$ の存在に対しては，別の形の十分条件も知られているが，紙数の都合で，問題にまわす (章末の問題 2)．

c) 準備事項

完全性の証明の準備として二つの補題を述べる．

補題 4.3　X を可分な Hilbert 空間，H を X における自己共役作用素とし，$X_c(H) = X_{ac}(H) \oplus X_{sc}(H) = X_p(H)^\perp$ の上への射影作用素を P_c と書く．そのとき，$t_N \to \infty$ かつ

$$\underset{N\to\infty}{\text{w-lim}}\, e^{-it_N H}P_c = 0$$

であるような数列 $\{t_N\}$ が存在する．——

証明は次の命題に基づく．

命題 4.12　$\rho(\lambda)$, $\lambda\in \boldsymbol{R}^1$ は連続かつ有界な単調非減少関数とする．そのとき

$$\lim_{T\to\infty}\frac{1}{T}\int_0^T\left|\int_{-\infty}^{\infty}e^{-it\lambda}d\rho(\lambda)\right|^2 dt = 0. \tag{4.98}$$

注　Hölder の不等式を用いれば，(4.98) で指数2を p, $1\leqq p\leqq 2$ におきかえた式も成り立つことがわかる．

証明　次の式の第2辺の反復積分は絶対収束するから Fubini の定理が使えて，

$$\begin{aligned}\frac{1}{T}\int_0^T\left|\int_{-\infty}^{\infty}e^{-it\lambda}d\rho(\lambda)\right|^2 dt &= \frac{1}{T}\int_0^T dt\int_{-\infty}^{\infty}e^{-it\lambda}d\rho(\lambda)\int_{-\infty}^{\infty}e^{it\mu}d\rho(\mu)\\ &= \int_{-\infty}^{\infty}\int_{-\infty}^{\infty}f_T(\lambda,\mu)\,d\rho(\lambda)\,d\rho(\mu),\end{aligned} \tag{4.99}$$

$$f_T(\lambda,\mu) = \begin{cases} i\dfrac{e^{-i(\lambda-\mu)T}-1}{(\lambda-\mu)T}, & \lambda\neq\mu,\\ 1, & \lambda=\mu.\end{cases}$$

ここで，$|f_T(\lambda,\mu)|=|2(\lambda-\mu)^{-1}T^{-1}\sin\{(\lambda-\mu)T/2\}|\leqq 1$ かつ $\lambda\neq\mu$ ならば $f_T(\lambda,\mu)\to 0$ $(T\to\infty)$ である．一方，すぐ後に示すように，対角線集合 $\{(\lambda,\mu)\mid\lambda=\mu\}$ の直積測度 $d\rho\times d\rho$ による測度は0だから，(4.99) の右辺は $T\to\infty$ のとき0に収束する (Lebesgue の収束定理)．

$d\rho\times d\rho(\{\lambda=\mu\})=0$ の証明．$\delta>0$ に対して

$$\begin{aligned}d\rho\times d\rho(\{\lambda=\mu\}) &\leqq \iint_{|\lambda-\mu|\leqq\delta}d\rho(\lambda)\,d\rho(\mu) = \int_{-\infty}^{\infty}d\rho(\lambda)\int_{\lambda-\delta}^{\lambda+\delta}d\rho(\mu)\\ &= \int_{-\infty}^{\infty}\{\rho(\lambda+\delta)-\rho(\lambda-\delta)\}\,d\rho(\lambda).\end{aligned}$$

ここで ρ は $(-\infty,\infty)$ で一様連続だから，$\delta\to 0$ のとき右辺は0に収束する．▌

系　$u, v\in X_c(H)$ ならば

$$\lim_{T\to\infty}\frac{1}{T}\int_0^T|(e^{-itH}u, v)|^2 dt = 0. \tag{4.100}$$

証明 $\rho_{u,v}(\lambda)=(E(\lambda)u,v)$, $\rho_u(\lambda)=\rho_{u,u}(\lambda)$ とおく．容易にわかるように

$$\rho_{u,v}=4^{-1}(\rho_{u+v}-\rho_{u-v}+i\rho_{u+iv}-i\rho_{u-iv}). \tag{4.101}$$

右辺で $u+v,\cdots\in X_c(H)$ だから，$\rho_{u+v},\cdots$ は命題4.12の仮定をみたす．よって，

$$(e^{-itH}u,v)=\int_{-\infty}^{\infty}e^{-it\lambda}d\rho_{u,v}(\lambda)$$

の右辺に(4.101)を代入し，各項に(4.98)を適用すれば，(4.100)が得られる．∎

補題4.3の証明 $\{\varphi_k\}_{k\in N}$ を $X_c(H)$ の単位球で稠密な可算集合とする．そのとき条件

$$\lim_{N\to\infty}(e^{-it_NH}\varphi_k,\varphi_l)=0,\qquad \forall k,l\in \boldsymbol{N} \tag{4.102}$$

をみたすような t_N $(t_N\to\infty)$ が存在することを示せば十分である．いま，2重数列 $c_{k,l}$ を $c_{k,l}>0$, $\sum_{k,l}c_{k,l}<\infty$ なるようにとる．すると，命題4.12の系により

$$\begin{aligned}&\lim_{T\to\infty}\frac{1}{T}\int_0^T\sum_{k,l}c_{k,l}|(e^{-itH}\varphi_k,\varphi_l)|^2dt \\ &\quad=\sum_{k,l}c_{k,l}\lim_{T\to\infty}\frac{1}{T}\int_0^T|(e^{-itH}\varphi_k,\varphi_l)|^2dt=0\end{aligned} \tag{4.103}$$

が得られる．このことから，$t_N\to\infty$ かつ

$$\sum_{k,l}c_{k,l}|(e^{-it_NH}\varphi_k,\varphi_l)|^2\longrightarrow 0,\qquad N\to\infty \tag{4.104}$$

をみたす $\{t_N\}$ が存在することがわかる．(このような $\{t_N\}$ が存在しないとすると，(4.104)の左辺 $\geqq\varepsilon_0>0$ なる ε_0 が存在せねばならないが，それは(4.103)と矛盾する.) (4.104)と $c_{k,l}>0$ から，(4.102)が従うことは明らか．∎

次の補題では，H_1,H_2 は(4.85)の通りとし，V は定義3.4の条件(i)および(3.86)より弱い条件

$$\lim_{R\to\infty}h(R)=0$$

をみたすものとする．また，次のようにおく．

$$C_*(\boldsymbol{R}^1)=\{\Phi\in C(\boldsymbol{R}^1)\mid \lim_{|\lambda|\to\infty}\Phi(\lambda)=0\}.$$

補題4.4 上の仮定のもとで次が成り立つ:

$$\Phi(H_2)-\Phi(H_1)\in\mathcal{L}_C(L^2(\boldsymbol{R}^n)),\qquad \forall\Phi\in C_*(\boldsymbol{R}^1). \tag{4.105}$$ ——

まず，次の命題を証明する．

命題4.13 上の仮定のもとで次が成り立つ:

$$(4.106)\qquad R(z;H_2)-R(z;H_1)\in\mathcal{L}_C(L^2(\boldsymbol{R}^n)),\qquad z\in\rho(H_1)\cap\rho(H_2).$$

証明
$$\begin{aligned}R(z;H_2)-R(z;H_1)&=R(z;H_2)VR(z;H_1)\\&=R(z;H_2)\cdot VR(z;H_1)\chi_{\{|x|\geqq R\}}\\&\quad+[R(z;H_2)V]^{\sim}R(z;H_1)\chi_{\{|x|\leqq R\}}\end{aligned}$$

であるが，ここで $z=-1$ とすると，$R\to\infty$ のとき $h(R)\to 0$ だから右辺第1項はノルムの意味で0に収束する．一方，$R(z;H_1)\chi_{\{|x|\leqq R\}}=(\chi_{\{|x|\leqq R\}}R(\bar{z};H_1))^*$ はコンパクトだから，右辺第2項はコンパクトである．ゆえに，$z=-1$ のときは(4.106)が成り立つ．一般の z については28ページ注1を用いればよい．∎

補題4.4の証明[1] 第1段 (4.105)をみたすような $\Phi\in C_*(\boldsymbol{R}^1)$ の全体を Q とおく．Q が $C_*(\boldsymbol{R}^1)$ の閉部分代数であることを証明しよう．Q が部分空間であることは明らか．また，$\Phi_1,\Phi_2\in Q$ ならば $\Phi_1\Phi_2\in Q$ であることも容易に示される．Q が閉であることをみるには，$\|\Phi_n-\Phi\|_{L^\infty}\to 0$ ならば $\|\Phi_n(H_j)-\Phi(H_j)\|\to 0$ であることと，$\mathcal{L}_C$ がノルム収束に関して閉じていることに注意すればよい．

第2段 $\Phi_0(\lambda)=(i-\lambda)^{-1}$ とおく．もちろん $\Phi_0\in C_*(\boldsymbol{R}^1)$．(4.106)で $z=\pm i$ とすることにより

$$\Phi_0,\ \bar{\Phi}_0\in Q,\qquad \text{したがって}\quad \operatorname{Re}\Phi_0,\ \operatorname{Im}\Phi_0\in Q$$

であることがわかる．次に，任意の $\Phi\in C_*(\boldsymbol{R}^1)$ が $\operatorname{Re}\Phi_0$, $\operatorname{Im}\Phi_0$ の多項式の列

$$P_k(\operatorname{Re}\Phi_0(\lambda),\operatorname{Im}\Phi_0(\lambda)),\qquad \text{ただし}\quad P_k(0,0)=0$$

によって一様に近似されることを示す．それができれば，第1段により $\Phi\in Q$，したがって $Q=C_*(\boldsymbol{R}^1)$ となり補題が示される．

第3段 $\zeta=(i-\lambda)^{-1}$ $(\lambda=i-\zeta^{-1})$ と変数変換し，任意の $\Phi\in C_*(\boldsymbol{R}^1)$ に対して

$$\tilde{\Phi}(\zeta)=\Phi(i-\zeta^{-1})\quad(\zeta\neq 0),\qquad \tilde{\Phi}(0)=0$$

とおく．$\tilde{\Phi}$ は ζ 平面内の円周

$$\Gamma=\{\zeta=(i-\lambda)^{-1}\mid\lambda\in\boldsymbol{R}^1\}\cup\{0\}$$

上の連続関数である．$\tilde{\Phi}$ は ζ 平面全体で定義された連続関数 $\tilde{\Phi}_e$ に延長できる．そのとき，Weierstrass の近似定理により，2変数多項式の列 P_k で

$$\lim_{k\to\infty}P_k(\operatorname{Re}\zeta,\operatorname{Im}\zeta)=\tilde{\Phi}_e(\zeta)\qquad(\text{広義一様収束})$$

をみたすものが存在する．しかも，$\tilde{\Phi}_e(0)=0$ だから，P_k は定数項を含まないよ

1) Simon [31] の補題4の証明にヒントを得た．

うに選べる．上の収束は円周 Γ 上では一様だから，λ へもどれば

$$\lim_{k\to\infty} P_k(\mathrm{Re}\,\Phi_0(\lambda), \mathrm{Im}\,\Phi_0(\lambda)) = \Phi(\lambda) \qquad (\text{一様収束})$$

が成り立つ．これと第1段，第2段の結果により，$\Phi \in C_*(\boldsymbol{R}^1)$ が示された．▌

d）波動作用素の完全性と波束の分解定理

定理 4.12（V. Enss）　$X=L^2(\boldsymbol{R}^n)$，$V\in SR(E)$ とし，H_1, H_2 を (4.85) の通りとすれば，

$$\mathcal{R}(W_\pm(H_2, H_1)) = X_p(H_2)^\perp \tag{4.107}$$

が成り立つ．$\sigma_p(H_2)$ は 0 以外に集積点をもたず，また $\lambda\in\sigma_p(H_2)$，$\lambda\neq 0$ の固有値としての多重度は有限である．

注 1　$W_\pm$ の存在はすでに示した（定理 4.11）．

注 2　注意 4.4 の用語を用いれば $W_\pm$ は強い意味で完全である．そして $X_{sc}(H_2)=\{0\}$．

注 3　定理の最後の部分は，Enss のはじめの論文ではぬけていたが，Simon によって補われた．$\sigma_p(H_2)$ はたかだか可算だから，$\sigma_p(H_2)$ は $\boldsymbol{R}^1\setminus\{0\}$ では離散集合になる．0 が $\sigma_p(H_2)$ の集積点になるかどうかは場合による．

注 4　定理 4.12 と定理 4.4 とにより，$\sigma_{\mathrm{ess}}(H_2)=[0,\infty)$ がでる．ただし，これは命題 4.13 と定理 2.5 から導くこともできる．——

以下，本章の終りまでかけて，定理 4.12 を証明する．

はじめに，記号についての約束をする．今後，$\boldsymbol{R}^n$ の変数を頭におく方がわかりよいので，x 空間を $\boldsymbol{R}_x{}^n$，ξ 空間を $\boldsymbol{R}_\xi{}^n$ と書く．Fourier 変換は $L^2(\boldsymbol{R}_x{}^n)$ から $L^2(\boldsymbol{R}_\xi{}^n)$ へのユニタリ作用素とみなす．関数 f と，f を掛ける掛け算作用素は同じ記号 f で表わす．ξ 空間における掛け算作用素 f を Fourier 変換で x 空間にもどしてできる作用素を $f(-iD)$ と書く：

$$f(-iD) = F^{-1}f(\xi)F. \tag{4.108}$$

注　ここで，掛け算作用素 f が ξ 空間で作用していることを強調するため，$f(\xi)$ と書いた．さらに一歩を進めて，たとえば作用素 $u\mapsto F^{-1}fFgu$ を $f(\xi)g(x)$ と書く方式もある．これは，馴れれば誤解のおそれなく記号を簡略化できて便利であるが，本講では律儀に F，F^{-1} を書いていくことにする．——

$0<a<b<\infty$ として

$$\Omega_{a,b} = \{\xi\in\boldsymbol{R}^n \mid a<|\xi|<b\}, \qquad K_{a,b} = \bar{\Omega}_{a,b},$$
$$X_{a,b} = \{u\in L^2(\boldsymbol{R}_x{}^n) \mid \mathrm{supp}\,\hat{u}\subset K_{a,b}\}$$

とおく．また，$X_{a,b}$ 上への射影作用素を $P_{a,b}$ で表わす．

さて，定理4.12の証明の中心をなすのは，自由運動に基づく**波束の分解定理**で，それは次の形に述べられる.

定理 4.13 $0<a<b<\infty$ なる a,b と $0<\varepsilon<a$ なる ε が与えられたとき，次の性質 (a)-(d) をもつ作用素の族 $P_{r,\pm}\in\mathcal{L}(L^2(\boldsymbol{R}_x{}^n))$, $r>0$ が存在する:

(a) $\|P_{r,\pm}\|\leqq M$ （M は r に無関係），

(b) $\mathcal{R}(P_{r,\pm})\subset X_{a-\varepsilon/2,b+\varepsilon/2}$,

(c) $D_r\equiv(I-P_{r,+}-P_{r,-})P_{a,b}\in\mathcal{L}_C(L^2(\boldsymbol{R}_x{}^n))$,

(d) 次のような $\delta>0$ が存在する：任意の $q\in C^\infty(\Omega_{a-\varepsilon,b+\varepsilon})$, $q_1\in C_0{}^\infty(\Omega_{a-\varepsilon,b+\varepsilon})$ と $r>0$, $m=1,2,\cdots$ に対して

$$\|\chi_{\{|x|\leqq\delta(r+|t|)\}}e^{-itH_1}q(-iD)P_{r,\pm}\|\leqq\frac{C_{m,q}}{(1+r+|t|)^m},\qquad t\gtreqless 0,\tag{4.109}$$

$$\|\chi_{\{|x|\leqq\delta(r+|t|)\}}e^{-itH_1}q_1(-iD)P_{r,\pm}{}^*\|\leqq\frac{C_{m,q_1}}{(1+r+|t|)^m},\qquad t\gtreqless 0\tag{4.110}$$

が成り立つ[1]. ただし，複号同順とする.

$P_{r,\pm}$ は具体的には，次のように（ξ 空間における）擬微分作用素として構成できる:

$$(FP_{r,\pm}u)(\xi)=c_n\int_{\boldsymbol{R}^n}p_{r,\pm}(\xi,x)u(x)e^{-i\xi x}dx,\qquad u\in(L^2\cap L^1)(\boldsymbol{R}_x{}^n).\tag{4.111}$$

ここで，$p_{r,\pm}$ は次の性質をもつ.

$$p_{r,\pm}\in C^\infty(\boldsymbol{R}_\xi{}^n\times\boldsymbol{R}_x{}^n),\tag{4.112}$$

$$\operatorname{supp}p_{r,\pm}\subset\{(\xi,x)\mid\xi\in K_{a-\varepsilon/2,b+\varepsilon/2}\},\tag{4.113}$$

$$|D_\xi{}^\beta D_x{}^\alpha p_{r,\pm}(\xi,x)|\leqq c_{\alpha,\beta}\qquad(c_{\alpha,\beta}\text{ は }r\text{ に無関係}).\tag{4.114}$$

また，今後も含めて，$c_n=(2\pi)^{-n/2}$ とおいた. ——

注 1 (c) により

$$u=P_{r,+}u+P_{r,-}u+D_ru,\qquad\forall u\in X_{a,b}$$

が成り立つ. D_r はコンパクトだから，$u_N\in X_{a,b}$, $u_N\to 0$（弱収束）ならば

$$\|u_N-P_{r,+}u_N-P_{r,-}u_N\|\longrightarrow 0,\qquad N\to\infty$$

---

1) $q(-iD)$, $q_1(-iD)$ を考えるときには，q, q_1 は $K_{a-\varepsilon,b+\varepsilon}$ の外では0とする. 明らかに $q_1(-iD)\in\mathcal{L}(L^2)$. $q(-iD)$ は有界とは限らないが，$\mathcal{D}(q(-iD))\supset X_{a-\varepsilon/2,b+\varepsilon/2}$ だから (b) により $q(-iD)P_{r,\pm}\in\mathcal{L}(L^2)$ である.

である.

注 2 (4.109) は自由運動

$$u_{r,\pm}(t) = e^{-itH_1} q(-iD) P_{r,\pm} u$$

の局所エネルギーの減衰の速さに関する一つの評価である. ((4.110) も同様.) ただし, 局所化の半径は $\delta(r+|t|)$ だから, どの程度局所化するかは r, t に関係しており, $u_{r,+}(t)$ (または $u_{r,-}(t)$) は $t\to\infty$ (または $t\to-\infty$) のとき遠方へ速やかに逃げていく成分を表わす.

注 3 (4.110) は定理 4.12 の証明には用いない.

注 4 後に, $P_{r,\pm}u$ を (4.111) のようにして構成するが, そのとき一般の $u\in L^2(\boldsymbol{R}^n)$ に対して $P_{r,\pm}u$ がどう表わされるかは, 章末の問題 4 で考える. それを用いると,

(4.115) $$\hat{u}(\xi) = 0 \ \ (\xi \notin K) \implies FP_{r,\pm}u(\xi) = 0 \ \ (\xi \notin K+B_{\varepsilon/4})$$

が成り立つことが証明できる. ここで, $K\subset \boldsymbol{R}_\xi{}^n$ は任意の可測集合,

(4.116) $$B_{\varepsilon/4} = \{\xi\in\boldsymbol{R}_\xi{}^n \mid |\xi|<\varepsilon/4\},$$

(4.117) $$K+B_{\varepsilon/4} = \{\xi+\xi' \mid \xi\in K,\ \xi'\in B_{\varepsilon/4}\}$$

である. すなわち, $P_{r,\pm}$ は ξ 空間における台 (momentum support) を $\varepsilon/4$ 以上は拡げないという性質をもつように構成できる. ——

定理 4.13 の証明は長くかかるから, §4.5 にまわす.

e) 定理 4.13 $\Longrightarrow$ 定理 4.12 の証明

以下, H_1, H_2, V は定理 4.12 の通りとする. 定理 4.13 の $P_{r,\pm}$ と波動作用素の関係について, 次の命題が成り立つ.

命題 4.14 $W(t)=e^{itH_2}e^{-itH_1}$ とおく. また, q, q_1 は定理 4.13 の通りとする. そのとき, 任意の $t, s\in\boldsymbol{R}^1$ に対して次の関係が成り立つ.

(4.118) $$\|\{W(t)-W(s)\}q(-iD)P_{r,\pm}\| \longrightarrow 0, \qquad r\to\infty,$$

(4.119) $$\|\{W(t)-W(s)\}q_1(-iD)P_{r,\pm}{}^*\| \longrightarrow 0, \qquad r\to\infty.$$

ここで, 収束は $+$ の場合には $t, s\in[T,\infty)$, $-$ の場合には $t, s\in(-\infty, T]$ $(T\in\boldsymbol{R}^1)$ に関して一様である. さらに次の公式が成り立つ.

(4.120) $$\|(W_\pm - I)q(-iD)P_{r,\pm}\| \longrightarrow 0, \qquad r\to\infty,$$

(4.121) $$\|(W_\pm - I)q_1(-iD)P_{r,\pm}{}^*\| \longrightarrow 0, \qquad r\to\infty,$$

(4.122) $$\|(e^{-itH_2}-e^{-itH_1})q(-iD)P_{r,\pm}\| \longrightarrow 0, \qquad r\to\infty,$$

(4.123) $$\|(e^{-itH_2}-e^{-itH_1})q_1(-iD)P_{r,\pm}{}^*\| \longrightarrow 0, \qquad r\to\infty.$$

(4.122), (4.123) においても, 収束は上に述べたのと同様の一様性をもつ.

証明 まず, (4.118) を $+$ に対して示す. $-$ に対する証明も全く同様である. $T\in\boldsymbol{R}^1$ を固定するとき

$$W(t)-W(s)=e^{iTH_2}\{W(t-T)-W(s-T)\}e^{-iTH_1}$$

である．ゆえに，$t-T$, $s-T$, $e^{-iT\xi^2}q(\xi)$ を改めて $t, s, q(\xi)$ と思うことにすれば，(4.118) を $t, s\geqq 0$ に対して，一様性もこめて証明すれば十分である．

$\tilde{q}(\xi)=(\xi^2+1)q(\xi)$ とおく．$\tilde{q}\in C^\infty(\Omega_{a-\varepsilon,b+\varepsilon})$ であり，定理4.13の(b)により $\tilde{q}(-iD)P_{r,\pm}=(H_1+1)q(-iD)P_{r,\pm}$ が成り立つ．さらに簡単のため

$$u_r=q(-iD)P_{r,+}u,\qquad w_r=\tilde{q}(-iD)P_{r,+}u$$

とおく．このとき，$\|w_r\|\leqq c\|u\|$ (c は r に無関係) が成り立つ．さて，$0\leqq s<t$ とし，$W(\tau)u_r$ を微分して積分することにより

$$\begin{aligned}\|\{W(t)-W(s)\}u_r\| &\leqq \int_s^t \|Ve^{-i\tau H_1}u_r\|d\tau\\ &=\int_s^t \|VR_1(-1)e^{-i\tau H_1}w_r\|d\tau\\ &\leqq \int_s^t \|VR_1(-1)\chi_{\{|x|\geqq\delta(r+\tau)\}}\|\|w_r\|d\tau\\ &\quad+\int_s^t \|VR_1(-1)\|\|\chi_{\{|x|\leqq\delta(r+\tau)\}}e^{-i\tau H_1}w_r\|d\tau\end{aligned}$$

が得られる．ここで，右辺第1項には (3.86), (3.87)，右辺第2項には (4.109)（ただし $q=\tilde{q}$, $m=2$ とする）を適用すると

$$右辺第1項 \leqq \|w_r\|\int_s^t h(\delta(r+\tau))\,d\tau \leqq c\|u\|\int_{\delta r}^\infty h(\sigma)\,d\sigma,$$

$$右辺第2項 \leqq c\|VR_1(-1)\|\|u\|\int_0^\infty \frac{1}{(1+r+\tau)^2}d\tau$$

が得られる．これらの右辺で $\|u\|$ の係数は s, t に関係せず，しかも $r\to\infty$ のとき 0 に収束するから，(4.118) が一様性の主張もこめて証明された．

$$\|(W_\pm-I)q(-iD)P_{r,\pm}\|\leqq \liminf_{t\to\infty}\|(W(t)-I)q(-iD)P_{r,\pm}\|$$

だから，(4.118) における収束の一様性により (4.120) が得られる．また，(4.122) は (4.118) で $s=0$ としたものと同値である．

$P_{r,\pm}^*$ を含む関係式の証明も全く同様である．▮

定理4.12の証明　まず，(4.107) を W_+ に対して証明する．W_- に対する証明も全く同様である．

第1段　u が条件

(4.124) $$u \in X_p(H_2)^{\perp} \ominus \mathcal{R}(W_+),$$

(4.125) $$E_2((a_1, b_1))u = u, \qquad 0 \notin [a_1, b_1]$$

をみたすと仮定して，$u=0$ であることを証明する．同じことなので $0<a_1<b_1<\infty$ とする．いま，a_1', b_1' を

(4.126) $$0 < a_1' < a_1 < b_1 < b_1' < \infty$$

なるようにとり，$\Phi \in C_0(\boldsymbol{R}^1)$ を

(4.127) $$\begin{cases} \Phi(\lambda) = \begin{cases} 1, & a_1 \leqq \lambda \leqq b_1, \\ 0, & \lambda \leqq a_1' \text{ または } \lambda \geqq b_1', \end{cases} \\ 0 \leqq \Phi(\lambda) \leqq 1 \end{cases}$$

をみたすようにとる．また，補題4.3により

(4.128) $$e^{-it_N H_2}u \longrightarrow 0 \quad (\text{弱収束}), \qquad t_N \to \infty$$

なる t_N がとれる．そこで

(4.129) $$v_N = \Phi(H_1)e^{-it_N H_2}u$$

とおく．$\Phi(H_2)e^{-it_N H_2}u = e^{-it_N H_2}\Phi(H_2)u = e^{-it_N H_2}u$ だから

(4.130) $$e^{-it_N H_2}u - v_N = \{\Phi(H_2) - \Phi(H_1)\}e^{-it_N H_2}u$$

が成り立つ．一方，$a = a_1'^{1/2}$，$b = b_1'^{1/2}$ とおけば $v_N \in X_{a,b}$ である．したがって，$\varepsilon\,(0<\varepsilon<a)$ を適当にとって定理4.13の $P_{r,\pm}, D_r$ を作れば

(4.131) $$v_N = P_{r,+}v_N + P_{r,-}v_N + D_r v_N$$

と書ける．いま，

(4.132) $$w_{N,r} = e^{it_N H_2}\{(I-W_+)P_{r,+}v_N + (I-W_-)P_{r,-}v_N\},$$

(4.133) $$\tilde{w}_{N,r} = e^{it_N H_2}\{\Phi(H_2) - \Phi(H_1)\}e^{-it_N H_2}u + e^{it_N H_2}D_r v_N$$

とおく．(4.130) に (4.131) を代入して整理すれば，u は次のように書ける．

$$\begin{aligned} u &= e^{it_N H_2}W_+P_{r,+}v_N + e^{it_N H_2}W_-P_{r,-}v_N + w_{N,r} + \tilde{w}_{N,r} \\ &= W_+e^{it_N H_1}P_{r,+}v_N + W_-e^{it_N H_1}P_{r,-}v_N + w_{N,r} + \tilde{w}_{N,r}. \end{aligned}$$

ここで，第2の等号は (4.31) による．上式の両辺と u との内積を作ってから，Schwarz の不等式などを用いて評価する．仮定により $u \perp \mathcal{R}(W_+)$ だから

(4.134) $$\|u\|^2 \leqq |(W_-e^{it_N H_1}P_{r,-}v_N, u)| + \|w_{N,r}\|\|u\| + \|\tilde{w}_{N,r}\|\|u\|$$

が得られる．右辺の各項をしらべよう．まず，(4.120) と $w_{N,r}$ の定義により

(4.135) $$\lim_{r\to\infty} w_{N,r} = 0 \qquad (\text{収束は } N \text{ につき一様}).$$

次に，(4.134) の右辺の第1項を $\rho_{N,r}$ とおくと

$$\rho_{N,r} \leqq \|\chi_{\{|x|\leqq\delta(r+t_N)\}}e^{it_NH_1}P_{r,-}\|\|v_N\|\|u\| + \|P_{r,-}v_N\|\|\chi_{\{|x|\geqq\delta(r+t_N)\}}W_-{}^*u\| \tag{4.136}$$

が成り立つ．これから

$$\lim_{r\to\infty}\rho_{N,r} = 0 \qquad (\text{収束は } N \text{ につき一様}) \tag{4.137}$$

が従う．実際，(4.136) の右辺第1項については，(4.109) と $\|v_N\|\leqq\|u\|$ を用いればよく，第2項については

$$\|\chi_{\{|x|\geqq\delta(r+t_N)\}}W_-{}^*u\| \leqq \|\chi_{\{|x|\geqq\delta r\}}W_-{}^*u\| \longrightarrow 0$$

と $\|P_{r,-}v_N\|\leqq M\|u\|$ を用いればよい (M は定理4.13, (a) の M)．さらに

$$\lim_{N\to\infty}\tilde{w}_{N,r} = 0, \qquad \forall r > 0 \tag{4.138}$$

が成り立つ．実際，(4.133) の右辺の第1項については，Φ が補題4.4の仮定をみたすことに注意して (4.128) と (4.105) を用いればよい．また，第2項については，$v_N\to 0$(弱収束) と D_r のコンパクト性を用いればよい．

さて，(4.134), (4.135), (4.137), (4.138) がわかれば，それらから $u=0$ を導くのは容易である．周知の論法を繰り返す必要はないであろう．

第2段　$\mathcal{R}(W_+)$ は $X_p(H_2)^\perp$ の閉部分空間である．ゆえに，W_+ に対する (4.107) を示すには，u が (4.124) をみたすと仮定して，$u=0$ を示せば十分．この仮定のもとで，任意の $a_1, b_1 \in \boldsymbol{R}$ に対して

$$\begin{aligned} &E_2((a_1, b_1))u \in X_p(H_2)^\perp, \\ &(E_2((a_1, b_1))u, W_+v) = (u, E_2((a_1, b_1))W_+v) \\ &\qquad = (u, W_+E_1((a_1, b_1))v) = 0, \qquad \forall v \in L^2(\boldsymbol{R}^n) \end{aligned}$$

が成り立つから ((4.33) 参照)

$$u' \equiv E_2((a_1, b_1))u \in X_p(H_2)^\perp \ominus \mathcal{R}(W_+)$$

である．特に，$0 \notin [a_1, b_1]$ ならば u' は条件 (4.124), (4.125) をみたすから，第1段の結果により $u'=0$ である．すなわち

$$E_2((a_1, b_1))u = 0, \qquad 0 \notin [a_1, b_1] \tag{4.139}$$

が成り立つ．ところが，$u \in X_p(H_2)^\perp$ は

$$u = \lim_{l\to\infty}\{E_2((-l, -l^{-1})) + E_2((l^{-1}, l))\}u$$

と表わされるから，(4.139) から $u=0$ が得られる．

以上で (4.107) が証明された.

最後に，定理 4.12 の中の $\sigma_p(H_2)$ に関する主張を証明する．それには，

$$\text{(4.140)}\qquad \begin{cases} H_2 u_N = \lambda_N u_N, & (u_N, u_M) = \delta_{NM}, \\ 0 < a_1 \leqq |\lambda_N| \leqq b_1 \end{cases}$$

と仮定して矛盾を導けばよい．部分列に移れば，すべての λ_N は同符号としてよい．さらに，同じことなので，

$$0 < a_1 \leqq \lambda_N \leqq b_1 < \infty$$

と仮定する．そこで，a_1', b_1', Φ を (4.126), (4.127) のようにとり，$a = a_1'^{1/2}$，$b = b_1'^{1/2}$ に対して $P_{r,\pm}$ を作る．そして

$$v_N = \Phi(H_1) u_N$$

とおく．すると，前と同様にして

$$\text{(4.141)}\qquad \begin{aligned} u_N &= W_+ P_{r,+} v_N + W_- P_{r,-} v_N + \omega_{N,r} + \tilde{\omega}_{N,r}, \\ \omega_{N,r} &= (I - W_+) P_{r,+} v_N + (I - W_-) P_{r,-} v_N, \\ \tilde{\omega}_{N,r} &= \{\Phi(H_2) - \Phi(H_1)\} u_N + D_r v_N \end{aligned}$$

が得られる．ここで，$u_N \to 0$ (弱収束)，したがって $v_N \to 0$ (弱収束) であることに注意すれば，前と同様に

$$\text{(4.142)}\qquad \lim_{r\to\infty} \omega_{N,r} = 0 \qquad (\text{収束は } N \text{ につき一様}),$$

$$\text{(4.143)}\qquad \lim_{N\to\infty} \tilde{\omega}_{N,r} = 0, \qquad \forall r > 0$$

が得られる．一方，(4.141) により

$$\mathrm{dis}\,(u_N, \mathcal{R}(W_+) + \mathcal{R}(W_-)) \leqq \|\omega_{N,r}\| + \|\tilde{\omega}_{N,r}\|$$

である．ゆえに，(4.142), (4.143) により

$$\lim_{N\to\infty} \mathrm{dis}\,(u_N, \mathcal{R}(W_+) + \mathcal{R}(W_-)) = 0$$

であることが容易にわかる．一方，$u_N \in X_p(H_2)$ だから $u_N \in \{\mathcal{R}(W_+) + \mathcal{R}(W_-)\}^\perp$. しかも $\|u_N\| = 1$ だから $\mathrm{dis}\,(u_N, \mathcal{R}(W_+) + \mathcal{R}(W_-)) = 1$. これは矛盾である．

以上で，定理 4.12 は定理 4.13 から導かれることがわかった．▌

§4.5　定理 4.13 の証明

本節では，$P_{r,\pm}$ を (4.111) の形で構成することによって，定理 4.13 を証明する．分解の方針は形式的には次の通りである．

$B_{\varepsilon/4}$ を (4.116) の通りとする．まず，$\eta\in\mathcal{S}(\boldsymbol{R}_x{}^n)$ で

$$\text{(4.144)}\qquad \operatorname{supp}\hat{\eta}\subset\overline{B}_{\varepsilon/4},\qquad \int_{\boldsymbol{R}^n}\eta(x)\,dx=1$$

をみたすものを一つ固定する．そのとき，たとえば $u\in\mathcal{S}(\boldsymbol{R}_x{}^n)$ とすると，u は

$$\text{(4.145)}\qquad u(x)=\int_{\boldsymbol{R}^n}\eta(x-y)u(x)\,dy=\int_{\boldsymbol{R}^n}u_y(x)\,dy,$$

$$\text{(4.146)}\qquad u_y(x)=\eta(x-y)u(x)$$

と表わせる．$u_y(x)$ は x 空間において u を y のまわりに‘緩やかに’局所化したものである．(4.146) から

$$\text{(4.147)}\qquad \hat{u}_y(\xi)=c_n\int_{\boldsymbol{R}^n}\hat{\eta}(\xi-\xi')e^{-i(\xi-\xi')y}\hat{u}(\xi')\,d\xi',$$

したがって

$$\text{(4.148)}\qquad \operatorname{supp}\hat{u}_y\subset\operatorname{supp}\hat{u}+\overline{B}_{\varepsilon/4}$$

が従う．すなわち，上の x 空間における局所化に際して，ξ 空間における台は $\varepsilon/4$ 以上は拡がらない．

定理 4.13 にいう u の分解 (112 ページ注 1) を Fourier 変換すれば

$$\hat{u}=FP_{r,+}u+FP_{r,-}u+FD_ru,\qquad u\in X_{a,b}$$

となる．この分解は，形式的には (4.145) から出発して次のように行なわれる．

$$\text{(4.149)}\qquad \begin{aligned}\hat{u}(\xi)&=\int_{\boldsymbol{R}^n}\hat{u}_y(\xi)\,dy\\&=\int_{|y|\geqq r}g_+(\xi,y)\hat{u}_y(\xi)\,dy+\int_{|y|\geqq r}g_-(\xi,y)\hat{u}_y(\xi)\,dy\\&\quad+\int_{|y|\leqq r}\hat{u}_y(\xi)\,dy,\qquad u\in X_{a,b}.\end{aligned}$$

ここで，$g_\pm(\xi,y)$ は

$$\begin{gathered}g_+(\xi,y)+g_-(\xi,y)=1,\qquad \xi\in K_{a-\varepsilon/4,b+\varepsilon/4},\\ \cos\theta(\xi,y)\lesseqgtr\mp\sigma_0\implies g_\pm(\xi,y)=0\end{gathered}$$

をみたすように構成される．ただし，$\theta(\xi,y)$ は二つのベクトル $\xi,y\in\boldsymbol{R}^n$ のなす角，σ_0 は $0<\sigma_0<\sqrt{3}/2$ をみたす定数である．記号 $\theta(\xi,y)$ は今後も使用する．

さて，改めて σ_0 $(0<\sigma_0<\sqrt{3}/2)$ を固定し[1]，次の条件 (4.150)-(4.153) をみたすような $\gamma_\pm(\rho,\sigma)$ を選ぶ．

$$\gamma_\pm\in C^\infty((0,\infty)\times[-1,1]),\qquad 0\leqq\gamma_\pm(\rho,\sigma)\leqq 1, \tag{4.150}$$

$$2(a-\varepsilon/4)\leqq\rho\leqq 2(b+\varepsilon/4)\Longrightarrow\gamma_+(\rho,\sigma)+\gamma_-(\rho,\sigma)=1, \tag{4.151}$$

$$0<\rho\leqq 2(a-\varepsilon/2)\quad\text{または}\quad\rho\geqq 2(b+\varepsilon/2)\Longrightarrow\gamma_\pm(\rho,\sigma)=0, \tag{4.152}$$

$$\begin{cases}\sigma_0\leqq\sigma\leqq 1\Longrightarrow\gamma_-(\rho,\sigma)=0,\\ -1\leqq\sigma\leqq-\sigma_0\Longrightarrow\gamma_+(\rho,\sigma)=0.\end{cases} \tag{4.153}$$

たとえば，$\gamma_\pm(\rho,\sigma)=\tilde{\gamma}(\rho)\omega_\pm(\sigma)$ の形で上のような $\gamma_\pm$ を作るのは容易である．

次に，$\xi,y\in\boldsymbol{R}^n$，$y\neq 0$ に対して，$g_\pm(\xi,y)$ を次のように定義する．

$$g_\pm(\xi,y)=\begin{cases}\gamma_\pm(2|\xi|,\cos\theta(\xi,y)), & |\xi|\geqq a-\varepsilon/2,\\ 0, & \text{その他}.\end{cases} \tag{4.154}$$

注1　$\xi=0$ では $\cos\theta(\xi,y)$ が定義されないので，上のように分けて書いたが，$\xi=0$ の近傍では $\gamma_\pm(2|\xi|,\cdot)=0$ だから，実質的には第1行だけで十分．

注2　$2|\xi|=|\nabla\xi^2|$ と思って頂きたい．Schrödinger 作用素より一般に $H_1=P(-D)$ を考えるときには，$2|\xi|$ のところに $|\nabla P(\xi)|$ がくる．——

命題4.15　次の諸関係が成り立つ．

$$g_\pm\in C^\infty(\boldsymbol{R}_\xi{}^n\times(\boldsymbol{R}_y{}^n\setminus\{0\})),\qquad 0\leqq g_\pm(\xi,y)\leqq 1, \tag{4.155}$$

$$\operatorname{supp} g_\pm\subset\{(\xi,y)\mid a-\varepsilon/2\leqq|\xi|\leqq b+\varepsilon/2,\ \cos\theta(\xi,y)\gtreqless\mp\sigma_0\}, \tag{4.156}$$

$$a-\varepsilon/4\leqq|\xi|\leqq b+\varepsilon/4\Longrightarrow g_+(\xi,y)+g_-(\xi,y)=1, \tag{4.157}$$

$$|D_\xi{}^\beta g_\pm(\xi,y)|\leqq c_\beta. \tag{4.158}$$

証明　(4.157) までは $g_\pm$ の定義と (4.150)-(4.153) から明らか．(4.158) をみるには，$g_\pm$ は y について0次同次，ξ については台が (y に関して一様に) 有界，しかも $|\xi|$，$\theta(\xi,y)$ の特異点の近傍では $\gamma_\pm$ が0になっていることに注意すればよい．∎

次に，(4.144) をみたす $\eta\in\mathcal{S}(\boldsymbol{R}_x{}^n)$ を一つ固定して，$p_{r,\pm}(\xi,x)$ を次のように定義する．(η は実数値にとることもできるが，特にその必要はない．)

$$p_{r,\pm}(\xi,x)=\int_{|y|\geqq r}\eta(x-y)g_\pm(\xi,y)dy,\qquad \xi,x\in\boldsymbol{R}^n. \tag{4.159}$$

注　$\eta(x-y)g_+(\xi,y)$ は，y のまわりに緩やかに局所化した上で，運動量 ξ の方向が y

---

1)　$\sqrt{3}/2$ を選んだのは，(4.110) の証明に際しての技術的理由による．

と反対向きの部分 (正確には $\cos\theta(\xi, y) \leqq -\sigma_0$) を捨て去る作用をする. ——

命題 4.16　$p_{r,\pm}$ は定理 4.13 の (4.112)-(4.114) をみたす.

証明　(4.112) と (4.113) は $p_{r,\pm}$ の定義と (4.155), (4.156) から明らか. (4.114) をみるには, (4.159) を積分記号下で微分して, (4.158) を用いればよい. ここで, $c_{\alpha\beta}$ が r に無関係にとれることは明らか. ▌

命題 4.17　$p \in C^\infty(\boldsymbol{R}_\xi{}^n \times \boldsymbol{R}_x{}^n)$ が次の条件をみたすとする. ただし, $K \subset \boldsymbol{R}_\xi{}^n$ はコンパクト集合とする.

$$\operatorname{supp} p \subset \{(\xi, x) \mid \xi \in K\}, \tag{4.160}$$

$$|D_\xi{}^\beta p(\xi, x)| \leqq c_\beta. \tag{4.161}$$

そのとき

$$(FPu)(\xi) = c_n \int_{\boldsymbol{R}^n} p(\xi, x) u(x) e^{-i\xi x} dx, \qquad u \in (L^2 \cap L^1)(\boldsymbol{R}_x{}^n) \tag{4.162}$$

は有界作用素 $P \in \mathcal{L}(L^2(\boldsymbol{R}_x{}^n))$ を定め, K と c_β だけで定まるある定数 M によって, $\|P\| \leqq M$ が成り立つ.

証明　$u \in \mathcal{S}$ とする. 条件 (4.160) により, 次の積分順序の変更は正当で

$$\begin{aligned} &\int_{\boldsymbol{R}^n} |FPu(\xi)|^2 d\xi \\ &= c_n{}^2 \int_K d\xi \int_{\boldsymbol{R}^n} p(\xi, x) u(x) e^{-i\xi x} dx \int_{\boldsymbol{R}^n} \overline{p(\xi, y) u(y)}\, e^{i\xi y} dy \\ &= c_n{}^2 \int_{\boldsymbol{R}^n} \int_{\boldsymbol{R}^n} u(x) \overline{u(y)}\, dx dy \int_K p(\xi, x) \overline{p(\xi, y)}\, e^{-i\xi(x-y)} d\xi \end{aligned} \tag{4.163}$$

が成り立つ. ここで (4.161) に注意して ξ に関する部分積分をくりかえせば,

$$\left| \int_K p(\xi, x) \overline{p(\xi, y)}\, e^{-i\xi(x-y)} d\xi \right| \leqq \frac{c}{(1+|x-y|)^{n+1}}$$

が得られる. ここで, c は n, K, c_β ($|\beta| \leqq n+1$) のみできまる定数である. この右辺は $z = x-y$ について可積分で, その L^1 ノルム M_1 は n, K, c_β ($|\beta| \leqq n+1$) のみで定まる. したがって, (4.163) と Young の不等式とにより

$$\|FPu\|_{L^2}{}^2 \leqq c_n{}^2 M_1 \|u\|_{L^2}{}^2, \qquad u \in \mathcal{S}(\boldsymbol{R}_x{}^n)$$

が得られる. 命題の主張はこれから容易に導かれる. ▌

系　$p_{r,\pm}$ を (4.159) の通りとすれば, (4.111) によって $P_{r,\pm} \in \mathcal{L}(L^2(\boldsymbol{R}_x{}^n), L^2(\boldsymbol{R}_\xi{}^n))$ が定まり, 定理 4.13 の (a), (b) が成り立つ.

証明 命題4.16と命題4.17とを組み合わせればよい. ▮

以下, $P_{r,\pm}$ はこのように定義されるものとする.

(4.111) に (4.159) を代入すると, 反復積分は絶対収束する ($u\in L^2\cap L^1$). そこで積分の順序を交換すれば, $P_{r,\pm}u$ に対する次の表式が得られる.

$$(4.164)\qquad (FP_{r,\pm}u)(\xi)=c_n\int_{|y|\geqq r}g_\pm(\xi,y)\,dy\int_{R^n}\eta(x-y)u(x)e^{-i\xi x}dx$$
$$=\int_{|y|\geqq r}g_\pm(\xi,y)\hat{u}_y(\xi)\,dy,\qquad u\in(L^2\cap L^1)(\boldsymbol{R}_x{}^n).$$

この式は以後しばしば用いるであろう. なお, 一般の $u\in L^2$ に対する $P_{r,\pm}u$ の表式については, 章末の問題4参照.

注意4.6 113ページの注4で述べた (4.115) について考えよう. $u\in L^2\cap L^1$ なる u に対して (4.115) が成り立つことは, (4.164) と (4.148) を使って容易に確かめられる. K の形状によっては (たとえば, K が滑らかな境界をもつ領域である場合には), (4.115) の仮定の部分をみたす $u\in L^2$ は, 同じ仮定をみたす $u_k\in L^2\cap L^1$ で近似されるであろう. そのような場合には, 近似操作により, 任意の $u\in L^2$ に対して (4.115) が証明できる. 一般の K に対する証明は, 章末の問題4参照. ——

上のように定められた $P_{r,\pm}$ に対して, 定理4.13の (c), (d) が成り立つことを証明しよう.

(c) の証明 D_ru は, 形式的には (4.149) の右辺第3項の逆 Fourier 変換で与えられる. u_y に (4.146) を代入した形を考え, 改めて次のようにおく.

$$(\tilde{D}_ru)(x)=\eta_r(x)u(x),\qquad u\in L^2(\boldsymbol{R}_x{}^n),$$
$$\eta_r(x)=\int_{|y|\leqq r}\eta(x-y)\,dy.$$

明らかに $\tilde{D}_r\in\mathscr{L}(L^2(\boldsymbol{R}_x{}^n))$ である. まず

$$(4.165)\qquad \hat{u}-F\tilde{D}_ru=FP_{r,+}u+FP_{r,-}u,\qquad \forall u\in X_{a,b}$$

であることを示そう. それには, $u\in X_{a,b}\cap\mathscr{S}$ として (4.165) を示せば十分である. (なぜならば, ξ 空間で考えると, $L^2(\Omega_{a,b})\cap C_0^\infty(\Omega_{a,b})\equiv Y_{a,b}$ が $L^2(\Omega_{a,b})$ で稠密であることは周知. 一方, $F^{-1}Y_{a,b}\subset X_{a,b}\cap\mathscr{S}$ だから $X_{a,b}\cap\mathscr{S}$ は $X_{a,b}$ で稠密である.)

さて，$u\in\mathcal{S}$ のとき

$$\hat{u}(\xi)=c_n\int_{R^n}e^{-i\xi x}dx\int_{R^n}\eta(x-y)u(x)dy$$

であることに注意すれば，(4.146) の u_y を用いて

$$\hat{u}(\xi)-F\tilde{D}_r u(\xi)=c_n\int_{R^n}e^{-i\xi x}dx\int_{|y|\geqq r}u_y(x)dy \tag{4.166}$$

$$=\int_{|y|\geqq r}\hat{u}_y(\xi)dy$$

が得られる．さらに $u\in X_{a,b}$ だから，(4.148) により $\mathrm{supp}\,\hat{u}_y\subset K_{a-\varepsilon/4,b+\varepsilon/4}$，したがって (4.157) により $\mathrm{supp}\,\hat{u}_y$ の上では $g_+(\xi,y)+g_-(\xi,y)=1$ である．(4.166) の右辺にこれを代入し，$u\in\mathcal{S}$ だから (4.164) が成り立つことに留意すれば，(4.165) が得られる．

D_r を定理 4.13 の (c) の通りとすれば，(4.165) により $D_r=\tilde{D}_r P_{a,b}$ である．したがって，D_r がコンパクトであることを示すには，$\tilde{D}_r P_{a,b}F^{-1}=\tilde{D}_r F^{-1}\chi_{K_{a,b}}$ が Hilbert-Schmidt 型であることを示せば十分．$\tilde{D}_r F^{-1}\chi_{K_{a,b}}$ は

$$c_n\eta_r(x)e^{i\xi x}\chi_{K_{a,b}}(\xi)$$

を積分核とする積分作用素である．そして，$\eta\in\mathcal{S}$ から $\eta_r\in\mathcal{S}\subset L^2$ が従い (証明は容易だから確かめよ)，また $\chi_{K_{a,b}}\in L^2$ だから上の積分核は Hilbert-Schmidt 型である．これで，(c) が証明された．∎

(d) の (4.109) の証明　＋に対して証明する．－に対する証明も同様．

r,t はとめて考えるのだから，$u\in\mathcal{S}(\boldsymbol{R}_x{}^n)$ に対して

$$\|\chi_{\{|x|\leqq\delta(r+t)\}}e^{-itH_1}q(-iD)P_{r,+}u\| \leqq c_{m,q}(1+r+t)^{-m}\|u\|,\qquad t\geqq 0 \tag{4.167}$$

(ただし $c_{m,q}$ は r,t に無関係) が成り立つことを示せば十分．(4.164) により，$u\in\mathcal{S}(\boldsymbol{R}_x{}^n)$ のとき

$$q(\xi)FP_{r,+}u(\xi)=\int_{|y|\geqq r}(\Psi_{y,+}u)(\xi)dy, \tag{4.168}$$

$$\Psi_{y,+}u(\xi)=q(\xi)g_+(\xi,y)\hat{u}_y(\xi). \tag{4.169}$$

ここで，$q(\xi)g_+(\xi,y)$ は有界だから ((4.156) による)，$\Psi_{y,+}u\in L^2$ であり，$\Psi_{y,+}\in\mathcal{L}(L^2(\boldsymbol{R}_x{}^n),L^2(\boldsymbol{R}_\xi{}^n))$ とみなせる．しかも，(4.156) によれば，$\mathrm{supp}\,\Psi_{y,+}u$ はコンパクトである．そこで，$e^{-itH_1}F^{-1}\Psi_{y,+}u$ を (4.86) を用いて評価する．ただし，

$x_0=y$ とし $\mathcal{O}$ は次の命題の証明の中で定める．まず結果を述べよう．

命題 4.18　次の関係が成り立つような $\delta>0$ が存在する．

$$|(e^{-itH_1}F^{-1}\Psi_{y,+}u)(x)| \leqq \frac{c_{m,q}}{(1+|y|+t)^m}\|u\|, \tag{4.170}$$

$$t\geqq 0,\quad |x|\leqq \delta(r+t),\quad |y|\geqq r.$$

証明　第1段　まず不等式

$$\|(x-y)^\alpha F^{-1}\Psi_{y,+}u\| \leqq c_{\alpha,q}\|u\| \qquad (c_{\alpha,q} \text{ は } y \text{ に無関係}) \tag{4.171}$$

が成り立つことを示そう．$(x-y)^\alpha$ は ξ 空間では $(iD_\xi-y)^\alpha$ になる．ところが，$(iD_\xi-y)^\alpha(e^{-i\xi y}f)=e^{-i\xi y}(iD_\xi)^\alpha f$ であるから，(4.169)，(4.147) により

$$\|(x-y)^\alpha F^{-1}\Psi_{y,+}u\|$$
$$=c_n\left\|\int_{\boldsymbol{R}^n} D_\xi{}^\alpha[q(\xi)g_+(\xi,y)\hat{\eta}(\xi-\xi')]e^{i\xi' y}\hat{u}(\xi')d\xi'\right\|_{L^2(\boldsymbol{R}_\xi{}^n)}.$$

ここで，$\mathrm{supp}\, g_+\subset\{\xi\in K_{a-\varepsilon/2,b+\varepsilon/2}\}$，$\mathrm{supp}\,\hat{\eta}\in B_{\varepsilon/4}$ だから，上式の右辺で L^2 ノルムを計算するときの ξ に関する積分は $K_{a-3\varepsilon/4,b+3\varepsilon/4}$ 上の積分と考えてよい．そこで，Leibniz の公式と Young の不等式を用い，(4.158) に注意すれば，上式の右辺は次の量を越えないことがわかり，(4.171) が示される：

$$c\sum_{0\leqq\beta\leqq\alpha}\sup_{\xi\in K_{a-3\varepsilon/4,b+3\varepsilon/4}}|D_\xi{}^\beta[q(\xi)g_+(\xi,y)]|\,\|D^{\alpha-\beta}\hat{\eta}\|_{L^1}\|\hat{u}\|_{L^2}\leqq c_{\alpha,q}\|u\|.$$

第2段　さて，(4.169) と (4.156) とにより

$$\mathrm{supp}\,\Psi_{y,+}u\subset\{\xi\in K_{a-\varepsilon/2,b+\varepsilon/2}\,|\,\cos\theta(\xi,y)\geqq-\sigma_0\}\equiv K_y \tag{4.172}$$

である．そこで，$\sigma_0<\sigma_1<1$ なるある σ_1 をとり[1)]

$$\mathcal{O}_y=\{\xi\,|\,2a-3\varepsilon/2<|\xi|,\cos\theta(\xi,y)>-\sigma_1\}$$

とおけば，$\mathcal{O}_y\supset 2K_y$ である．そこで，補題 4.2 を $x_0=y$，$K=K_y$，$\mathcal{O}=\mathcal{O}_y$ として適用する．いま，次の (4.173) をみたすような正数 δ が存在することが示せたとしよう (図 4.2 参照)：

$$\begin{cases} |y|\geqq r \quad (y\in\boldsymbol{R}^n,\ r>0) \quad \text{ならば} \\ \{x\,|\,|x|\leqq\delta(r+t)\}\subset\boldsymbol{R}^n\setminus(y+t\mathcal{O}_y), \qquad \forall t>0. \end{cases} \tag{4.173}$$

そうすれば，(4.86) と (4.171) とにより

$$|(e^{-itH_1}F^{-1}\Psi_{y,+}u)(x)|\leqq c_{m,q}(1+t+|x-y|)^{-m}\|u\|, \tag{4.174}$$

---

1)　(4.109) を証明するだけなら 119 ページの $\sigma_0<\sqrt{3}/2$ という制限は不要で，$0<\sigma_0<\sigma_1<1$ としておけばよい．

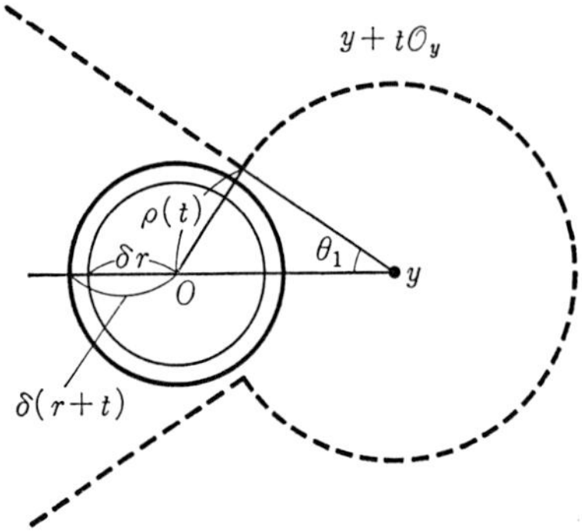

図4.2　破線の外側が $y+t\mathcal{O}_y$

$$t \geqq 0,\ \ |x| \leqq \delta(r+t),\ \ |y| \geqq r$$

が得られる．ところが，t, x, y が上の副条件をみたすとき，$1+|x-y|+t \geqq 1+|y|-|x|+t \geqq 1+|y|-\delta(r+t)+t \geqq 1+(1-\delta)|y|+(1-\delta)t$ であるから，(4.173) で $\delta<1$ なるように δ をとっておけば，(4.174) から (4.170) が従う．

第3段　(4.173) をみたすような $\delta>0$ が存在することは，平面上の初等的計算で確かめられる．すなわち，θ_1, $\rho(t)$ を図4.2のようにとり ($\theta_1=\cos^{-1}\sigma_1$), $\nu=2a-3\varepsilon/2$ とおく．簡単な考察で

$$\delta^2(r+t)^2 < \rho(t)^2 = \nu^2t^2-2\nu t|y|\cos\theta_1+|y|^2, \quad t \geqq 0,\ \ |y| \geqq r \tag{4.175}$$

をみたすような $\delta>0$ が存在することを示せばよいことがわかる．δ が (4.175) をみたすためには，

$$\delta < \frac{\nu\sin\theta_1}{(1+2\nu\cos\theta_1+\nu^2)^{1/2}} \tag{4.176}$$

とすればよい．これは初等的計算だから，読者自ら確かめられたい．∎

(4.109) の証明の続き　(4.170) で m を m' に変え，$\{|x| \leqq \delta(r+t)\}$ 上での L^2 ノルムを考えれば

$$\|\chi_{\{|x|\leqq\delta(r+t)\}}e^{-itH_1}F^{-1}\Psi_{y,+}u\| \leqq \frac{c_{m',q}(r+t)^{n/2}}{(1+|y|+t)^{m'}}\|u\| \tag{4.177}$$

が得られる．ただし，$c_{m',q}$ は (4.170) の $c_{m,q}$ に $(n^{-1}\omega_{n-1}\delta^n)^{1/2}$ (ω_{n-1} は S^{n-1} の表面積) を掛けたものであるが，104ページの約束により，同じ記号 $c_{m',q}$ で表わす．いま $m'>n$ にとれば，右辺は y に関して可積分である．そこで，m' を十分

大きくとっておいて，上式を y に関して積分して (4.167) を得たいのであるが，そのとき少し注意がいる．

(4.168) においては，ξ を固定して y に関して普通の積分を行なったのであるが，右辺を y の $L^2(\boldsymbol{R}_\xi{}^n)$ 値関数 $\Psi_{y,+}u$ の積分とみることはできないであろうか．まず，(4.146) の u_y を y の $L^2(\boldsymbol{R}_x{}^n)$ 値関数とみるとき，u_y が y に関して強連続 ($\|u_{y'}-u_y\|\to 0,\ y'\to y$) であることは容易にわかる (そのためには，$u\in L^2$ で十分．問題5参照)．さらに，$u\in\mathcal{S}(\boldsymbol{R}^n)$ ならば

$$\int_{\boldsymbol{R}^n}\|u_y\|_{L^2}{}^2dy<\infty \tag{4.178}$$

が成り立つ．実際，任意の $l>0$ に対して

$$|y|^{2l}\|u_y\|^2\leqq c_l{}^2\int_{\boldsymbol{R}^n}|\eta(x-y)|^2(|x-y|^{2l}+|x|^{2l})|u(x)|^2dx$$

であるが，$u,\eta\in\mathcal{S}$ だから右辺は有限，したがって $\|u_y\|\leqq c_l|y|^{-l}$ $(\forall l>0)$ であり (4.178) が成り立つ．

さて，(4.169) において，$q(\xi)g_+(\xi,y)$ は ξ,y の有界連続関数であるから，$\hat{u}_y$ の y に関する強連続性から，$\Psi_{y,+}u$ の y に関する強連続性が従う．一方，$u\in\mathcal{S}$ としているから，(4.178) により

$$\int_{\boldsymbol{R}^n}\|\Psi_{y,+}u\|dy\leqq\sup_{\xi,y}|q(\xi)g_+(\xi,y)|\int_{\boldsymbol{R}^n}\|u_y\|dy<\infty.$$

ゆえに，(4.168) の積分は L^2 値連続関数の積分としても絶対収束し，

$$qFP_{r,+}u=\int_{|y|\geqq r}\Psi_{y,+}udy$$

が成り立つことがわかった[1]．このような積分に対しては，有界作用素は積分記号のもとで作用させることができる．いま，$B_{r,t}=\chi_{\{|x|\leqq\delta(r+t)\}}e^{-itH_1}$ とおき上の式に $B_{r,t}F^{-1}$ を作用させて (4.177) を用いれば

$$\begin{aligned}\|B_{r,t}q(-iD)P_{r,+}u\|&\leqq\int_{|y|\geqq r}\|B_{r,t}F^{-1}\Psi_{y,+}u\|dy\\&\leqq c_{m',q}(1+r+t)^{n/2-m'+n}\|u\|.\end{aligned}$$

ここで，$m'\geqq m+3n/2$ ととっておけば (4.167) が得られる．以上で (4.109) の証

1)　(4.168) の右辺が L^2 値関数の積分として有意であるとき，その積分で定義される関数が (4.168) の左辺の関数に等しいことは，確認を要することであるが，それは容易である．

明が完了した. ▌

(d) の (4.110) の証明 はじめに, $P_{r,\pm}{}^*F^{-1}f$ に対する表示を導く. 簡単のため $K=K_{a-\varepsilon/2,b+\varepsilon/2}$ とおく. まず

$$(4.179)\qquad (P_{r,\pm}{}^*F^{-1}f)(x)=c_n\int_K\overline{p_{r,\pm}(\xi,x)}f(\xi)e^{i\xi x}d\xi,\qquad f\in L^2(\boldsymbol{R}_\xi{}^n)$$

が成り立つ. この式は (4.111) から出発し, $\operatorname{supp}p_{r,\pm}\subset\{(\xi,x)\mid\xi\in K\}$ であることに注意すれば直ちに得られる. ただし, 積分領域がコンパクトなので, f は L^2 の任意の要素としてよい. もし, $f\in L^2\cap L^1$ であれば, (4.159) を代入してから積分順序の交換が許され

$$(4.180)\qquad (P_{r,\pm}{}^*F^{-1}f)(x)=\int_{|y|\geqq r}f_{y,\pm}(x)\,dy,\qquad f\in(L^2\cap L^1)(\boldsymbol{R}^n),$$

$$(4.181)\qquad f_{y,\pm}(x)=c_n\overline{\eta(x-y)}\int_K g_\pm(\xi,y)f(\xi)e^{i\xi x}d\xi$$

が得られる. ここで, $f_{y,\pm}$ 自身は任意の $f\in L^2(\boldsymbol{R}_\xi{}^n)$ に対して定義され,

$$f_{y,\pm}\in L^2(\boldsymbol{R}_x{}^n),\qquad \|f_{y,\pm}\|\leqq c\|f\|$$

が成り立つ. さらに, $f_{y,\pm}$ は y の $L^2(\boldsymbol{R}_x{}^n)$ 値関数として強連続である. これらの事実を確かめるのは容易だから読者に任せる. さらに, $q_1(-iD)\in\mathcal{L}(L^2(\boldsymbol{R}_x{}^n))$ だから

$$\Phi_{y,\pm}f=q_1(-iD)f_{y,\pm}$$

とおけば, $\Phi_{y,\pm}\in\mathcal{L}(L^2(\boldsymbol{R}_\xi{}^n),L^2(\boldsymbol{R}_x{}^n))$ であり, $\Phi_{y,\pm}f$ は y について強連続である. そして, (4.147) に類似の公式

$$(4.182)\qquad (F\Phi_{y,\pm}f)(\xi)=c_nq_1(\xi)\int_{\boldsymbol{R}^n}\hat{\bar{\eta}}(\xi-\xi')e^{-iy(\xi-\xi')}g_\pm(\xi',y)f(\xi')d\xi'$$

が成り立つ.

命題 4.19 $f\in\mathcal{S}(\boldsymbol{R}_\xi{}^n)$ のとき, 次の式の右辺の積分は $L^2(\boldsymbol{R}_x{}^n)$ 値連続関数の積分の意味で絶対収束し

$$(4.183)\qquad q_1(-iD)P_{r,\pm}{}^*F^{-1}f=\int_{|y|\geqq r}\Phi_{y,\pm}f\,dy$$

が成り立つ.

証明 (4.182) において右辺の積分を $\varphi_f(\xi,y)$ とおく. $f\in\mathcal{S}$ のとき部分積分をくりかえして

$$(4.184)\qquad |\varphi_f(\xi, y)| \leqq c_{l,f}|y|^{-l}, \qquad |y| \geqq 1,\ \ l=1,2,\cdots$$

を導くことができる．少し詳しくいうと，補題4.2で考えた円錐体 C_k を用い，$y \in C_k$ のときには $\xi_k{}'$ について部分積分を l 回くりかえし，．その上で

$$|D_{\xi_k{}'}{}^l[\hat{\bar{\eta}}(\xi-\xi')g_\pm(\xi', y)f(\xi')]| \leqq c_{l,m}(1+|\xi'|)^{-m}$$

であることを用いればよい．(4.184) を使えば (4.182) から

$$\|F\Phi_{y,\pm}f\|_{L^2} \leqq c_l|y|^{-l}\|q_1\|_{L^2}, \qquad |y| \geqq 1$$

が得られる．よって，$\Phi_{y,\pm}f$ が $L^2(\boldsymbol{R}_x{}^n)$ 値関数として可積分であることがわかった．

(4.183) を証明するため，$u \in \mathscr{S}(\boldsymbol{R}_x{}^n)$ として次の計算を行なう．

$$(4.185)\qquad \left(\int_{|y|\geqq r}\Phi_{y,\pm}f dy, u\right) = \int_{|y|\geqq r}(\Phi_{y,\pm}f, u)dy$$
$$= \int_{|y|\geqq r}(f_{y,\pm}, \bar{q}_1(-iD)u)dy$$
$$= \int_{|y|\geqq r}dy\int_{\boldsymbol{R}^n}f_{y,\pm}(x)\overline{\bar{q}_1(-iD)u(x)}dx.$$

ここで，$u \in \mathscr{S}$ かつ $\mathrm{supp}\, q_1$ はコンパクトだから $\bar{q}_1(-iD)u \in \mathscr{S}$ である．また (4.181) により $|f_{y,\pm}(x)| \leqq c_f|\eta(x-y)|$ である．ゆえに，(4.185) の右辺の反復積分は絶対収束する．そこで，積分の順序を変更し，(4.180) に注意すれば，

$$(4.185)\text{ の右辺} = \int_{\boldsymbol{R}^n}\overline{\bar{q}_1(-iD)u(x)}dx\int_{|y|\geqq r}f_{y,\pm}(x)dy$$
$$= (P_{r,\pm}{}^*F^{-1}f, \bar{q}_1(-iD)u)$$
$$= (q_1(-iD)P_{r,\pm}{}^*F^{-1}f, u).$$

これを (4.185) の左辺と見比べ，$u \in \mathscr{S}$ が任意であることに留意すれば，(4.183) が得られる．▌

さて，(4.110) を ＋ に対して証明しよう．(− に対する証明も同様.) そのためには，命題4.18に対応する次の命題を証明すれば十分である．

命題 4.20　次の関係が成り立つような $\delta>0$ が存在する：

$$(4.186)\qquad |(e^{-itH_1}\Phi_{y,\pm}f)(x)| \leqq \frac{c_{m,q_1}}{(1+|y|+t)^m}\|f\|,$$
$$t \geqq 0,\ \ |x| \leqq \delta(r+t),\ \ |y| \geqq r.$$

——

実際，命題4.20を証明すれば十分であることをみるには，まず，$f \in \mathcal{S}(\boldsymbol{R}_\xi^n)$に対して(4.167)に対応する不等式を証明すれば十分であることに注意し，次に，命題4.19と4.20を用いて，(4.109)の証明の最後の部分と同じ議論をすればよい．

命題4.20の証明　まず，(4.171)に対応する不等式

$$\|(x-y)^\alpha \Phi_{y,\pm} f\| \leqq c_\alpha \|f\|$$

が成り立つ．その証明は，(4.182)を使って，(4.171)の証明と全く同じようにすればよい．次に，(4.182)において，$\mathrm{supp}\, g_+(\cdot, y) \subset K_y$ (K_yは(4.172)の通り)かつ$\mathrm{supp}\, \hat{\eta} \subset \overline{B_{\varepsilon/4}}$，したがって$\mathrm{supp}\, \hat{\hat{\eta}} \subset \overline{B_{\varepsilon/4}}$だから

$$\mathrm{supp}\, F\Phi_{y,\pm} f \subset K_y + \overline{B_{\varepsilon/4}}$$

である．$K_y + \overline{B_{\varepsilon/4}}$を図4.3に示す．いま$d$を図のようにとる．条件$\sigma_0 < \sqrt{3}/2$により$\theta_0 = \cos^{-1} \sigma_0 > \pi/6$, $\sin \theta_0 > 1/2$だから，たしかに$d > (\varepsilon/2) \sin \theta_0 - \varepsilon/4 > 0$である．すなわち，$K_y + \overline{B_{\varepsilon/4}}$の補集合は$O$の左側に'開口部'をもつ．したがって，$2(K_y + \overline{B_{\varepsilon/4}}) \subset \mathcal{O}_y$なる$\mathcal{O}_y$を図のようにとることができる．この$\mathcal{O}_y$は命題4.18の証明で用いたものと同様の形をしているから，命題4.18の証明と全く同様にして(4.186)を証明することができる．∎

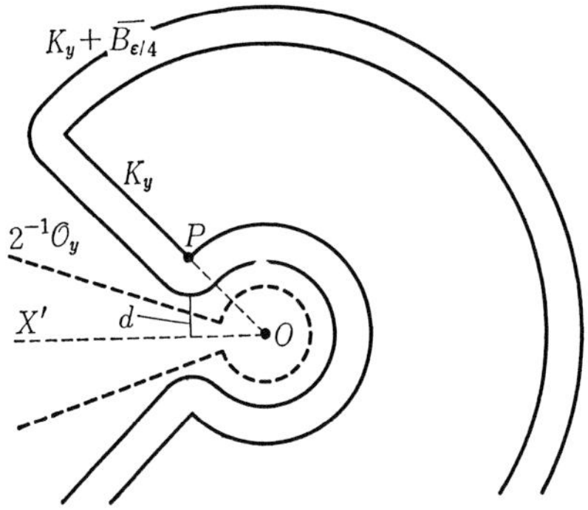

図4.3　yは直線OX'上X'と反対側にある．$\angle POX' = \theta_0$, $\overline{OP} > \varepsilon/2$．太い破線の外側が$2^{-1}\mathcal{O}_y$．

上の証明で，命題4.18と4.20は別々に証明したから，両方のδは同じとは限らないが，小さい方をとれば定理4.13の(d)が成り立つ．

以上で，定理4.13が完全に証明された．

附録　部分等長作用素について

X, Y は Hilbert 空間とし，$W \in \mathcal{L}(X, Y)$ とする．

定義 4.4　W が X のある閉部分空間 M の上で等長，$M^{\perp}$ の上で 0 であるとき，すなわち

$$\|Wu\| = \begin{cases} \|u\|, & \forall u \in M, \\ 0, & \forall u \in M^{\perp} \end{cases} \tag{4.187}$$

が成り立つとき，W は X から Y への**部分等長作用素** (partially isometric operator) であるという．M を W の**始集合**とよび，W の値域 $N=\mathcal{R}(W)$ を W の**終集合**とよぶ．

注 1　N は Y の閉部分空間である．

注 2　$M=X$ のとき，W は**等長作用素**であるという．$M=X$, $N=Y$ ならば，W は X から Y へのユニタリ作用素である．一般に，$W|_M$ は M から N へのユニタリ作用素である．——

以下，閉部分空間 L への射影作用素を P_L で表わす．

命題 4.21　W が始集合 M の部分等長作用素ならば

$$(Wu, Wv) = (P_M u, P_M v) = (P_M u, v), \qquad \forall u, v \in X \tag{4.188}$$

が成り立つ．——

証明は (4.187) より明らかである．

定理 4.14　W が始集合 M の部分等長作用素であるための必要十分条件は

$$W^* W = P_M \tag{4.189}$$

が成り立つことである．そのとき，W^* は始集合 $N=\mathcal{R}(W_+)$，終集合 M の部分等長作用素である．特に，

$$W W^* = P_N \tag{4.190}$$

が成り立つ．

証明　(4.189) が必要であることは (4.188) から明らか．逆に，(4.189) が成り立っているとすると，

$$\|Wu\|^2 = (W^* Wu, u) = (P_M u, u) = \|P_M u\|^2$$

となるから (4.187) が成り立つ．次に，$v \in N=\mathcal{R}(W)$ とすると，$v=Wu$ と書ける．そして，(4.189) と (4.188) により

$$\|W^* v\|^2 = \|P_M u\|^2 = \|Wu\|^2 = \|v\|^2$$

が成り立つ．一方，一般に $v \in \mathcal{R}(W)^{\perp}$ ならば $W^*v=0$ である．これで W^* が始集合 N，終集合 M の部分等長作用素であることがわかった．▌

問　　題

1　条件 (4.68) はある $z \in \rho(H_1) \cap \rho(H_2)$ に対して成り立てば，任意の $z \in \rho(H_1) \cap \rho(H_2)$ に対して成り立つことを示せ．

2　$V(x)$ は，ある $\varepsilon>0$ に対して，条件

$$V(x)(1+|x|)^{-(n/2-1-\varepsilon)} \in L^2(\boldsymbol{R}^n)$$

をみたすとする．$H_1=-\Delta$ とし，H_2 は $(-\Delta+V)|_{C_0^\infty(\boldsymbol{R}^n)}$ の任意の自己共役な拡張とする．そのとき，$W_\pm(H_2, H_1)$ が存在することを証明せよ．

注　上の条件より，$V \in L_{\mathrm{loc}}{}^2(\boldsymbol{R}^n)$ である．したがって $-\Delta+V$ は $C_0{}^\infty(\boldsymbol{R}^n)$ 上で定義される．自己共役な拡張の存在は命題 2.2″ により保証されている．$n \leqq 3$ ならば自己共役な拡張は一意的であるが，n が大きいときは一意とは限らない．$n \geqq 8$ の場合，無数の自己共役な拡張をもつ例がある (文献 [9] 参照)．

3　H は Hilbert 空間 X における自己共役作用素とし，F は H-コンパクトであるとする．そのとき，

$$\lim_{T\to\infty} \frac{1}{T}\int_0^T \|Fe^{-itH}u\|dt = 0, \qquad \forall u \in X_p(H)^{\perp}$$

が成り立つことを証明せよ．特に，$X=L^2(\boldsymbol{R}^n)$ とし，V は対称で $(-\Delta)$-コンパクト，$H=-\Delta+V$ とするとき，

$$\lim_{T\to\infty} \frac{1}{T}\int_0^T \|\chi_{\{|x|<R\}}e^{-itH}u\|dt = 0, \qquad \forall R>0,\ u \in X_p(H)^{\perp}$$

が成り立つ．これを確かめよ． (D. Ruelle (1969), W. Amrein-V. Georgescu (1973))

4　定理 4.13 の証明で構成した $P_{r,\pm}$ について，次のことを証明せよ．

(i)　任意の $u \in L^2(\boldsymbol{R}_x{}^n)$ に対して $g_\pm(\cdot, y)\hat{u}_y$ は y の $L^2(\boldsymbol{R}_\xi{}^n)$ 値関数として強連続であり，$P_{r,\pm}u$ は次のように表わされる．

$$(FP_{r,\pm}u)(\xi) = \operatorname*{l.i.m.}_{L\to\infty} \int_{r\leqq|y|\leqq L} g_\pm(\xi, y)\,\hat{u}_y(\xi)\,dy.$$

(ii)　任意の可測集合 $K \subset \boldsymbol{R}_\xi{}^n$ に対して (4.115) が成り立つ．

(iii)　$\operatorname*{s-lim}_{r\to\infty} P_{r,\pm} = 0, \qquad \operatorname*{s-lim}_{r\to\infty} P_{r,\pm}{}^* = 0.$

注　(iii) を示すのに (i) の結果を使う必要は必ずしもない．

5　$u \in L^2(\boldsymbol{R}^n)$ とし，u_y を (4.146) で定義する．そのとき，u_y は y に関して強連続であることを証明せよ．

第5章　定常的方法と固有関数展開

§5.1　まえおき

前章のはじめに述べたように，定常的な方法は，レゾルベントの実軸上での境界値の研究を通じて，スペクトルの性質を研究する方法である．はじめに，レゾルベントの境界値が関係してくる理由を直観的に述べておこう．

3次元空間における Schrödinger 作用素 $H_1=-\triangle$，$H_2=-\triangle+V$ を考える．H_1 は一般化された固有関数系 $\{\varphi_1(x,\xi)\}_{\xi\in R^3}$ をもつ．すなわち

$$\varphi_1(x,\xi)=(2\pi)^{-3/2}e^{i\xi x}, \tag{5.1}$$

$$-\triangle_x\varphi_1(x,\xi)=\xi^2\varphi_1(x,\xi). \tag{5.2}$$

この固有関数系は L^2 には属しないから，真の固有関数ではないが，Fourier 変換の核になるという意味で，‘直交性’および‘完全性’の条件をみたす．直交性，完全性は，形式的にはそれぞれ

$$\int_{R^3}\varphi_1(x,\xi)\overline{\varphi_1(x,\xi')}dx=\delta(\xi-\xi'),$$

$$\int_{R^3}u(x)\overline{\varphi_1(x,\xi)}dx=0,\ \ \forall\xi\ \Longrightarrow\ u=0$$

と表わされる．次に，H_2 の一般化された固有関数 $\varphi(x,\xi)$，すなわち

$$-\triangle_x\varphi(x,\xi)+V(x)\varphi(x,\xi)=\xi^2\varphi(x,\xi) \tag{5.3}$$

をみたす $\varphi(x,\xi)$ で

$$\varphi(x,\xi)=\varphi_1(x,\xi)+v(x,\xi) \tag{5.4}$$

の形をもつものを求めることを考えよう．ただし，v は $|x|\to\infty$ で小さくなるものと予想している．(5.4) を代入して (5.3) を書き直すと

$$(-\triangle_x-\xi^2)\varphi_1(x,\xi)+(-\triangle_x-\xi^2)v(x,\xi)+V\varphi(x,\xi)=0$$

となるが，左辺第1項は0だから，形式的には

$$v(x,\xi)=(\xi^2+\triangle)^{-1}V\varphi(x,\xi) \tag{5.5}$$

が得られる．いま，$(\xi^2+\triangle)^{-1}$ を

$$(\xi^2+i0+\triangle)^{-1}=\lim_{\varepsilon\downarrow 0}(\xi^2+i\varepsilon+\triangle)^{-1}$$

と解するとき，φ を φ_- と書くことにしよう．$(\xi^2+i0+\triangle)^{-1}$ は，(3.44) の G_0 で $\sqrt{z}$ を $|\xi|$ としたものとのたたみこみとして与えられるであろう．したがって，(5.5) を (5.4) に代入すれば，$\varphi_-(x,\xi)$ は次の積分方程式で複号の下をとったものをみたすであろう．

$$(5.6)\qquad \varphi_\pm(x,\xi)=\varphi_1(x,\xi)-\frac{1}{4\pi}\int_{\boldsymbol{R}^3}\frac{e^{\mp i|\xi||x-y|}}{|x-y|}V(y)\varphi_\pm(y,\xi)\,dy.$$

一方，$(\xi^2+\triangle)^{-1}$ を $(\xi^2-i0+\triangle)^{-1}=\lim_{\varepsilon\downarrow 0}(\xi^2-i\varepsilon+\triangle)^{-1}$ と解するとき，φ を φ_+ と書くことにすれば，(5.6) で複号の上をとった方程式がでてくる．

方程式 (5.6) の解として，たとえば $\{\varphi_+(x,\xi)\}_{\xi\in\boldsymbol{R}^3}$ をもとめ，これと H_2 の本当の固有関数 $\{\varphi_n(x)\}_{n=1,2,\dots}$ とを合わせて，H_2 の (一般) 固有関数の完全系ができないであろうか．これが A. Ya. Povzner (1953)，池部晃生 (文献 [21]) 以来の固有関数展開の問題である．(5.3) は Schrödinger 方程式 (1.1) から時間を分離して得られる定常型 Schrödinger 方程式である．これが，定常的方法という名前の起りであろう．なお，(5.6) は **Lippmann-Schwinger の方程式**とよばれ，固有関数展開定理の中で (5.93) としてでてくる．

注　関数解析・第15章で，一般領域 Ω における $-\triangle+q(x)$ に関する一般展開定理が証明されている．しかし，そこでの測度 ρ_n や固有関数 $\varphi_n(x,\lambda)$ の形は，一般的には千差万別であろう．これと対比する場合，ここでの主旨は，特殊な状況に話を限って，より具体的な展開定理を求めることにある．——

レゾルベントの境界値が登場してくることをみるもう一つの方法は，波動作用素 $W_\pm$ の定義における極限を Abel 型の極限に書き直してみることである．これは定理 5.7 で行なう．その結果，$W_\pm$ は形式的には次のように書ける：

$$(5.7)\qquad W_\pm(H_2,H_1)=\int_0^\infty\{1+VR_2(\lambda\pm i0)\}^*\frac{d}{d\lambda}E_1(\lambda)\,d\lambda$$
$$=\int_0^\infty\frac{d}{d\lambda}E_2(\lambda)\cdot\{1-VR_1(\lambda\pm i0)\}\,d\lambda.$$

ここで，$R_j(\lambda\pm i0)$ は $R_j(z)=R(z\,;H_j)$ の境界値を表わし，また

$$(5.8)\qquad \frac{d}{d\lambda}E_j(\lambda)=\frac{1}{2\pi i}\{R_j(\lambda-i0)-R_j(\lambda+i0)\}$$

とおいた．

定常的な方法のうち，元来の固有関数展開の方法においては，まず一般固有関数の完全系の存在を，たとえばLippmann-Schwingerの方程式を解くことによって証明し，その結果を用いて，H_2 のスペクトルの性質を解明する．一方，ときに抽象的定常理論とよばれる方法においては，(5.7)の右辺を何らかの方法で正確に意味づけることにより，‘定常的波動作用素’を構成し，その性質を用いて H_2 のスペクトルの性質を解明する．両者はたがいに関連する方法である．いずれの場合にも，欲するならばさらに進んで，波動作用素の存在と完全性を証明することができる．

定常的な方法の全貌を紹介するのは残り紙数の関係で無理なので，本章では次の制限のもとでその一端の紹介を試みる．第一に，考察の対象を**3次元**空間における Schrödinger 作用素に限定し，さらにポテンシャル $V(x)$ が次の条件をみたすものと仮定する：

$$
(5.9) \qquad \begin{cases} \text{ある } \delta>2,\ c\geqq 0 \text{ が存在して} \\ |V(x)| \leqq \dfrac{c}{(1+|x|)^{\delta}}. \end{cases}
$$

ここで $\delta>2$ としたのは短距離型の条件より強い制限であるが，固有関数展開まで論じるためには，不自然なものではない．V を有界とし，局所的な特異性を排除したのは証明を簡単にするための技術的理由による．$n=3$ に限るのも同様の理由による．一般の n に対しても，(5.9)で $\delta>(n+1)/2$ とすれば，以下と大体同じ議論ができるが，証明は一部変更を要する．

第二に，本章の議論では，時間を含む方法によって第4章で得た結果を利用する．これは，純粋に定常的な話の進め方ではないが，いわばチャンポン方式をとりながら，定常的な方法にでてくる概念や結果を紹介していき，最後に固有関数展開に至るという目論見である．

以下に述べることの多くは，もっと緩やかな条件のもとで成立するが，そのことは途中ではいちいち述べない．一般の場合に関する説明は，本章の最後にまとめる．

記号の約束 本章では，特に断わらない限り，x 空間の次元は3とし，$L^2(\boldsymbol{R}^3)$ 等の $\boldsymbol{R}^3$ は原則として省略する．また，特に断わらない限り，$\varepsilon>0$ とする．$V(x)$ は実数値可測関数で(5.9)をみたすものとし

(5.10)　$$H_1 = -\Delta,\quad H_2 = -\Delta + V,\quad \mathcal{D}(H_1) = \mathcal{D}(H_2) = H^2,$$

(5.11)　$$R_j(z) = R(z\,;H_j),\quad j=1,2$$

とおく．$L^{2,s}$ は§3.2, b) で定義した重みつき L^2 空間である．簡単のため，

(5.12)　$$\mathcal{L} = \mathcal{L}(L^2),$$

(5.13)　$$\mathcal{L}(s_1, s_2) = \mathcal{L}(L^{2,s_1}, L^{2,s_2}),\quad \mathcal{L}(s) = \mathcal{L}(s,s)$$

とおく．明らかに次の関係が成り立つ：

$$\mathcal{L} \subset \mathcal{L}(s, -s'),\quad \|A\|_{\mathcal{L}(s,-s')} \leqq \|A\|_{\mathcal{L}},\quad s, s' \geqq 0.$$

$(L^{2,s})^* = L^{2,-s}$ とみなせる．このとき $v \in L^{2,-s}$ に対応する $(L^{2,s})^*$ の要素は，

(5.14)　$$\langle u, v\rangle_{s,-s} = \int_{\boldsymbol{R}^3} u(x)\overline{v(x)}\,dx,\quad u \in L^{2,s},\ v \in L^{2,-s}$$

とおいて，汎関数 $u \mapsto \langle u, v\rangle_{s,-s}$ で与えられる．

§5.2　レゾルベントの境界値

a) $R_1(\lambda \pm i0)$ の存在

レゾルベント $R_1(\lambda \pm i\varepsilon)$ で $\lambda > 0$ を固定し，$\varepsilon \downarrow 0$ とするとき，$\mathcal{L}$ においては極限は存在しない．$\mathcal{L}$ より広い $\mathcal{L}(s, -s')$ においてはどうであろうか．$R_1(z)$ は $\mathcal{L}(s, -s')$ $(s, s' \geqq 0)$ の作用素とみなすこともできるが，そうみるときも，誤解のおそれがない限り同じ記号 $R_1(z)$ を用いる．次の定理が成り立つ．

定理 5.1　$s > 3/2$, $s' > 1/2$ とするとき，$\mathcal{L}(s, -s')$ における極限

(5.15)　$$R_1(\lambda \pm i0) = \lim_{\varepsilon \downarrow 0} R_1(\lambda \pm i\varepsilon),\quad \lambda \in \boldsymbol{R}^1$$

が存在する．ここで，収束は $\boldsymbol{R}^1$ 上で広義一様である．$\mathcal{L}(s, -s')$ の作用素として $R_1(\lambda \pm i0)$ は次のように表わされる：

(5.16)　$$R_1(\lambda \pm i0)u(x) = -\frac{1}{4\pi}\int_{\boldsymbol{R}^3} \frac{e^{\pm i\sqrt{\lambda}|x-y|}}{|x-y|}u(y)\,dy.$$

注 1　$\lambda < 0$ のとき $R_1(\lambda + i0) = R_1(\lambda - i0) = R_1(\lambda)$ である．また，次に述べる証明から，$R_1(0+i0) = R_1(0-i0)$ であることもわかる．$\lambda > 0$ なら $R_1(\lambda + i0) \neq R_1(\lambda - i0)$．

注 2　$\Pi_{(0,\infty)}$ をカット $(0, \infty)$ をもつ複素平面とする．すなわち，$\boldsymbol{C}$ に $(0, \infty)$ に沿ってカットを入れ，$(0, \infty)$ 上の点は，上側からの境界点 $\lambda + i0$ と下側からの境界点 $\lambda - i0$ とに分離して考えたものが $\Pi_{(0,\infty)}$ である．このとき，$z = \lambda \pm i0$ を含めて考えて，$R_1(z)$ は $\Pi_{(0,\infty)}$ 上の $\mathcal{L}(s, -s')$ 値連続関数となり，$\Pi_{(0,\infty)}$ の内部では $\mathcal{L}(s, -s')$ 値関数として正則である．実際，内部での正則性は明らか．また，境界までこめて連続になることは，(5.15) の収束

が広義一様であることからわかる.

証明 $R_1(\lambda+i0)$ について考える. $z=\lambda+i\varepsilon$ とし, $R_1(z)$ を

(5.17) $$R_1(z)=(1+|x|^2)^{s'/2}T_1(z)(1+|x|^2)^{s/2},$$

(5.18) $$T_1(z)=(1+|x|^2)^{-s'/2}R_1(z)(1+|x|^2)^{-s/2}$$

と書く. ここで, $(1+|x|^2)^{s/2}$ は $L^{2,s}$ から L^2 へのユニタリ作用素, $(1+|x|^2)^{s'/2}$ は L^2 から $L^{2,-s'}$ へのユニタリ作用素であるから, $R_1(z)$ が $\mathcal{L}(s,-s')$ で極限をもつことは, $T_1(z)$ が $\mathcal{L}$ で極限をもつことと同値である. $T_1(z)$ は積分作用素でその積分核は

(5.19) $$k(x,y\,;z)=-(1+|x|^2)^{-s'/2}\frac{e^{i\sqrt{z}\,|x-y|}}{4\pi|x-y|}(1+|y|^2)^{-s/2},\qquad \mathrm{Im}\sqrt{z}>0$$

である. この積分核は, $\varepsilon=0$ すなわち $z=\lambda$ のときにも定義できる. その場合も含めて, $k(x,y\,;z)$ が Hilbert-Schmidt 型であることを示そう. $s>3/2$ であることを用いれば,

$$\int_{R^3}\frac{dy}{|x-y|^2(1+|y|^2)^s}\leqq\frac{c}{1+|x|^2}$$

であることが容易にわかる(章末の問題1参照). ゆえに, $s'>1/2$ だから

(5.20) $$\int_{R^3}\int_{R^3}|k(x,y\,;z)|^2dxdy\leqq c\int_{R^3}\frac{dx}{(1+|x|^2)^{1+s'}}<\infty$$

が得られ, $k(x,y\,;z)$ が Hilbert-Schmidt 型であることがわかった. また, この評価と Lebesgue の収束定理により

$$\lim_{z'\to z}\int_{R^3}\int_{R^3}|k(x,y\,;z')-k(x,y\,;z)|^2dxdy=0$$

であることも直ちにわかる. 特に, $k(x,y\,;\lambda)$ を積分核とする積分作用素を $T_1(\lambda)$ とすれば, $T_1(\lambda)\in\mathcal{L}$ であり

$$\|T_1(\lambda+i\varepsilon)-T_1(\lambda)\|\leqq\|T_1(\lambda+i\varepsilon)-T_1(\lambda)\|_{\mathrm{H.S.}}\longrightarrow 0.$$

こうして, $T_1(\lambda+i\varepsilon)$ が $\mathcal{L}$ で極限をもつことがわかり, $R_1(\lambda+i0)$ の存在が示された. $R_1(\lambda-i0)$ についても同様である. 残りの主張が成り立つことは, 上の $T_1(\lambda)$ の作り方と $T_1(z)$ の連続性から明らかであろう. ▌

証明の系 $z=\lambda\pm i0$ を含めて, $R_1(z)$ は $L^{2,s}$ から $L^{2,-s'}$ への Hilbert-Schmidt 型作用素, したがってコンパクト作用素である: $R_1(z)\in\mathcal{L}_C(s,-s')$. ——

注 上の証明は, $s,s'>1/2$, $s+s'>2$ ならばほとんどそのまま通用する. 定理で $s>3/2$

の場合に限ったのは，後に固有関数展開を考えるとき，$s>3/2$ が必要になるので，あらかじめそうしておくのと，それにより小節 c) 以降の証明が簡単になるからである．

b) 作用素値関数 $G_1(z)$

仮定 (5.9) において $\delta>2$ だから，次の関係をみたす s, s' が存在する：

(5.21)　$$s'>1/2, \quad s=-s'+\delta>3/2, \quad s'\leqq s.$$

以下，s, s' は上の条件をみたすものとし，固定する．このとき，掛け算作用素 $V: u\mapsto Vu$ は

(5.22)　$$V\in\mathcal{L}(-s', s)$$

とみなせることに注意しておく．

簡便のため，134 ページの注 2 で導入した記号 $\Pi_{(0,\infty)}$ を使用する．すなわち，$z\in\Pi_{(0,\infty)}$ のとき，$z\in \boldsymbol{C}\setminus(0,\infty)$ または $z=\lambda\pm i0$, $\lambda>0$ である．いま，

(5.23)　$$G_1(z)=1-VR_1(z), \quad z\in\Pi_{(0,\infty)}$$

とおく．前項で述べたように，$R_1(z)\in\mathcal{L}_C(s, -s')\,(z\in\Pi_{(0,\infty)})$ である．これと (5.22) から

(5.24)　$$G_1(z)\in\mathcal{L}(s), \quad 1-G_1(z)\in\mathcal{L}_C(s)$$

であることがわかる．さらに，$G_1(z)$ は $\Pi_{(0,\infty)}$ 上でノルム連続，$\Pi_{(0,\infty)}$ の内部で正則である．

$G_1(z)$ は以下の理論で基本的な役割りをする．そのもとになるのは，次の命題である．

命題 5.1　$R_j(z)\in\mathcal{L}$ を $\mathcal{L}(s, -s')$ の要素とみなすとき次の公式が成り立つ：

(5.25)　$$R_2(z)G_1(z)=R_1(z), \quad z\in\rho(H_2).$$

注　(5.9) のもとでは $\sigma_{\mathrm{ess}}(H_2)=[0,\infty)$ であることは既知 (§3.3参照)．ゆえに，$z\in\rho(H_2)$ ならば $z\in\boldsymbol{C}\setminus[0,\infty)=\rho(H_1)$ である．

証明　L^2 において

(5.26)　$$1-VR_1(z)=(z-H_2)R_1(z)$$

が成り立つ．この両辺に $R_2(z)$ を作用させれば

(5.27)　$$R_2(z)(1-VR_1(z))=R_1(z)$$

が得られる．これを $L^{2,s}$ の上に制限して考えればよい．▌

$G_1(z)$ が '1＋コンパクト作用素' という形をしていることが大切である．ここで，次の記号を導入する．

(5.28)
$$\mathcal{N}(z) = \mathcal{N}(G_1(z)) = \{u \in L^{2,s} \mid VR_1(z)u = u\},$$

(5.29)
$$\alpha(z) = \dim \mathcal{N}(z), \qquad z \in \Pi_{(0,\infty)}.$$

$\mathcal{N}(z)$ は $VR_1(z) \in \mathcal{L}_C(s)$ の固有値1に対応する固有空間にほかならない．したがって，コンパクト作用素のスペクトル理論(関数解析・第9章参照)により，

(5.30)
$$0 \leqq \alpha(z) < \infty,$$

(5.31)
$$\alpha(z) = 0 \Longrightarrow G_1(z)^{-1} \in \mathcal{L}(s)$$

が成り立つ．

c) $G_1(\lambda \pm i0)$ **と固有値の関係**

以下，この小節の終りまでかけて，$z \neq 0$ のとき，$\alpha(z) \neq 0$ と $z \in \sigma_p(H_2)$ は同値になることを示す．まず，簡単な場合からはじめる．

定理 5.2　$z \in \boldsymbol{C} \setminus [0, \infty)$ のとき，$R_1(z)$ は $\mathcal{N}(z)$ を $\mathcal{N}(z-H_2)$ 全体の上に1対1に写す．特に，$\alpha(z) \neq 0$ は $z \in \sigma_p(H_2)$ と同値で，そのとき H_2 の固有値としての z の多重度は $\alpha(z)$ に等しい．

系　$\mathrm{Im}\, z \neq 0$ ならば $G_1(z)$ は1対1で $G_1(z)^{-1} \in \mathcal{L}(s)$．

証明　(5.26) を $L^{2,s}$ に制限して考えれば(または (5.25) の両辺に $z-H_2$ を作用させて)

(5.32)
$$G_1(z) = (z-H_2)R_1(z)$$

が得られる．これから，$R_1(z)\mathcal{N}(z) \subset \mathcal{N}(z-H_2)$ が従う．また $R_1(z)$ が1対1であることは明らか．次に，任意の $v \in \mathcal{N}(z-H_2)$ をとり $u = (z-H_1)v$ とおく．$(z-H_2)v = 0$ から $u - VR_1(z)u = 0$ が従う．$VR_1(z)u \in L^{2,s}$ だから u も $L^{2,s}$ に属し，上式は $G_1(z)u = 0$ と書ける．ゆえに，$v = R_1(z)u \in R_1(z)\mathcal{N}(z)$，したがって $\mathcal{N}(z-H_2) = R_1(z)\mathcal{N}(z)$ である．系は (5.31) と $\sigma_p(H_2) \subset \boldsymbol{R}$ とから明らか．▌

注意 5.1　定理5.2は H_2 の負の固有値の位置と，作用素値正則関数 $G_1(z)$ の‘零点’との関係を与えるものである．なお，この定理に関する限り，$G_1(z)$ を $\mathcal{L}$ の要素と考えても全く同じ主張が成り立つ．そのとき，命題3.6により $VR_1(z) \in \mathcal{L}_C$ が成り立つことに注意．——

$G_1(\lambda \pm i0)$ に対しても定理5.2と同様の結果が成り立つ(次の定理5.3)．しかし，その証明はずっと複雑で，この話の中心である．

定理 5.3　$\lambda > 0$ とし，L^2 を $L^{2,-s'}$ の部分空間とみなす．そのとき，$R_1(\lambda \pm i0)$ は $\mathcal{N}(\lambda \pm i0)$ を $\mathcal{N}(\lambda - H_2)$ 全体の上に1対1に写す．特に，

(5.33) $$\alpha(\lambda+i0)=\alpha(\lambda-i0)=\dim \mathcal{N}(\lambda-H_2)$$

が成り立つ．したがって，$\alpha(\lambda+i0)\neq 0$ は $\lambda\in\sigma_p(H_2)$ と同値で，そのとき H_2 の固有値としての λ の多重度は $\alpha(\lambda+i0)$ に等しい．$\alpha(\lambda-i0)$ についても同様．

注 後に述べるように，仮定 (5.9) のもとでは

(5.34) $$\sigma_p(H_2)\cap(0,\infty)=\phi$$

が成り立つ．したがって，(5.33) により $\alpha(\lambda\pm i0)=0\ (\lambda>0)$ である．一般の短距離型ポテンシャル (たとえば $V\in SR$) に対しては，(5.34) が成り立つかどうかはわかっていない．しかし，(5.33) は成り立つ．定理5.3を上の形に述べたのはこの理由による．——

定理5.3を証明するために少し準備をする．$u\in L^{2,s}$ $(s>3/2)$ ならば $u\in L^1$ であり，したがって $\hat{u}$ は連続である．以下，

$$S^2=\{(\xi_1,\xi_2,\xi_3)\mid {\xi_1}^2+{\xi_2}^2+{\xi_3}^2=1\}$$

は3次元空間における2次元単位球面を表わすとし，S^2 の点を ω，面積要素を $d\omega$ で表わす．$\xi\in \boldsymbol{R}^3$ の極座標表示を $\xi=\rho\omega$，$\rho>0$，$\omega\in S^2$ と書く．$\rho>0$ を固定して $\hat{u}(\rho\omega)$ を S^2 上の関数とみるとき，それを $\gamma(\rho)\hat{u}$ で表わす：

(5.35) $$(\gamma(\rho)\hat{u})(\omega)=\hat{u}(\rho\omega).$$

$u\in L^{2,s}$ $(s>3/2)$ のとき $\hat{u}$ は連続だから，$\gamma(\rho)\hat{u}\in L^2(S^2)$ とみなせる．

命題5.2 $u,v\in L^{2,s}$，$s>3/2$ とする．そのとき，任意の $\rho>0$ に対して

(5.36) $$(\gamma(\rho)\hat{u},\gamma(\rho)\hat{v})_{L^2(S^2)} =\frac{1}{2\pi^2\rho}\int_{\boldsymbol{R}^3}\int_{\boldsymbol{R}^3}\frac{\sin\rho|x-y|}{|x-y|}u(x)\overline{v(y)}\,dxdy$$

が成り立つ．

注意5.2 (5.19), (5.20) により (5.36) の右辺の積分で $\sin\rho|x-y|$ を1でおきかえたものは絶対収束する．このように，被積分関数がパラメータ ρ に関係しない可積分関数でおさえられるとき，被積分関数は‘ρ に関し一様に可積分’と略称することにする．

証明 $u,v\in L^1$ だから次の式の3重積分は絶対収束し，次の変形ができる：

$$\text{(5.36) の左辺}=\frac{1}{(2\pi)^3}\int_{\boldsymbol{R}^3}\int_{\boldsymbol{R}^3}\int_{S^2}u(x)\overline{v(y)}e^{-i\rho\omega(x-y)}dxdyd\omega$$
$$=\frac{1}{(2\pi)^3}\int_{\boldsymbol{R}^3}\int_{\boldsymbol{R}^3}u(x)\overline{v(y)}\,dxdy\int_{S^2}e^{-i\rho\omega(x-y)}d\omega.$$

ここで極座標を用いれば，$x-y$ の代りに x と書いて

$$\int_{S^2} e^{-i\rho\omega x} d\omega = 2\pi \int_0^\pi e^{-i\rho|x|\cos\theta} \sin\theta d\theta$$

$$= 2\pi \int_{-1}^1 e^{-i\rho|x|t} dt = \frac{4\pi \sin\rho|x|}{\rho|x|}. \quad \blacksquare$$

系 ρ に無関係な定数 c_s により次の関係が成り立つ:

(5.37) $$\|\hat{u}(\rho\omega)\|_{L^2(S^2)} \leqq c_s \|u\|_{L^{2,s}}, \qquad s > 3/2.$$

証明 (5.36) で $|\sin\rho|x-y||\leqq\rho|x-y|$ を用い，$\|u\|_{L^1}\leqq c_s\|u\|_{L^{2,s}}$ $(s>3/2)$ に注意すればよい．$\blacksquare$

命題 5.3 $u\in L^{2,s}$，$s>3/2$，$\rho_0>0$ とし，$\gamma(\rho_0)\hat{u}=0$ と仮定する．そのとき，ある定数 $\eta>0$，$c\geqq0$ によって，次の関係が成り立つ．

(5.38) $$\|\gamma(\rho)\hat{u}\|_{L^2(S^2)}{}^2 \leqq c|\rho-\rho_0|^{1+\eta}.$$

注 一般に，$s>3/2$ ならば

(5.38)′ $$\|\gamma(\rho')\hat{u}-\gamma(\rho)\hat{u}\|^2 \leqq c_{\rho,\rho'}|\rho'-\rho|^2\|u\|_{L^{2,s}}{}^2$$

が成り立つことがわかっている．ここで $c_{\rho,\rho'}$ は ρ, ρ' に関して局所有界にとれる．$s>5/2$ ならば (5.38)′ の証明は難しくない (問題 2 参照)．

証明 いま，

$$f(\rho) = \int_{R^3}\int_{R^3} \frac{\sin\rho|x-y|}{|x-y|} u(x)\overline{u(y)} dxdy,$$

$$g(\rho) = \int_{R^3}\int_{R^3} \cos\rho|x-y|\cdot u(x)\overline{u(y)} dxdy$$

とおく．両式の右辺の被積分関数は共に ρ に関して一様に可積分であるから，積分記号のもとでの微分が許され，

(5.39) $$f'(\rho) = g(\rho)$$

が成り立つ．一方，(5.36) により

$$f(\rho) = 2\pi^2\rho\|\gamma(\rho)\hat{u}\|^2$$

である．ゆえに，$f(\rho)\geqq0$ であり，かつ仮定により $f(\rho_0)=0$ だから，

$$f'(\rho_0) = g(\rho_0) = 0$$

でなければならない．さて，(5.36) を微分し (5.39) を用いれば

(5.40) $$\frac{d}{d\rho}\|\gamma(\rho)\hat{u}\|^2 = (2\pi^2)^{-1}\{-\rho^{-2}f(\rho)+\rho^{-1}g(\rho)\}$$

が得られる．ここで，$f(\rho_0)=0$ かつ $f'=g$ は有界だから，右辺第 1 項において

(5.41) $$0 \leqq \rho^{-2}f(\rho) \leqq c|\rho-\rho_0|, \qquad \rho > \rho_0/2$$

が成り立つ．($f'(\rho_0)=0$ だから実は $\rho^{-2}f(\rho)=o(|\rho-\rho_0|)$.) そこで，ある定数 η, $0<\eta\leqq 1$ と $c\geqq 0$ によって不等式

(5.42) $$|g(\rho')-g(\rho)| \leqq c|\rho'-\rho|^\eta, \qquad \rho, \rho' > 0$$

が成り立つとすれば，(5.40), (5.41) および $g(\rho_0)=0$ と合わせて

$$\frac{d}{d\rho}\|\gamma(\rho)\hat{u}\|^2 \leqq c|\rho-\rho_0|^\eta, \qquad \rho > \rho_0/2$$

が得られる．これを積分し，$\gamma(\rho_0)\hat{u}=0$ を使えば，(5.38) が示される．

(5.42) を証明するために，まず

$$|\cos\rho'|x-y|-\cos\rho|x-y|| \leqq \min(2, |\rho'-\rho||x-y|)$$

から，任意の η, $0\leqq\eta\leqq 1$ に対して

$$|\cos\rho'|x-y|-\cos\rho|x-y|| \leqq 2^{1-\eta}|\rho'-\rho|^\eta|x-y|^\eta$$

が得られることに注意する．これより，

$$|g(\rho')-g(\rho)| \leqq c_\eta|\rho'-\rho|^\eta\int_{R^3}\int_{R^3}(|x|^\eta+|y|^\eta)|u(x)||u(y)|dxdy.$$

ここで，$0<\eta<s-3/2$ ととれば，$|x|^\eta|u(x)|$ は可積分である (Schwarz の不等式による)．ゆえ　，このような η に対して，上式右辺の積分は有限であり，(5.42) が示された．∎

命題 5.4　$u\in L^{2,s}$, $s>3/2$, $\lambda>0$ とし $\gamma(\sqrt{\lambda})\hat{u}=0$ と仮定する．そのとき，L^2 を $L^{2,-s'}$ の部分空間とみて $R_1(\lambda\pm i0)u\in L^2$ であり

(5.43) $$\|R_1(\lambda\pm i\varepsilon)u-R_1(\lambda\pm i0)u\|_{L^2} \longrightarrow 0, \qquad \varepsilon\downarrow 0$$

が成り立つ．

証明　命題の仮定のもとで，$(\lambda-\xi^2)^{-1}\hat{u}(\xi)$ は L^2 に属する．実際，ξ 空間に極座標 (ρ, ω) を導入すると

$$\int_{R^3}\frac{|\hat{u}(\xi)|^2}{|\lambda-\xi^2|^2}d\xi = \int_0^\infty\frac{\rho^2}{|\lambda-\rho^2|^2}\|\gamma(\rho)\hat{u}\|_{L^2(S^2)}{}^2d\rho$$

であるが，仮定 $\gamma(\sqrt{\lambda})\hat{u}=0$ と命題 5.3 により，右辺の積分は有限である．すなわち，$(\lambda-\xi^2)^{-1}\hat{u}(\xi)\in L^2$ が成り立つ．そこで，$w\in L^2$ を

$$\hat{w}(\xi) = (\lambda-\xi^2)^{-1}\hat{u}(\xi)$$

によって定義する．すると，$\varepsilon\downarrow 0$ のとき

(5.44) $$R_1(\lambda\pm i\varepsilon)u \longrightarrow w \qquad (L^2 \text{ における収束})$$

が成り立つ．それをみるには，$|(\lambda\pm i\varepsilon-\xi^2)^{-1}\hat{u}(\xi)|\leqq|\hat{w}(\xi)|$ に注意して Lebesgue の収束定理を用いればよい．一方，

$$R_1(\lambda\pm i\varepsilon)u \longrightarrow R_1(\lambda\pm i0)u \qquad (L^{2,-s'} \text{ における収束})$$

だから，$R_1(\lambda\pm i0)u=w\in L^2$ である．(5.43) は (5.44) にほかならない．▌

定理 5.3 の証明 $\lambda+i0$ について証明する．$\lambda-i0$ についても同様．

まず，$R_1(\lambda+i0)$ が $\mathcal{N}(\lambda+i0)$ を $\mathcal{N}(\lambda-H_2)$ の中に 1 対 1 に写すことを示そう．$u\in\mathcal{N}(\lambda+i0)$ とすれば

(5.45) $$u = VR_1(\lambda+i0)u$$

が成り立つ．この両辺は $L^{2,s}$ に属する．いま $R_1(\lambda+i0)u\in L^{2,-s'}\subset L^{2,-s}$ と考え，これと (5.45) との‘内積’を作れば

$$\langle u, R_1(\lambda+i0)u\rangle_{s,-s} = \langle VR_1(\lambda+i0)u, R_1(\lambda+i0)u\rangle_{s,-s}$$

が得られる．ここで，V は実数値だから，右辺は明らかに実数である．ゆえに，左辺の虚部を 0 とおき，(5.16) に注意すれば，

$$\int_{R^3}\int_{R^3}\frac{\sin\sqrt{\lambda}\,|x-y|}{|x-y|}u(x)\overline{u(y)}\,dxdy = 0$$

であることがわかる．よって，(5.36) により $\gamma(\sqrt{\lambda})\hat{u}=0$ である．したがって，命題 5.4 により

$$w \equiv R_1(\lambda+i0)u\in L^2$$

であり，共に L^2 における収束の意味で

$$R_1(\lambda+i\varepsilon)u \longrightarrow w,$$
$$(\lambda-H_1)R_1(\lambda+i\varepsilon)u = u-i\varepsilon R_1(\lambda+i\varepsilon)u \longrightarrow u$$

が成り立つ．これは，

(5.46) $$w\in\mathcal{D}(H_1) \quad \text{かつ} \quad (\lambda-H_1)w = u$$

であることを意味する．(5.45) により $u=Vw$ だから，$(H_1+V)w=\lambda w$ すなわち $w\in\mathcal{N}(\lambda-H_2)$ であることがわかった．また，$w=0$ なら $u=Vw=0$ だから，$R_1(\lambda+i0)$ は $\mathcal{N}(\lambda+i0)$ 上で 1 対 1 である．

次に，任意の $w\in\mathcal{N}(\lambda-H_2)$ は

(5.47) $$w = R_1(\lambda+i0)u, \qquad u\in\mathcal{N}(\lambda+i0)$$

と表わされることを示す．$w\in\mathcal{N}(\lambda-H_2)$ とすれば

$$\hat{w}(\xi) = \frac{1}{\lambda-\xi^2}(Vw)^{\wedge}(\xi) \tag{5.48}$$

である．したがって命題5.4の証明と同じく(Lebesgue の収束定理)，$R_1(\lambda+i\varepsilon)Vw$ は L^2 において w に収束することがわかる．一方，$Vw\in L^{2,\delta}\subset L^{2,s}$ であるから，結局

$$R_1(\lambda+i0)\,Vw = w \tag{5.49}$$

が成り立つ．ここで $Vw=u$ とおけば $w=R_1(\lambda+i0)u$ であり，また上式の両辺に V を作用させれば，$VR_1(\lambda+i0)u=u$，すなわち $u\in\mathcal{N}(\lambda+i0)$ であることがわかる．こうして，(5.47)が成り立つことが証明された．▮

注意5.3 実は任意の $\lambda>0$ に対して，$\mathcal{N}(\lambda+i0)=\mathcal{N}(\lambda-i0)\equiv\mathcal{N}(\lambda)$ であり，$\mathcal{N}(\lambda)$ 上では $R_1(\lambda+i0)$ と $R_1(\lambda-i0)$ は等しい．実際，$u\in\mathcal{N}(\lambda+i0)$ ならば定理5.3の証明の中でみたように $\gamma(\sqrt{\lambda})\hat{u}=0$．したがって，命題5.4の証明のようにして $(R_1(\lambda\pm i0)u)^{\wedge}(\xi)=(\lambda-\xi^2)^{-1}\hat{u}(\xi)$．ゆえに $\mathcal{N}(\lambda+i0)\subset\mathcal{N}(\lambda-i0)$ であり，逆も同様．なお，(5.49)からわかるように V は $\mathcal{N}(\lambda-H_2)$ を $\mathcal{N}(\lambda)$ の上に1対1に写し，そこで $R_1(\lambda\pm i0)$ の逆写像になっている．

d) $R_2(\lambda\pm i0)$ **の存在**

$R_2(\lambda\pm i0)$ の存在を証明するもとになるのは，(5.25) である．

定理5.2の系によれば，$\mathrm{Im}\,z\neq 0$ のとき $G_1(z)$ は1対1であった．まず，$G_1(z)$ の逆を求めておこう．

$$G_2(z) = 1+VR_2(z), \qquad z\in\rho(H_2) \tag{5.50}$$

とおく．$G_2(z)\in\mathcal{L}(s)$ と考える．

命題5.5 $\mathrm{Im}\,z\neq 0$ のとき，$\mathcal{L}(s)$ において $G_1(z)^{-1}=G_2(z)$ である．

証明 (5.26)と同様に L^2 における関係として

$$1+VR_2(z) = (z-H_1)R_2(z)$$

が成り立つ．これと(5.26)とから，L^2 において

$$(1+VR_2(z))(1-VR_1(z)) = (1-VR_1(z))(1+VR_2(z)) = 1.$$

これを $L^{2,s}$ の上に制限して考えればよい．▮

さて，$G_1(z)$ は $\mathcal{L}(s)$ 値関数として $\Pi_{(0,\infty)}$ 上でノルム連続であった．(これは小

1) 実は $Vw\in L^{2,\delta}$ (δ は(5.9)のもので $\delta>2$) である．このことと，後に述べる補題5.1を用いると，ここの証明では命題5.3を使う必要はなくなる．

節 b) のはじめの部分で説明したが，本質的には定理 5.1 による.）さらに，定理 5.2, 5.3 を合わせて考えると，

$$z \in \Pi_{(0,\infty)} \setminus \{\sigma_p(H_2) \cup \{0\}\} \equiv \Pi_{H_2}$$

のとき $G_1(z)$ は 1 対 1 で，$G_1(z)^{-1} \in \mathcal{L}(s)$ であることがわかる．このとき，作用素の一般論から，$G_1(z)^{-1}$ は Π_{H_2} 上でノルム連続である (関数解析・第 6 章，問題 3 参照)．特に，$G_1(z)^{-1} = G_2(z)$ だから，$\lambda > 0$, $\lambda \notin \sigma_p(H_2)$ のとき，$\mathcal{L}(s)$ における極限として

$$G_2(\lambda \pm i0) = \lim_{\varepsilon \downarrow 0} G_2(\lambda \pm i\varepsilon) \tag{5.51}$$

が存在する．一方，(5.25) により

$$R_2(z) = R_1(z)G_1(z)^{-1} = R_1(z)G_2(z), \qquad \mathrm{Im}\, z \neq 0 \tag{5.52}$$

が成り立つ．$R_1(\lambda \pm i0)$ は $\mathcal{L}(s, -s')$ において存在するから (定理 5.1)，(5.51) が成り立つような λ においては，$R_2(\lambda \pm i\varepsilon)$ の極限 $R_2(\lambda \pm i0)$ が $\mathcal{L}(s, -s')$ において存在することになる．

ここで，(5.51) の成立に対する除外集合 $\sigma_p(H_2) \cap (0, \infty)$ がどんなものであるかが関心の的になる．その扱い方には，次の三つのやり方が考えられる．

（I） 仮定 (5.9) のもとでは，(5.34) が成立することがわかっている．すなわち，H_2 は正の固有値をもたない．加藤敏夫 (1959) によるこの結果は，$-\Delta u + Vu = \lambda u$ $(\lambda > 0)$ の解の増大度に関する研究と，2 階楕円型方程式に対する解の一意接続定理 (E. Heinz, H. O. Cordes, N. Aronszajn らによる) を合わせて得られる深い結果である．本講でも当然証明を述べるべきことであるが，紙数の関係で残念ながら割愛せざるを得ない．幸い，参考書 [7] の XIII. 13 節に手頃な解説があるので，興味ある読者はそこを読んで頂きたい．なお，関連文献についても，同書 IV, 352 ページ以下に詳しい．

（II） (I) の結果を使わないにしても，我々は第 4 章で $\sigma_p(H_2) \cap (0, \infty)$ が離散集合であることを知った．これを援用すれば，除外集合は‘大きくない’ことがわかる．

（III） (I), (II) のいずれを援用しないでも，定常論の方法をもう少し押し進めて，$\sigma_p(H_2) \cap (0, \infty)$ が離散的であることを証明できる．このやり方は，V が局所特異性をもち，したがって (5.34) が成り立つかどうかわからない場合にも有

効である．そのような場合に，波動作用素の助けなしに H_2 のスペクトルを解析しようとすれば，このやり方が必要になる．文献 [9], [17] をみられたい．ちなみに，多体問題に対しては，第4章で述べたような完全な形での波動作用素の理論は，現時点ではまだ出来ていない．

さて，本講で証明つきで述べるのは，(II) の方法による離散性までであるが，以下の説明では (I) の結果を借用し，除外集合が空であることが証明されたものとして話を進める．そうすると，本小節前半で述べたことと合わせて，H_2 に対して，次の定理が成り立つことがわかる．

定理 5.4　s, s' は (5.21) をみたすとする．そのとき，$\mathscr{L}(s, -s')$ における極限

(5.53)
$$R_2(\lambda\pm i0) = \lim_{\varepsilon\downarrow 0} R_2(\lambda\pm i\varepsilon), \qquad \lambda>0$$

が存在する．収束は $(0, \infty)$ で広義一様である．$z=\lambda\pm i0$ も含めて，$R_2(z)$ は $\Pi_{(0,\infty)}\setminus\{\sigma_p(H_2)\cup\{0\}\}$ でノルム連続である[1]．$R_1(z)$ と $R_2(z)$ の間には (5.52) が成り立ち，特に

(5.54)
$$R_2(\lambda\pm i0) = R_1(\lambda\pm i0)G_2(\lambda\pm i0), \qquad \lambda>0$$

が成り立つ．——

レゾルベントの境界値の存在は，スペクトルの絶対連続性と結びつく．次に，それを述べよう．

H を Hilbert 空間 X における自己共役作用素とし，$H=\int_{-\infty}^{\infty}\lambda dE(\lambda)$ をそのスペクトル分解とする．(20ページの約束により，E は $E(\Delta)$, $E(\lambda)=E((-\infty, \lambda])$ の両方の意味で使用する.)　$\boldsymbol{R}^1$ の開区間 I に対して，$H|_{E(I)X}$ が絶対連続であるとき，H は I **上で絶対連続**であるという．

定理 5.4′　H は自己共役とし，$R(z)=R(z;H)$ と書く．また，$I\subset\boldsymbol{R}^1$ は開区間とする．次の条件 (i), (ii) をみたす $Y\subset X$ が存在すれば，H は I 上で絶対連続である．

(i)　Y は X で稠密．

(ii)　任意の $u\in Y$ と $\lambda\in I$ に対して極限

$$\lim_{\varepsilon\downarrow 0}(R(\lambda\pm i\varepsilon)u, u) \equiv r_u(\lambda\pm i0)$$

---

1)　(5.34) が正しいとしているから，$\sigma_p(H_2)$ は非正の固有値のみから成る．

が存在し，u を固定するとき，収束は I 上で広義一様である．

証明 $I=(a,b)$ は有界区間であるとして証明する．その他の場合も証明は本質的には変わらない．$H|_{E(I)X}$ に対応する単位の分解を $E_I(\varDelta)$ とする．H が I 上で絶対連続であることを示すためには，任意の $u\in Y$ に対して

$$\tilde{\rho}_u(\lambda)=(E_I(\lambda)E(I)u,E(I)u)$$

が絶対連続であることを示せば十分である(ここで条件(i)を用いた)．一方，定理2.3により $E_I(\varDelta)=E(\varDelta)|_{E(I)X}$ であるから，

$$\rho_u(\lambda)=(E(\lambda)u,u)$$

とおくと，

$$\tilde{\rho}_u(\lambda)=\begin{cases}0, & \lambda\leqq a,\\ \rho_u(\lambda)-\rho_u(a), & a<\lambda<b,\\ \rho_u(b-0)-\rho_u(a), & b\leqq\lambda\end{cases}$$

が成り立つ．ゆえに，$\rho_u(\lambda)$ が (a,b) で絶対連続であることを示せばよい．ρ_u の不連続点はたかだか可算個である．そこで，$c\in(a,b)$ を ρ_u の連続点にとる．もし，$\lambda\in(a,b)$ が ρ_u の連続点ならば，(2.13)と定理の条件(ii)により

$$\rho_u(\lambda)-\rho_u(c)=\frac{1}{2\pi i}\int_c^\lambda\{r_u(\mu-i0)-r_u(\mu+i0)\}\,d\mu$$

が成り立つことがわかる．ところが，この式の左辺は，$\lambda\in(a,b)$ に関して右連続であり，右辺は連続であるから，上式は任意の $\lambda\in(a,b)$ に対して成り立たねばならない．ゆえに，ρ_u は (a,b) で絶対連続である．▮

系 H_2 は $(0,\infty)$ 上で絶対連続である．

証明 定理5.4と定理5.4′を組み合わせればよい．実際，$Y=L^{2,s}$ ととると，$L^{2,s}\subset L^{2,s'}$ だから

$$(R_2(\lambda\pm i\varepsilon)u,u)=\overline{\langle u,R_2(\lambda\pm i\varepsilon)u\rangle}_{s',-s'}$$

とみなすことができ，したがって定理5.4により，定理5.4′の条件(ii)がみたされる．▮

特に，$V=0$ とすれば，H_1 が $(0,\infty)$ 上で絶対連続であることがわかる．一方，$H_1\geqq0$ であり，H_1 は0を固有値としないから，H_1 自身が絶対連続である．このことは，定理3.5(実質的には命題3.2)ですでにわかっていたことであるが，定理5.1と定理5.4′を合わせて証明されると考えてもよい．

注　定理5.4′の条件がみたされるような場合に，H に対して I 上で**極限吸収原理**が成り立つ，ということもある．

e）負の固有値の有限性

ついでに，表記の問題を考察しておく．この小節は，次の定理5.5の主張を理解されれば，その証明はとりあえずとばしてもよい．

定理5.5　仮定(5.9)のもとで，$\dim E_2(0)L^2<\infty$ である．ここで，$E_2(0)=E_2((-\infty,0])$．——

この定理を次の命題5.6と定理5.6にわけて証明しよう．

命題5.6　$$\dim E_2(\{0\})L^2=\dim \mathcal{N}(H_2)<\infty.$$

定理5.6　任意の $a<0$ に対して

$$\dim E_2(a)L^2\leqq\frac{1}{16\pi^2}\int_{\boldsymbol{R}^3}\int_{\boldsymbol{R}^3}\frac{|V(x)||V(y)|}{|x-y|^2}dxdy. \tag{5.55}$$

注　条件(5.9)のもとで，(5.55)の右辺の積分が有限であることは容易にわかる((5.20)前後の議論と同様)．(5.55)の右辺は，H_2 の負の固有値の個数(ただし，一つの固有値をその多重度だけ反復して数える)の上界を与える．——

この補題はここでは不要であったが，紙面の都合でそのまま残す．

補題5.1　$3/2<\sigma<5/2$ のとき次の不等式が成り立つ．

$$|\hat{u}(\xi')-\hat{u}(\xi)|\leqq c_\sigma|\xi'-\xi|^{\sigma-3/2}\|u\|_{L^{2,\sigma}},\qquad \forall u\in L^{2,\sigma}(\boldsymbol{R}^3). \tag{5.56}$$

証明　$u\in L^1$ したがって $\hat{u}$ が連続になることは既知．

$$|e^{-i\xi'x}-e^{-i\xi x}|\leqq\min\{2,|\xi'-\xi||x|\}$$

を用い，$\|u\|_{L^{2,\sigma}}=\|u\|_\sigma$ と書くと

$$\begin{aligned}(2\pi)^{3/2}|\hat{u}(\xi')-\hat{u}(\xi)|&\leqq\int_{\boldsymbol{R}^3}|e^{-i\xi'x}-e^{-i\xi x}||u(x)|dx\\&\leqq 2\int_{|x|\geqq|\xi'-\xi|^{-1}}|u(x)|dx+|\xi'-\xi|\int_{|x|\leqq|\xi'-\xi|^{-1}}|x||u(x)|dx\\&\leqq 2\|u\|_\sigma\left(\int_{|x|\geqq|\xi'-\xi|^{-1}}\frac{dx}{(1+|x|^2)^\sigma}\right)^{1/2}\\&\quad+|\xi'-\xi|\|u\|_\sigma\left(\int_{|x|\leqq|\xi'-\xi|^{-1}}\frac{|x|^2dx}{(1+|x|^2)^\sigma}\right)^{1/2}.\end{aligned}$$

$2\sigma>3$ だから右辺第1項の積分は収束し，その値は $c_\sigma|\xi'-\xi|^{2\sigma-3}$ をこえない．また右辺第2項の積分は $c_\sigma|\xi'-\xi|^{-(5-2\sigma)}$ をこえない(ここで仮定 $2\sigma<5$ を用いる)．

これらを上式の右辺に代入すれば，(5.56) が得られる．▌

命題5.6を示すために，定理5.3の証明の一部は $\lambda=0$ の場合にも成り立つことをみよう．ここで次のようにおく：

$$R_1(0) = R_1(0+i0) = R_1(0-i0) \in \mathcal{L}(s, -s'),$$
$$\mathcal{N}(0) = \mathcal{N}(1-VR_1(0)).$$

命題5.7 写像 $w \mapsto Vw$ は $\mathcal{N}(H_2)$ を $\mathcal{N}(0)$ の中へ1対1に写す．

証明 $H_2 w=0$ から $\hat{w}(\xi)=-|\xi|^{-2}(Vw)^{\hat{}}(\xi)$ がでる．あとは定理5.3の証明の(5.48)以下と全く同様にすればよい．▌

命題5.6の証明 命題5.7と $VR_1(0)$ がコンパクトであることから明らか．▌

注意5.4 $\lambda=0$ の場合には V が $\mathcal{N}(H_2)$ を $\mathcal{N}(0)$ の上へ写すとは限らない．$V\mathcal{N}(H_2) \neq \mathcal{N}(0)$ であるとき，H_2 は $\lambda=0$ に共鳴状態をもつということもある．本書ではこれ以上立ち入らない．

定理5.6の証明は概略にとどめる．$0 \leqq \tau \leqq 1$ なるパラメータ τ を導入して，H_2 と同時に補助的な作用素

$$H(\tau) = H_1 - \tau |V|$$

を考える．ここで，$|V|$ は $|V(x)|$ を掛ける掛け算作用素である．いま，H_2, $H(\tau)$ の負の固有値を多重度の数だけ反復して小さい順にならべたものを，それぞれ

$$\lambda_1 \leqq \lambda_2 \leqq \cdots \leqq 0, \qquad \mu_1(\tau) \leqq \mu_2(\tau) \leqq \cdots \leqq 0$$

とする．ただし，H_2 の負の固有値が(多重度の数だけ反復して数えて)ちょうど N 個あるときには，便宜上 $\lambda_{N+1}=\lambda_{N+2}=\cdots=0$ とおく．これは，0が H_2 の固有値であるかどうかとは全く無関係のことである．$\mu_k(\tau)$ についても同様とする．

さて，(5.55) の右辺の量を M と書くと，証明すべきことは

(5.57) $$\{\lambda_k \leqq a \text{ なる } \lambda_k \text{ の個数}\} \leqq M$$

と表わすことができる．

補題5.2 $\lambda_k \geqq \mu_k(1)$, $k=1,2,\cdots$ が成り立つ．したがって，(5.57) を示すには

(5.57)′ $$\{\mu_k(1) \leqq a \text{ なる } \mu_k(1) \text{ の個数}\} \leqq M$$

であることを証明すれば十分．

補題5.3 各 k に対して，$\mu_k(\tau)$ は τ の単調減少(非増大)連続関数である．

——

これらの補題は，固有値に対する変分原理（**ミニ・マックスの原理**ともいわれる）から容易に導かれるものである．変分原理とは，H_2 の場合でいえば，下から k 番目の固有値 λ_k は次の表式で与えられることをいう（たとえば参考書 [7]，XIII．1節参照）．

$$\lambda_1 = \inf_{0 \neq u \in \mathcal{D}(H_2)} \frac{(H_2 u, u)}{\|u\|^2},$$

$$\lambda_k = \sup_{\varphi_1, \cdots, \varphi_{k-1}} \left[\inf_{\substack{(u, \varphi_j)=0,\, 1 \leqq j \leqq k-1 \\ 0 \neq u \in \mathcal{D}(H_2)}} \frac{(H_2 u, u)}{\|u\|^2} \right], \qquad k = 2, 3, \cdots.$$

変分原理は大事なものであるが，詳細は省略せざるを得ない．しかし，以上のことの証明は，そんなに難しいものではない．

次に，L^2 における作用素として

$$Q(\lambda) = -|V|^{1/2} R_1(\lambda) |V|^{1/2}, \qquad \lambda < 0$$

を考える．$Q(\lambda)$ は Hilbert-Schmidt 型であり

$$\|Q(\lambda)\|_{\mathrm{H.S.}}{}^2 \leqq M$$

であることは直ちにわかる．$\lambda<0$ のとき $R_1(\lambda)$ は負値だから，$Q(\lambda)$ は非負値である．そこで，$Q(\lambda)$ の固有値を大きい順に（多重度だけ反復して）並べたものを

$$\sigma_1(\lambda) \geqq \sigma_2(\lambda) \geqq \cdots \geqq 0$$

としておく．

定理5.2の証明と同じやり方で，次の命題が成り立つことが証明される．

命題 5.8　$w \mapsto \tau^{1/2} |V|^{1/2} w$ は $\mathcal{N}(\lambda - H(\tau))$ を $\mathcal{N}(1 - \tau Q(\lambda))$ の上に1対1に写す．特に，τ が十分小さいときには，

$$\|\tau Q(\lambda)\| \leqq \|\tau Q(\lambda)\|_{\mathrm{H.S.}} = \tau M^{1/2} < 1$$

となるから，τ が十分小さいとき $H(\tau)$ は負の固有値をもたない．――

補題5.3と命題5.8を用いると

(5.58)　$\{\mu_k(1) \leqq a$ なる $\mu_k(1)$ の数$\} = \{\sigma_k(a) \geqq 1$ なる $\sigma_k(a)$ の数$\}$

が成り立つことが示される．精密な検証は略すが，図5.1をみて考え，納得して頂きたい．ところが，

(5.59)　$\{\sigma_k(a) \geqq 1$ なる $\sigma_k(a)$ の数$\} \leqq \sum_k |\sigma_k(a)|^2$

$$= \|Q(a)\|_{\mathrm{H.S.}}{}^2 \leqq M$$

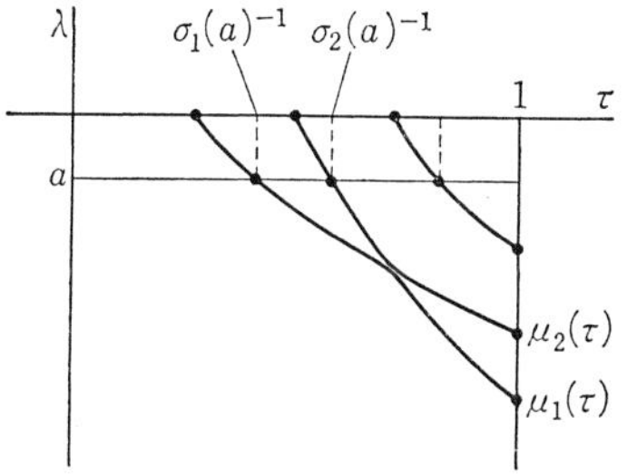

図5.1

である．(5.58), (5.59) により (5.57)′ が示された．▮

§5.3　波動作用素の定常表示

a）まえおき

H_1, H_2 は今まで通りとし，特に V は (5.9) をみたすとする．また，s, s' は (5.21) をみたすように定められているとする．そして，143 ページ (I) で述べた事実は認め，定理 5.4 が成り立っているとして話を進める．特に，H_2 のスペクトルは，$(0, \infty)$ 上では絶対連続である（定理 5.4′ の系）．

定理 5.1, 5.4 では $R_j(z)$ を $\mathcal{L}(s, -s')$ の要素として取り扱った．しかし，$s' \leqq s$ としているから $\mathcal{L}(s, -s') \subset \mathcal{L}(s, -s)$ と考えてよい．本節および次節では，$R_j(\lambda \pm i\varepsilon)$ が単独ででてくるときには，それを $\mathcal{L}$ の要素と考えるか $\mathcal{L}(s, -s)$ の要素と考えるかのいずれかとする．どちらであるかは，内容から明らかなので，いちいち断わらない．

注　$G_1(z) = 1 - VR_1(z)$ を $\mathcal{L}(s)$ の要素と考えるためには，$R_1(z)$ を $\mathcal{L}(s, -s')$ の要素と考えることが必要であった．しかし，定理 5.1, 5.4 が証明された上では，$G_j \in \mathcal{L}(s)$, $R_j \in \mathcal{L}(s, -s)$ と考えて以後の話を進めることができる．——

以下，H_j に対応する単位の分解を $E_j(\lambda)$ と書く．また，$\langle u, v \rangle_{s,-s}$ を簡単に $\langle u, v \rangle$ と書く．

b）スペクトル形式

簡単のため，次のようにおく：

(5.60)　$$\delta_\varepsilon(H_j - \lambda) = (2\pi i)^{-1}\{R_j(\lambda - i\varepsilon) - R_j(\lambda + i\varepsilon)\}, \qquad \lambda \in \boldsymbol{R}^1,\ \varepsilon > 0,$$

(5.61)　$$E_j'(\lambda) = (2\pi i)^{-1}\{R_j(\lambda - i0) - R_j(\lambda + i0)\}, \qquad \lambda > 0.$$

$\delta_\varepsilon(H_j - \lambda)$ は $\mathcal{L}$ または $\mathcal{L}(s, -s)$ の要素と考える．$E_j'(\lambda) \in \mathcal{L}(s, -s)$ である．次

に，$L^{2,s}\times L^{2,s}$ 上の準双線型形式 $f_j(\lambda)$, $f_{j,\varepsilon}(\lambda)$, $\lambda\in\boldsymbol{R}^1$, $\varepsilon>0$, $j=1,2$ を

$$f_j(\lambda;u,v)=\langle u,E_j'(\lambda)v\rangle, \tag{5.62}$$

$$f_{j,\varepsilon}(\lambda;u,v)=\langle u,\delta_\varepsilon(H_j-\lambda)v\rangle \tag{5.63}$$

によって定義する．そして，通例の通り次のように略記する．

$$f_j(\lambda;u)=f_j(\lambda;u,u).$$

$f_{j,\varepsilon}(\lambda;u)$ も同様．$\delta_\varepsilon(H_j-\lambda)$ を $\mathscr{L}$ の要素とみると，次の公式が成り立つ：

$$\begin{aligned} f_{j,\varepsilon}(\lambda;u,v) &= (u,\delta_\varepsilon(H_j-\lambda)v) \\ &= \varepsilon\pi^{-1}(u,R_j(\lambda-i\varepsilon)R_j(\lambda+i\varepsilon)v) \\ &= \frac{\varepsilon}{\pi}\int_{-\infty}^{\infty}\frac{1}{(\lambda-\mu)^2+\varepsilon^2}d(E_j(\mu)u,v). \end{aligned} \tag{5.64}$$

これからわかるように，$f_{j,\varepsilon}$ は非負値である：$f_{j,\varepsilon}(\lambda;u)\geqq 0$．また，定理5.1, 5.4からわかるように，

$$\lim_{\varepsilon\downarrow 0}f_{j,\varepsilon}(\lambda;u,v)=f_j(\lambda;u,v),\qquad u,v\in L^{2,s} \tag{5.64$'$}$$

であり，この収束は $\lambda\in[a,b]$, $0<a<b<\infty$, $\|u\|_{L^{2,s}}\leqq M$, $\|v\|_{L^{2,s}}\leqq M$ なる λ,u,v に関して一様である．特に，次の命題が成り立つ．

命題 5.9　$u,v\in L^{2,s}$, $\lambda>0$ とするとき

$$\lim_{\varepsilon\downarrow 0}f_{1,\varepsilon}(\lambda;G_2(\lambda\pm i\varepsilon)u,v)=f_1(\lambda;G_2(\lambda\pm i0)u,v).$$

ここで，収束は $\lambda\in(0,\infty)$ に関して広義一様である．——

なお，f_1 に対しては，次の表示が成り立つ．

命題 5.10　γ を (5.35) の通りとする．そのとき，

$$\begin{aligned} f_1(\lambda;u,v) &= \frac{1}{4\pi^2}\int_{R^3}\int_{R^3}\frac{\sin\sqrt{\lambda}\,|x-y|}{|x-y|}u(x)\overline{v(y)}dxdy \\ &= 2^{-1}\sqrt{\lambda}\,(\gamma(\sqrt{\lambda})\hat{u},\gamma(\sqrt{\lambda})\hat{v})_{L^2(S^2)}. \end{aligned} \tag{5.65}$$

証明　最初の等号は (5.16) から直ちに得られる．次の等号は (5.36) を書き直しただけである．▮

後に用いるため，二つの命題を用意しておく．

命題 5.11　$u,v\in L^{2,s}$, $\lambda>0$ とするとき

$$f_{1,\varepsilon}(\lambda;G_2(\lambda\pm i\varepsilon)u,G_2(\lambda\pm i\varepsilon)v)=f_{2,\varepsilon}(\lambda;u,v), \tag{5.66}$$

$$f_1(\lambda;G_2(\lambda\pm i0)u,G_2(\lambda\pm i0)v)=f_2(\lambda;u,v). \tag{5.67}$$

添字 1, 2 をとりかえた式も成り立つ.

証明　(5.66) は (5.64) の第 2 行の表式と，(5.52) とを使って次のようにして確かめられる.

$$f_{2,\varepsilon}(\lambda\,;u,v)=\varepsilon\pi^{-1}(u,R_2(\lambda\pm i\varepsilon)^*R_2(\lambda\pm i\varepsilon)v)$$
$$=\varepsilon\pi^{-1}(u,G_2(\lambda\pm i\varepsilon)^*R_1(\lambda\mp i\varepsilon)R_1(\lambda\pm i\varepsilon)G_2(\lambda\pm i\varepsilon)v)$$
$$=f_{1,\varepsilon}(\lambda\,;G_2(\lambda\pm i\varepsilon)u,G_2(\lambda\pm i\varepsilon)v).$$

(5.66) で $\varepsilon\downarrow 0$ とすれば (5.67) が得られる．ただし，ここでも命題 5.9 の直前で述べた (5.64)′ の収束の一様性を使う．1, 2 をとりかえた場合も同様. ▮

注　(5.67) およびそこで 1, 2 をとりかえた式は，形式的には

$$E_2'(\lambda)=G_2(\lambda\pm i0)^*E_1'(\lambda)G_2(\lambda\pm i0),$$
$$E_1'(\lambda)=G_1(\lambda\pm i0)^*E_2'(\lambda)G_1(\lambda\pm i0)$$

と書ける．これは，G_j の境界値と H_j の絶対連続な部分との関係を示唆する式である.

命題 5.12　$0<a<b<\infty$ とし $J=\boldsymbol{R}^1\setminus[a,b]$ とする．$v\in L^{2,s}$ が条件

(5.68)　$$E_1(J)v=0\quad\text{すなわち}\quad E_1([a,b])v=v$$

をみたすならば，任意の $u\in L^{2,s}$ に対して

$$\lim_{\varepsilon\downarrow 0}\int_J f_{1,\varepsilon}(\lambda\,;G_2(\lambda\pm i\varepsilon)u,v)\,d\lambda=0.$$

証明　$f_{1,\varepsilon}$ は非負値だから，'Schwarz の不等式'

$$|f_{1,\varepsilon}(\lambda\,;w,v)|\leqq f_{1,\varepsilon}(\lambda\,;w)^{1/2}f_{1,\varepsilon}(\lambda\,;v)^{1/2}$$

が成り立つ．これと，積分に対する Schwarz の不等式から

$$\left|\int_J f_{1,\varepsilon}(\lambda\,;G_2(\lambda\pm i\varepsilon)u,v)\,d\lambda\right|$$
$$\leqq\left(\int_J f_{1,\varepsilon}(\lambda\,;G_2(\lambda\pm i\varepsilon)u)\,d\lambda\right)^{1/2}\left(\int_J f_{1,\varepsilon}(\lambda\,;v)\,d\lambda\right)^{1/2}$$

が得られる．ゆえに，次の (5.69), (5.70) を証明すれば十分である.

(5.69)　$$\lim_{\varepsilon\downarrow 0}\int_J f_{1,\varepsilon}(\lambda\,;v)\,d\lambda=0,$$

(5.70)　$$\int_J f_{1,\varepsilon}(\lambda\,;G_2(\lambda\pm i\varepsilon)u)\,d\lambda\leqq M\qquad(M\text{ はある定数}).$$

(5.69) の証明　H_1 は絶対連続だから (5.64) から

(5.71)　$$f_{1,\varepsilon}(\lambda\,;v)=\frac{\varepsilon}{\pi}\int_{-\infty}^{\infty}\frac{1}{(\lambda-\mu)^2+\varepsilon^2}\frac{d}{d\mu}(E_1(\mu)v,v)\,d\mu$$

が従う．そこで，$\rho_v(\mu)=(d/d\mu)(E_1(\mu)v,v)$ とおく．$\rho_v\in L^1(\boldsymbol{R}^1)$ である．さらに，半平面に対する Poisson の核

$$P_\varepsilon(\nu)=\frac{\varepsilon}{\pi(\nu^2+\varepsilon^2)}$$

を用いると，(5.71) は

$$f_{1,\varepsilon}(\cdot\,;v)=P_\varepsilon*\rho_v \tag{5.72}$$

と書ける．一般に，$\rho\in L^1(\boldsymbol{R}^1)$ のとき

$$P_\varepsilon*\rho\in L^1,\qquad \|P_\varepsilon*\rho\|_{L^1}\leqq\|\rho\|_{L^1}, \tag{5.73}$$

$$\lim_{\varepsilon\downarrow 0}\|P_\varepsilon*\rho-\rho\|_{L^1}=0 \tag{5.74}$$

が成り立つ．(これは Poisson 積分 $P_\varepsilon*\rho$ の性質としてよく知られていることである．証明は軟化作用素に対する同様の定理 (関数解析・命題 4.7) とほとんど同じだから，読者自ら確かめられたい．または，本講座 "Fourier 解析" 定理 3.3 をみよ.)

いま，仮定 (5.68) により J 上では $\rho_v(\mu)=0$ (a.e.) である．したがって，(5.72) と (5.74) により

$$\begin{aligned}\int_J f_{1,\varepsilon}(\lambda\,;v)\,d\lambda&=\int_J|f_{1,\varepsilon}(\lambda\,;v)-\rho_v(\lambda)|\,d\lambda\\&\leqq\|f_{1,\varepsilon}(\cdot\,;v)-\rho_v\|_{L^1}=\|P_\varepsilon*\rho_v-\rho_v\|_{L^1}\longrightarrow 0.\end{aligned}$$

(5.70) の証明　(5.66) と (5.64) とを用いれば

$$\begin{aligned}0\leqq(5.70)\text{ の左辺}&=\int_J f_{2,\varepsilon}(\lambda\,;u)\,d\lambda\\&=\int_J d\lambda\int_{\boldsymbol{R}^1}P_\varepsilon(\lambda-\mu)\,d(E_2(\mu)u,u)\\&\leqq\int_{\boldsymbol{R}^1}\int_{\boldsymbol{R}^1}P_\varepsilon(\lambda-\mu)\,d\lambda\,d(E_2(\mu)u,u)=\|u\|^2\end{aligned} \tag{5.75}$$

が得られる．ここで，2重積分は絶対収束し，したがって積分の順序は任意であることと，$\int_{\boldsymbol{R}^1}P_\varepsilon(\lambda)\,d\lambda=1$ であることとを用いた．▌

c) 波動作用素の定常表示

$$X_0=\{u\in L^{2,s}\mid\hat{u}\text{ の台が }\boldsymbol{R}^3\setminus\{0\}\text{ でコンパクト}\}$$

とおく．$u\in X_0$ のとき，$0<a<b<\infty$ なるある a,b が存在して，

(5.76) $$|\xi|^2 < a \text{ または } |\xi|^2 > b \implies \hat{u}(\xi) = 0$$

が成り立つ．明らかに，X_0 は L^2 で稠密である．

定理 5.7 $W_\pm = W_\pm(H_2, H_1)$ は次の表示をもつ：

(5.77) $$\begin{aligned}(u, W_\pm v) &= \int_0^\infty f_1(\lambda\,;G_2(\lambda \pm i0)u, v)\,d\lambda \\ &= \int_0^\infty f_2(\lambda\,;u, G_1(\lambda \pm i0)v)\,d\lambda, \qquad \forall u \in L^{2,s},\ \forall v \in X_0.\end{aligned}$$

注 1 f_j の定義 (5.62) によれば，(5.77) の右辺は

$$\int_0^\infty \langle G_2(\lambda \pm i0)u, E_1'(\lambda)v\rangle d\lambda = \int_0^\infty \langle u, E_2'(\lambda)G_1(\lambda \pm i0)v\rangle d\lambda$$

と書ける．これを形式的に書いたものが (5.7) である．

注 2 スペクトル形式を用いる抽象的定常論の一般論については，文献 [27] をみられたい．この節の説明は，一般論への導入も多少意識している．

証明 W_+ について証明する．W_- に対する証明もまったく同様．一般に，$\alpha = \lim_{t\to\infty} f(t)$ が存在するとき，

$$\alpha = \lim_{\varepsilon\downarrow 0} 2\varepsilon \int_0^\infty e^{-2\varepsilon t} f(t)\,dt$$

が成り立つ．これを $f(t) = (u, e^{itH_2}e^{-itH_1}v) = (e^{-itH_2}u, e^{-itH_1}v)$ に適用すれば

(5.78) $$(u, W_+ v) = \lim_{\varepsilon\downarrow 0} 2\varepsilon \int_0^\infty (u(t), v(t))\,dt,$$

(5.79) $$\begin{cases} u(t) = e^{-\varepsilon t}e^{-itH_2}u, & t \geqq 0, \\ v(t) = e^{-\varepsilon t}e^{-itH_1}v, & t \geqq 0 \end{cases}$$

が得られる．そこで

(5.80) $$\begin{aligned}\tilde{u}(\lambda) &= (2\pi)^{-1/2}\int_0^\infty e^{i\lambda t}u(t)\,dt \\ &= (2\pi)^{-1/2} iR_2(\lambda + i\varepsilon)u\end{aligned}$$

とおき，$\tilde{v}(\lambda)$ も同様に定める．L^2 値関数に対する逆 Fourier 変換 $u \mapsto \tilde{u}$ に関しても，Parseval の公式

(5.81) $$\int_{-\infty}^\infty (u(t), v(t))\,dt = \int_{-\infty}^\infty (\tilde{u}(\lambda), \tilde{v}(\lambda))\,d\lambda$$

が成り立つ (証明の後の注参照)．ここで，$u(t), v(t)$ は $t<0$ のときは 0 とした．これを用い，さらに (5.52), (5.64) に注意すれば，(5.78) は次のように変形され

る ($u, v \in L^{2,s}$ に注意)：

$$(u, W_+v) = \lim_{\varepsilon\downarrow 0} \frac{\varepsilon}{\pi}\int_{-\infty}^{\infty} (R_2(\lambda+i\varepsilon)u, R_1(\lambda+i\varepsilon)v)\,d\lambda$$
$$= \lim_{\varepsilon\downarrow 0} \frac{\varepsilon}{\pi}\int_{-\infty}^{\infty} (R_1(\lambda+i\varepsilon)G_2(\lambda+i\varepsilon)u, R_1(\lambda+i\varepsilon)v)\,d\lambda$$
$$= \lim_{\varepsilon\downarrow 0} \int_{-\infty}^{\infty} f_{1,\varepsilon}(\lambda\,; G_2(\lambda+i\varepsilon)u, v)\,d\lambda.$$

さて，仮定により $v \in X_0$ だから (5.76) をみたすような a, b が存在する．ゆえに，v は命題5.12の仮定をみたす．したがって，命題5.12および命題5.9を用いれば

$$(u, W_+v) = \int_a^b f_1(\lambda\,; G_2(\lambda+i0)u, v)\,d\lambda$$

が成り立つことがわかる．ところが，$\lambda \notin [a, b]$ ならば $E_1'(\lambda)v=0$ である．このことは，v が (5.76) をみたすことから容易に確かめられる．ゆえに，上式の右辺で積分は $(0, \infty)$ 上の積分としても同じで，(5.77) の最初の等号が証明された．$G_2(\lambda+i0)=G_1(\lambda+i0)^{-1}$ であることおよび (5.67) を用いれば

$$f_1(\lambda\,; G_2(\lambda+i0)u, v)$$
$$= f_1(\lambda\,; G_2(\lambda+i0)u, G_2(\lambda+i0)G_1(\lambda+i0)v)$$
$$= f_2(\lambda\,; u, G_1(\lambda+i0)v)$$

が得られるから，(5.77) の第2の等号も成り立つ．▌

注　可分な Hilbert 空間 X に値をとる関数 $u(t) \in X$, $t \in \boldsymbol{R}^1$ に対する Fourier 変換の理論は，普通の Fourier 変換の場合とほぼ並行して行なうことができる．しかし，ここでは (5.79) で定義された $u(t), v(t)$ (ただし，$t<0$ では $u(t)=v(t)=0$ とおく) に対して (5.81) が成り立つことを，普通の Fourier 変換に対する Parseval の公式を使って確かめておこう．

L^2 の完全正規直交系 $\{\varphi_k\}_{k\in\boldsymbol{N}}$ を一つとって固定する．そして

$$u_k(t) = (u(t), \varphi_k), \qquad \tilde{u}_k(t) = (\tilde{u}(t), \varphi_k),$$
$$v_k(t) = (v(t), \varphi_k), \qquad \tilde{v}_k(t) = (\tilde{v}(t), \varphi_k)$$

とおく．$\|u(t)\|^2 = \sum |u_k(t)|^2$ だから

$$\sum_k \int_{-\infty}^{\infty} |u_k(t)|^2 dt = \int_{-\infty}^{\infty} \sum_k |u_k(t)|^2 dt = \int_{-\infty}^{\infty} \|u(t)\|^2 dt < \infty,$$

したがって $u_k \in L^2(\boldsymbol{R}^1)$ である．v_k についても同様．さらに，

$$\int_{-\infty}^{\infty}\sum_k |u_k\bar{v}_k|dt \leqq \left(\int_{-\infty}^{\infty}\sum |u_k|^2 dt\right)^{1/2}\left(\int_{-\infty}^{\infty}\sum |v_k|^2 dt\right)^{1/2}$$

だから $\int_{-\infty}^{\infty}\sum_k u_k\bar{v}_k dt$ は絶対収束する．そして，明らかに

$$\int_{-\infty}^{\infty}(u(t),v(t))\,dt = \int_{-\infty}^{\infty}\sum_k u_k(t)\overline{v_k(t)}\,dt = \sum_k\int_{-\infty}^{\infty}u_k(t)\overline{v_k(t)}\,dt \tag{5.82}$$

が成り立つ．一方，

$$\int_{-\infty}^{\infty}\|\tilde{u}(t)\|^2 dt < \infty \tag{5.83}$$

である．これは，ベクトル値関数に対する Fourier 変換の一般論からわかることであるが，今の場合 (5.80) の第2行の形を用いて直接確かめるのは容易である (章末の問題3)．(5.83) を用いて上と同様にすれば，

$$\int_{-\infty}^{\infty}(\tilde{u}(t),\tilde{v}(t))\,dt = \sum_k\int_{-\infty}^{\infty}\tilde{u}_k(t)\overline{\tilde{v}_k(t)}\,dt \tag{5.84}$$

が得られる．ところが，$\tilde{u}_k$ $(\tilde{v}_k)\in L^2(\boldsymbol{R}^1)$ が u_k $(v_k)\in L^2(\boldsymbol{R}^1)$ の逆 Fourier 変換であることは直ちに確かめられる ((5.80) の第1行の両辺と φ_k の内積を作ればよい)．ゆえに，Parseval の公式により (5.82)，(5.84) の右辺は等しい．ゆえに (5.81) が成り立つ．

§5.4　固有関数展開

H_1 の‘一般化された固有関数系’として，(5.1) の $\{\varphi_1(x,\xi)\}_{\xi\in\boldsymbol{R}^3}$ を考える．くりかえすと

$$\varphi_1(x,\xi) = (2\pi)^{-3/2}e^{i\xi x}, \qquad x,\xi\in\boldsymbol{R}^3$$

である．$\varphi_1(x,\xi)$ は次の性質をもつ．

(a)　$\varphi_1(x,\xi)$ は (5.2) をみたす，すなわち H_1 の‘一般化された固有関数’である．

(b)　$\varphi_1(x,\xi)$ は Fourier 変換 F の核である：

$$Fu(\xi) = \underset{R\to\infty}{\text{l.i.m.}}\int_{|x|\leqq R}u(x)\overline{\varphi_1(x,\xi)}\,dx, \qquad u\in L^2.$$

そして，F は H_1 を掛け算作用素 ξ^2 に変換する．

(c)　反転公式

$$u(x) = \underset{L\to\infty}{\text{l.i.m.}}\int_{|\xi|\leqq L}Fu(\xi)\varphi_1(x,\xi)\,d\xi, \qquad u\in L^2$$

が成り立つ．これは，H_1 に関する u の固有関数展開ともいうべきものである．

H_2 に対しても，(a), (b), (c) と類似の性質をもつような一般化された固有関数の完全系が求められないか，というのがこの節の問題である．133ページで述べたように，元来の固有関数展開の方法(文献[21]参照)においては，たとえば積分方程式 (5.6) を解くことによって，まず固有関数の存在を証明するのであるが，ここではいわば逆をいき，前節までの結果をすべて使って，固有関数展開定理を証明する．$W_\pm$ の $\pm$ に応じて，2組の完全系が求められることになる．

$s>3/2$ とすると，$L^\infty\subset L^{2,-s}$ である．したがって

$$\varphi_1(\cdot,\xi)\in L^{2,-s},\qquad \forall\xi\in \boldsymbol{R}^3 \tag{5.85}$$

と考えることができる．(さらに，$\varphi_1(\cdot,\xi)$ が $L^{2,-s}$ 値関数として強連続であることも容易にわかる.) 我々の目的は，H_2 の一般固有関数を $L^{2,-s}$ の中に見出すことにある．なお，(5.85) に着目すると，先に述べた (b) は次のように書けることに注意しておく:

$$Fu(\xi)=\langle u,\varphi_1(\cdot,\xi)\rangle_{s,-s},\qquad \forall\xi\in\boldsymbol{R}^3,\ \ \forall u\in L^{2,s}. \tag{5.86}$$

さて，$G_2(\lambda\pm i0)=1+VR_2(\lambda\pm i0)\in\mathcal{L}(s)$ であったから，$G_2(\lambda\pm i0)^*\in\mathcal{L}(-s)$ とみなせる．そこで

$$\varphi_\pm(\cdot,\xi)=G_2(\xi^2\pm i0)^*\varphi_1(\cdot,\xi),\qquad \xi\in\boldsymbol{R}^3\setminus\{0\} \tag{5.87}$$

とおく．一方，条件 (5.9) のもとで，波動作用素 $W_\pm=W_\pm(H_2,H_1)$ は存在して(強い意味で)完全であった．そこで

$$F_\pm=FW_\pm{}^* \tag{5.88}$$

とおく．

命題 5.13　$F_\pm$ は $X_{ac}(H_2)=E_2((0,\infty))L^2$ を始集合とする $L^2(\boldsymbol{R}_\xi{}^3)$ の上への部分等長作用素であり，

$$F_\pm E_2(\varDelta)=\chi_{\{\xi^2\in\varDelta\}}F_\pm,\qquad \varDelta\subset\boldsymbol{R}^1, \tag{5.89}$$

$$F_\pm H_2=\xi^2F_\pm \tag{5.90}$$

をみたす．ここで，$\chi_{\{\xi^2\in\varDelta\}}$, ξ^2 は掛け算作用素を表わす．

特に，$F_\pm|_{X_{ac}(H_2)}$ は $X_{ac}(H_2)$ から L^2 へのユニタリ作用素で，$H_{2,ac}$ を掛け算作用素 ξ^2 に変換する．

証明　(4.33), (4.34) と Fourier 変換に関する周知の性質 $FE_1(\varDelta)=\chi_{\{\xi^2\in\varDelta\}}F$, $FH_1=\xi^2F$ から直ちに得られる．ただし，(5.90) で $\subset$ よりは強く $=$ が成り立つ

のは，$X_{ac}(H_2)^{\perp}\subset\mathcal{D}(H_2)$ だからである．▮

$F_{\pm}$ は‘摂動された Fourier 変換’とでもよばれるべきものである．H_2 に関する固有関数展開は，$\varphi_{\pm}(x,\xi)$ が $F_{\pm}$ の核になるという事実に基づく．

定理 5.8(**固有関数展開定理**)　(i) $F_{\pm}$ は次のように表わされる：

$$F_{\pm}u(\xi)=\langle u,\varphi_{\pm}(\cdot,\xi)\rangle_{s,-s},\qquad \forall u\in L^{2,s}, \tag{5.91}$$

したがって

$$F_{\pm}u(\xi)=\underset{R\to\infty}{\mathrm{l.i.m.}}\int_{|x|\leqq R}u(x)\overline{\varphi_{\pm}(x,\xi)}\,dx,\qquad \forall u\in L^2. \tag{5.92}$$

(ii) 任意の $\xi\in\boldsymbol{R}^3\setminus\{0\}$ に対して，$\varphi_{\pm}(x,\xi)$ は積分方程式

$$\varphi_{\pm}(x,\xi)=\varphi_1(x,\xi)-\frac{1}{4\pi}\int_{\boldsymbol{R}^3}\frac{e^{\mp i|\xi||x-y|}}{|x-y|}V(y)\varphi_{\pm}(y,\xi)\,dy \tag{5.93}$$

の $L^{2,-s}$ における一意解である．

(iii) $\varphi_{\pm}(x,\xi)$ は $(x,\xi)\in\boldsymbol{R}^3\times(\boldsymbol{R}^3\setminus\{0\})$ において連続，$\boldsymbol{R}^3\times K$ (ただし K は $\boldsymbol{R}^3\setminus\{0\}$ のコンパクト集合)において有界である．また，ξ をとめるとき x について C^1 級であり，超関数の意味で

$$(-\triangle_x+V(x))\varphi_{\pm}(x,\xi)=\xi^2\varphi_{\pm}(x,\xi) \tag{5.94}$$

をみたす．また，$\varphi_{\pm}$ の $|x|\to\infty$ での挙動について次の関係が成り立つ：

$$|\varphi_{\pm}(x,\xi)-\varphi_1(x,\xi)| \leqq\begin{cases} c_{\delta}(1+|x|)^{-(\delta-2)}, & 2<\delta<3,\\ c_3(1+|x|)^{-1}\log(2+|x|), & \delta=3,\\ c(1+|x|)^{-1}, & \delta>3.\end{cases} \tag{5.95}$$

(iv) H_2 の非正の固有値を多重度の数だけ反復して数えて

$$\lambda_1\leqq\lambda_2\leqq\cdots\leqq\lambda_N\leqq 0$$

とし(定理5.5によりそれらは有限個)，対応する固有関数の正規直交系を $\varphi_1,\varphi_2,\cdots,\varphi_N$ とする．そのとき，任意の $u\in L^2$ は次のように表わされる：

$$u(x)=\sum_{k=1}^{N}(u,\varphi_k)\varphi_k(x) + \underset{l\to0,\,L\to\infty}{\mathrm{l.i.m.}}\int_{l\leqq|\xi|\leqq L}F_{\pm}u(\xi)\varphi_{\pm}(x,\xi)\,d\xi. \tag{5.96}$$

$u\in\mathcal{D}(H_2)$ である必要十分条件は $\xi^2(F_{\pm}u)(\xi)\in L^2$ であることで，そのとき

$$(5.97)\qquad H_2u(x) = \sum_{k=1}^{N} \lambda_k (u, \varphi_k) \varphi_k(x) + \underset{l\to 0,\, L\to\infty}{\mathrm{l.i.m.}} \int_{l\leqq|\xi|\leqq L} \xi^2 F_\pm u(\xi) \varphi_\pm(x,\xi)\, d\xi.$$

注 1　(5.96) が u の固有関数展開である．この場合 $\{\{\varphi_k\}_{k=1,\cdots,N}, \{\varphi_+(\cdot,\xi)\}_{\xi\in\boldsymbol{R}^3}\}$，または $\{\{\varphi_k\}_{k=1,\cdots,N}, \{\varphi_-(\cdot,\xi)\}_{\xi\in\boldsymbol{R}^3}\}$ がそれぞれ固有関数の完全系を与えている．$\varphi_\pm(\cdot,\xi)$ と φ_k が‘直交’することは，(5.92) から自動的にでる．なお，$\lambda_k<0$ のとき，

$$|\varphi_k(x)| \leqq c_\eta e^{-(|\lambda_k|-\eta)^{1/2}|x|}, \qquad 0<\eta<|\lambda_k|$$

が成り立つ(定理 6.6 で証明する)．このときもちろん $\varphi_k \in L^{2,s}$ である．

注 2　証明中にもでてくるが，(5.93) にでてくる積分核 $-(4\pi)^{-1}|x-y|^{-1}e^{\mp i|\xi||x-y|}V(y)$ は $\{VR_1(\xi^2\pm i0)\}^*$ の積分核である．したがって，この積分核は $L^{2,-s}$ における Hilbert-Schmidt 型作用素を定める．このことは，定理 5.1 の証明と同様の方法で直接確かめることも容易である．

注 3　今まで，s, s' は (5.21) をみたすとし，便宜上 s, s' を固定して議論を進めてきた．しかし，(5.21) をみたす s, s' は沢山あるから，s が変わるとき $\varphi_\pm$ が変わっては困る．そこを検討しておこう．$s_1<s_2$ ならば，$L^{2,-s_1}\subset L^{2,-s_2}$ である．ところが，(5.93) は $L^{2,-s_1}$ においても $L^{2,-s_2}$ においても一意解をもつというのだから，両者における解は一致せねばならない．すなわち，$\varphi_\pm(\cdot,\xi)$ は s の選び方に関係しない．

注 4　(5.96) の右辺の積分が絶対収束することは容易にわかる(証明中で述べる)．

注 5　$\varphi_1(x,\xi)$ は平面波とよばれる．(5.95) により，$\varphi_\pm$ は $|x|\to\infty$ では近似的に平面波となる．それゆえに，$\varphi_\pm(x,\xi)$ は**変形された平面波** (distorted plane wave) とよばれる．

証明　(i) の証明　(5.92) は (5.91) から直ちに従う．(5.87), (5.88) により (5.91) は次の (5.98) と同値である：

$$(5.98)\qquad FW_\pm^* u(\xi) = \langle G_2(\xi^2\pm i0)u, \varphi_1(\cdot,\xi)\rangle, \qquad \text{a.e. } \xi\in\boldsymbol{R}^3,\ \forall u\in L^{2,s}.$$

$u\in L^{2,s}$ を固定し，$v\in X_0$ を任意にとる．すなわち，v は (5.76) をみたすとする．そのとき，次の変形ができる．

$$\int_{\boldsymbol{R}^3} (W_\pm^* u)^\wedge(\xi)\overline{\hat{v}(\xi)}\, d\xi = (W_\pm^* u, v) = (u, W_\pm v)$$

$$= \int_a^b f_1(\lambda; G_2(\lambda\pm i0)u, v)\, d\lambda \qquad ((5.77)\text{ による})$$

$$= 2^{-1}\int_a^b \sqrt{\lambda}\, (\gamma(\sqrt{\lambda})(G_2(\lambda\pm i0)u)^\wedge, \gamma(\sqrt{\lambda})\hat{v})_{L^2(S^2)}\, d\lambda$$

$$((5.65)\text{ による})$$

$$= \int_{a^{1/2}}^{b^{1/2}} \rho^2 d\rho \int_{S^2} (G_2(\rho^2 \pm i0)u)\hat{\ }(\rho\omega)\overline{\hat{v}(\rho\omega)}d\omega$$

$$= \int_{\boldsymbol{R}^3} \langle G_2(\xi^2 \pm i0)u, \varphi_1(\cdot, \xi)\rangle \overline{\hat{v}(\xi)}d\xi,$$

ただし，最後の変形では，(5.86) を用いた上で $\xi=\rho\omega$ によって ξ による積分に書きかえた．ここで，$\hat{v}$ は台が $\boldsymbol{R}^3\setminus\{0\}$ の中でコンパクトであるものなら何でもよかったから，(5.98) が成り立つ．

(ii) の証明　(5.87) は

$$\begin{aligned}\varphi_1(\cdot, \xi) &= G_2(\xi^2 \pm i0)^{*-1}\varphi_\pm(\cdot, \xi)\\ &= G_1(\xi^2 \pm i0)^*\varphi_\pm(\cdot, \xi)\\ &= \varphi_\pm(\cdot, \xi) - [VR_1(\xi^2 \pm i0)]^*\varphi_\pm(\cdot, \xi)\end{aligned}$$

と同値である．ゆえに，$\varphi_\pm(\cdot, \xi)$ は方程式

$$\varphi_\pm(\cdot, \xi) = \varphi_1(\cdot, \xi) + [VR_1(\xi^2 \pm i0)]^*\varphi_\pm(\cdot, \xi)$$

の $L^{2,-s}$ における解である．この解が一意であることは既知である．(一般に，T がコンパクトのときには，$(1-T)^{-1}$ が存在すれば $(1-T^*)^{-1}$ も存在するが，いま，$(1-VR_1(\xi^2 \pm i0))^{-1} = G_2(\xi^2 \pm i0)$ は存在する.) そこで (5.16) を用いて $[VR_1(\xi^2 \pm i0)]^*$ を書き下せば (5.93) が得られる．

(iii) の証明　$\varphi_\pm(x, \xi)$ の連続性，x についての微分可能性は (5.93) を使って容易に示すことができるから読者に任せる．有界性は (5.95) の証明の際に述べる．$\varphi_\pm$ が (5.94) をみたすことは，積分方程式 (5.93) から導くこともできようが，次のようにしてもよい．任意の $\psi \in C_0^\infty$ に対して

$$\begin{aligned}&\int_{\boldsymbol{R}^3} (\xi^2 - (-\Delta + V))\psi(x)\overline{\varphi_\pm(x, \xi)}dx\\ &= \lim_{\varepsilon \downarrow 0} \langle (\xi^2 - H_2)\psi, G_2(\xi^2 \pm i\varepsilon)^*\varphi_1(\cdot, \xi)\rangle\\ &= \lim_{\varepsilon \downarrow 0} \langle (1 + VR_2(\xi^2 \pm i\varepsilon))(\xi^2 - H_2)\psi, \varphi_1(\cdot, \xi)\rangle\\ &= \lim_{\varepsilon \downarrow 0} \langle (\xi^2 - H_1)\psi \mp i\varepsilon VR_2(\xi^2 \pm i\varepsilon)\psi, \varphi_1(\cdot, \xi)\rangle\\ &= \int_{\boldsymbol{R}^3} \psi(x)(\xi^2 + \Delta)\overline{\varphi_1(x, \xi)}dx = 0.\end{aligned}$$

(5.95) の証明　まず，$\varphi_\pm(x, \xi)$ が $\boldsymbol{R}^3 \times K$ で有界であることをみよう．それに

は (5.93) の右辺第2項を

$$\int_{R^3}\frac{|V(y)|}{|x-y|}|\varphi_\pm(y,\xi)|dy \leqq \|\varphi_\pm(\cdot,\xi)\|_{L^{2,-s}}\left(\int_{R^3}\frac{dy}{|x-y|^2(1+|y|^2)^{\delta-s}}\right)^{1/2}$$

を用いて評価し, $\delta-s=s'>1/2$ であることに注意すればよい．特に $\varphi_\pm(\cdot,\xi)\in L^\infty$ である．そこで，改めて

$$\int_{R^3}\frac{|V(y)|}{|x-y|}dy \leqq c\int_{R^3}\frac{dy}{|x-y|(1+|y|)^\delta}$$

を，章末の問題1を利用して評価すれば，(5.95) が得られる．

(iv) の証明　$I_{l,L}=(l^2,L^2)$ とおく．

$$u=\sum_{k=1}^N(u,\varphi_k)\varphi_k+\lim_{l\to 0,\,L\to\infty}E_2(I_{l,L})u$$

であるから，(5.96) を証明するには

$$E_2(I_{l,L})u(x)=\int_{l\leqq|\xi|\leqq L}F_\pm u(\xi)\varphi_\pm(x,\xi)d\xi \tag{5.99}$$

を証明すればよい．ここで，$F_\pm u\in L^2$ であり $\varphi_\pm(x,\xi)$ はコンパクトな積分範囲上で連続だから，右辺の積分は絶対収束することに注意しておく．同じ理由で，以下にでてくる積分はすべて絶対収束する．

さて，$v\in L^{2,s}$ を任意にとると，次の変形ができる．ここで，第2の等号は (5.89) と $E_2(I_{l,L})L^2$ 上で $F_\pm$ が等長であることによる．また，第3の等号のところで (5.91) を用いる．

$$\begin{aligned}\int_{R^3}E_2(I_{l,L})u(x)\overline{v(x)}dx&=(E_2(I_{l,L})u,v)\\&=\int_{l\leqq|\xi|\leqq L}F_\pm u(\xi)\overline{F_\pm v(\xi)}d\xi\\&=\int_{l\leqq|\xi|\leqq L}F_\pm u(\xi)d\xi\int_{R^3}\overline{v(x)}\varphi_\pm(x,\xi)dx\\&=\int_{R^3}\overline{v(x)}dx\int_{l\leqq|\xi|\leqq L}F_\pm u(\xi)\varphi_\pm(x,\xi)d\xi\end{aligned}$$

が得られる．$v\in L^{2,s}$ は任意だから，(5.99) が示された．(5.97) が成り立つことは，(5.96) と (5.90) から明らかであろう．▮

最後に，V に対する条件を (5.9) よりも緩め，また空間の次元も一般にした場

合にどうなるかについて一言しておく．ただし，V が短距離型の場合に限る．

(i) H_1 に対する定理 5.1 は，$s, s'>1/2$ ならば成り立つ．すなわち，$s, s'>1/2$ のとき (5.15) は $\mathcal{L}(s, -s')$ において存在する．ただし，$s+s'\leqq 2$ のとき $\lambda=0$ は除く．証明の方法は §5.2 のものとは異なり，その根拠となるのは，Sobolev 空間におけるトレース作用素に関する次の定理である．

定理 5.9 $u\in\mathcal{S}(\boldsymbol{R}^n)$ に対して，$\gamma(\rho)u$, $\rho>0$ を (5.35) の右辺によって定義する．そのとき，$\gamma(\rho)$ は $L^{2,s}(\boldsymbol{R}^n)$, $s>1/2$ から $L^2(S^{n-1})$ への有界作用素に一意的に払張される．$\gamma(\rho)$ は $\mathcal{L}(L^{2,s}(\boldsymbol{R}^n), L^2(S^{n-1}))$ 値関数として，$\rho\in(0,\infty)$ で局所 θ 次 Hölder 連続である．ただし，$s<3/2$ なら $\theta=s-1/2$, $s>3/2$ なら $\theta=1$. ——

n 次元の場合でも，もし $s+s'>2$ ならば，§5.2, a) と似た方法を用いることができ，$R_1(\lambda\pm i0)$ は (5.16) のように表わせる．ただし，右辺の積分核としては，(3.42) の右辺で，$\sqrt{z}$ を $\pm\sqrt{\lambda}$，x を $x-y$ でおきかえたものを用いる．また，$n>3$ のときには，Hilbert-Schmidt 型を用いる議論ができないので，上の積分核が $\mathcal{L}(s, -s')$ の作用素を定めることを示すためには，Sobolev の定理（または少し素朴に Young の不等式）を用いる．

注 定理 5.9 を用いれば，命題 5.3 の仮定のもとで (5.38)′ を証明することができる．

(ii) (5.9) で δ に関する条件を $\delta>1$ に緩めた場合でも，(5.21) に相当して

$$s'>1/2, \qquad s=-s'+\delta>1/2$$

となるような s, s' がとれる．このことと，(i) で述べた結果とを使うと，$G_1(z)\in\mathcal{L}(s)$ が境界値も含めて定義できる．そして，§5.2, b), c), d) および §5.3 で定理として述べた結論は，ほぼそのまま成り立つ．ただし，$s<1$ になると命題 5.4 が成り立たないので，$u-VR_1(\lambda+i0)u=0$ から $R_1(\lambda+i0)u\in L^2$ を導く過程の証明が難しくなる．

(iii) V が有界であると仮定しない場合には，V はもはや $L^{2,-s'}$ を $L^{2,s}$ には写さない．しかし，たとえば $V\in SR$ であると，V は $H^{2,-s'}$ を $L^{2,s}$ に写すことがわかる．ここで，s, s' は適当にとる．また

$$H^{2,-s'}=\{u\in L_{\mathrm{loc}}{}^2 \mid D^\alpha u\in L^{2,-s'},\ |\alpha|\leqq 2\}$$

である．そこで，もし H_1 に対する極限吸収原理 (5.15) が $\mathcal{L}(L^{2,s}, H^{2,-s'})$ において成り立つなら，再び $VR_1(z)\in\mathcal{L}(s)$ となり，今までの議論ができるであろう．

実際それは可能で，$s, s'>1/2$ のとき (5.15) は $\mathcal{L}(L^{2,s}, H^{2,-s'})$ において成り立つ．そして，$V\in SR$ のとき，§5.2, b)-d) および§5.3の主な結果はそのまま成り立つ．

(i), (ii), (iii) に述べたことについては，[17], [7], [9] などをみられたい．

(iv)　§5.4 で論じた固有関数展開の理論では，$L^\infty\subset L^{2,-s}$ であることが必要であった．n 次元の場合，これは $s>n/2$ のときみたされる．一方，ある $s>n/2$ に対して $VL^{2,-s}\subset L^{2,s'}$，$s'>1/2$ となるためには，(5.9) で $\delta>(n+1)/2$ ならばよい．このとき，§5.4 とほぼ同様の議論を行なうことができ，固有関数展開定理が導かれる．$1<\delta\leqq(n+1)/2$ の場合には，x, ξ の連続関数として $\varphi_\pm(x, \xi)$ を作るのは難しい．しかし，ξ に関する連続性を弱めた形で，固有関数の完全系を構成することができる ([17])．ここでは詳細には立ち入らない．

問　　題

1　一般に $\boldsymbol{R}^n$ において次の評価が成り立つことを証明せよ．$0<\beta<n$, $\beta+\gamma>n$ とするとき，$|x|\to\infty$ として

$$\int_{\boldsymbol{R}^n}\frac{dy}{|x-y|^\beta(1+|y|^2)^{\gamma/2}}=\begin{cases}O(|x|^{-(\beta+\gamma-n)}), & \gamma<n,\\ O(|x|^{-\beta}\log|x|), & \gamma=n,\\ O(|x|^{-\beta}), & \gamma>n.\end{cases}$$

ただし，$f(x)=O(|x|^\alpha)$, $|x|\to\infty$ とは

$$|f(x)|\leqq c|x|^\alpha,\qquad |x|\geqq R$$

なる $R>0$, $c>0$ が存在することをいう．

［ヒント］　積分範囲を $|y|\leqq|x|/2$ と $|y|\geqq|x|/2$ にわけるとよかろう．

2　$s>5/2$ のときに，(5.38)′ を証明せよ．

3　(5.80) の第2行の形を用いて，(5.83) を直接検証せよ．

4　$u, v\in L^{2,s}$ $(s>3/2)$ とするとき

$$f_j(\lambda\,;u, v)=\frac{d}{d\lambda}(E_j(\lambda)u, v)\qquad \text{a.e. } \lambda>0$$

が成り立つことを示せ．

［ヒント］　$f\in L^1(\boldsymbol{R}^1)$ のとき $P_\varepsilon * f\to f$ (a.e.) であること (本講座 “Fourier 解析” 定理3.12) を用いる．なお，$u, v\in L^{2,s}$ のとき，実は $(d/d\lambda)(E_j(\lambda)u, v)\in C^1(0,\infty)$ であり，上式はすべての $\lambda>0$ で成り立つ．

第6章　加藤の不等式とその応用

第3章では，Schrödinger 作用素の自己共役性に関する議論は，第4,5章で必要となる程度にとどめた．そこで述べた相対有界性，相対コンパクト性の条件は，V の絶対値のみが関係する条件であった．しかし，(本質的)自己共役性の問題をもっと一般に考察しようとすると，V の正の部分と負の部分を分けて考える必要が生じる．実際，後にわかるように，V の正の部分には，極く弱い条件を課すだけですむ．このような一般的場合を最も明快に取り扱うのが，加藤敏夫(1972, 文献 [24])による超関数的不等式(6.1)である．この不等式はそれ自体としても興味あるものと思われるので，本章では一,二の応用も含めて，簡単な紹介を試みる．

§6.1　加藤の不等式

Ω を $\boldsymbol{R}^n$ の開集合とする．Ω 上の超関数[1)]の全体を $\mathcal{D}'(\Omega)$ と書く．すなわち，$\mathcal{D}'(\Omega)$ は $C_0^\infty(\Omega)$ 上の連続線型汎関数の全体である．$T, S \in \mathcal{D}'(\Omega)$ が条件

$$T(\varphi) \geqq S(\varphi), \qquad \forall\varphi \in C_0^\infty(\Omega),\ \varphi(x) \geqq 0$$

をみたすとき，超関数の意味で $T \geqq S$ であるという．

定理 6.1 (加藤の不等式)　$u \in L_{\mathrm{loc}}{}^1(\Omega)$，$\triangle u \in L_{\mathrm{loc}}{}^1(\Omega)$ ならば，超関数の意味で次の不等式が成り立つ：

$$\triangle |u| \geqq \mathrm{Re}\,(\mathrm{sgn}\,\bar{u} \cdot \triangle u). \tag{6.1}$$

ここで，$\triangle$ は超関数の意味での $\triangle = \sum (\partial/\partial x_j)^2$ であり，また

$$\mathrm{sgn}\,\bar{u}(x) = \begin{cases} \dfrac{\overline{u(x)}}{|u(x)|}, & u(x) \neq 0, \\ 0, & u(x) = 0 \end{cases}$$

1) distribution. 本講座"超関数論入門"では，ここでいう超関数は'分布'または'Schwartz の超関数'とよばれているが，ここでは旧来の用語に従う．この章では超関数に関する知識は仮定するが，ごく初歩のところを，用語的に用いるだけである．

とおいた.

注1　$\triangle u\in L_{\mathrm{loc}}{}^1$ とは，超関数の意味での $\triangle u$ がある局所可積分関数と同一視できるという意味である.

注2　u が実数値 C^2 関数の場合，$u(x)\neq 0$ なる x の近傍では，(6.1) は等式として成り立つ．一方，$\{u(x)=0\}$ の上では，$|u(x)|$ のグラフは下に凸に折れ曲るから，(6.1) が成り立つであろうと推測される.

証明　簡単のため，$\Omega=\boldsymbol{R}^n$ として証明する．一般の Ω に対する証明もほとんど同じであるが，ただ以下の第2段で，軟化作用素を使うとき，あまり本質的でない細かい配慮が必要になる.

以下，$L_{\mathrm{loc}}{}^1$ 等は $L_{\mathrm{loc}}{}^1(\boldsymbol{R}^n)$ を表わす．また

$$u_\varepsilon(x)=(|u(x)|^2+\varepsilon^2)^{1/2},\qquad \varepsilon>0$$

とおく．次の関係が成り立つことは容易に確かめられる.

$$\max\{|u(x)|,\varepsilon\}\leqq u_\varepsilon(x)\leqq|u(x)|+\varepsilon, \tag{6.2}$$

$$|u_\varepsilon(x)-v_\varepsilon(x)|\leqq|u(x)-v(x)|. \tag{6.3}$$

第1段　$u\in C^2$ のとき不等式

$$\triangle u_\varepsilon(x)\geqq\mathrm{Re}\left\{\frac{\overline{u(x)}}{u_\varepsilon(x)}\cdot\triangle u(x)\right\} \tag{6.4}$$

が成り立つことを示す．これは計算である．$\partial_j=\partial/\partial x_j$ と記し，$u_\varepsilon{}^2=u\bar{u}+\varepsilon^2$ を微分すれば

$$2u_\varepsilon\partial_j u_\varepsilon=\partial_j u\cdot\bar{u}+u\partial_j\bar{u}=2\,\mathrm{Re}\,(u\partial_j\bar{u}), \tag{6.5}$$

$$2u_\varepsilon\partial_j{}^2u_\varepsilon+2(\partial_j u_\varepsilon)^2=\bar{u}\partial_j{}^2u+u\partial_j{}^2\bar{u}+2|\partial_j\bar{u}|^2. \tag{6.6}$$

(6.5) と (6.2) により $|\partial_j u_\varepsilon|^2\leqq u_\varepsilon{}^{-2}|u|^2|\partial_j\bar{u}|^2\leqq|\partial_j\bar{u}|^2$ が得られるから，(6.6) で両辺の最終項を省略すれば $=$ は $\geqq$ に変わる．すなわち，

$$\partial_j{}^2u_\varepsilon\geqq\mathrm{Re}\left\{\frac{\bar{u}}{u_\varepsilon}\cdot\partial_j{}^2u\right\}$$

が導かれる．これを j について加えれば (6.4) がでる.

第2段　$u,\triangle u\in L_{\mathrm{loc}}{}^1$ ならば (6.4) がほとんど到るところの x に対して成り立つことを示す.

J_ρ $(\rho>0)$ を軟化作用素とする：$J_\rho u=\eta_\rho*u$．ここで，$\eta\in C_0{}^\infty$，$0\leqq\eta(x)\leqq 1$ で，$|x|\geqq 1$ ならば $\eta(x)=0$，かつ $\int_{\boldsymbol{R}^n}\eta(x)\,dx=1$ であるとし，$\eta_\rho(x)=\rho^{-n}\eta(x/\rho)$ とおいた．そこで，$u_\rho=J_\rho u$ とおく．次の関係が成り立つことはよく知られてい

る[1)]（関数解析・§4.3および第4章問題2参照）：

$$(6.7)\qquad u_\rho \longrightarrow u, \qquad \rho\to 0 \quad (\text{in } L_{\text{loc}}{}^1),$$

$$(6.8)\qquad \triangle u_\rho \longrightarrow \triangle u, \qquad \rho\to 0 \quad (\text{in } L_{\text{loc}}{}^1).$$

$u_\rho\in C^\infty$ だから第1段により

$$(6.9)\qquad \triangle(u_\rho)_\varepsilon \geqq \mathrm{Re}\left\{\frac{\bar{u}_\rho}{(u_\rho)_\varepsilon}\cdot\triangle u_\rho\right\}$$

が成り立つ．ここで $\rho\to 0$ としよう．まず，左辺では，(6.7)と(6.3)に注意すれば $(u_\rho)_\varepsilon\to u_\varepsilon$ (in $L_{\text{loc}}{}^1$) であることがわかる．ゆえに，任意の $\varphi\in C_0{}^\infty$ に対して

$$(6.10)\qquad \langle\triangle(u_\rho)_\varepsilon,\varphi\rangle=\langle(u_\rho)_\varepsilon,\triangle\varphi\rangle\longrightarrow\langle u_\varepsilon,\triangle\varphi\rangle=\langle\triangle u_\varepsilon,\varphi\rangle$$

が成り立つ．ここで，$\langle f,g\rangle=\int_{R^n}f(x)\overline{g(x)}\,dx$ という記法を用いた．次に，(6.9)の右辺であるが，まず $|\bar{u}_\rho/(u_\rho)_\varepsilon|\leqq 1$．一方，(6.7)が成り立っているから，適当な列 ρ_n，$\rho_n\downarrow 0$ をとって，$u_{\rho_n}(x)\to u(x)$ (a.e.) とできる．そのとき

$$(6.10)'\qquad \frac{\bar{u}_{\rho_n}}{(u_{\rho_n})_\varepsilon}\triangle u_{\rho_n}=\frac{\bar{u}_{\rho_n}}{(u_{\rho_n})_\varepsilon}(\triangle u_{\rho_n}-\triangle u)+\left(\frac{\bar{u}_{\rho_n}}{(u_{\rho_n})_\varepsilon}-\frac{\bar{u}}{u_\varepsilon}\right)\triangle u+\frac{\bar{u}}{u_\varepsilon}\triangle u$$

$$\longrightarrow\frac{\bar{u}}{u_\varepsilon}\triangle u,\qquad n\to\infty\quad(\text{in } L_{\text{loc}}{}^1)$$

が成り立つ．実際，中辺の第1項は(6.8)と $|\bar{u}_{\rho_n}/(u_{\rho_n})_\varepsilon|\leqq 1$ とにより，第2項はLebesgueの収束定理によって，共に $L_{\text{loc}}{}^1$ において0に収束する．そこで，(6.9)で $\rho=\rho_n$ としたものと任意の $\varphi\in C_0{}^\infty$ との‘内積’をとってから $n\to\infty$ とし，(6.10)，(6.10)′ を用いれば(6.4)が導かれる．

第3段　次に(6.4)で $\varepsilon\downarrow 0$ とする．左辺で $u_\varepsilon\to|u|$ (in $L_{\text{loc}}{}^1$) であることは直ちにわかる．一方，$|\bar{u}/u_\varepsilon|\leqq 1$ かつ任意の x において $\bar{u}(x)/u_\varepsilon(x)\to\mathrm{sgn}\,\bar{u}(x)$ であるから，$\mathrm{Re}(\bar{u}/u_\varepsilon\cdot\triangle u)\to\mathrm{Re}(\mathrm{sgn}\,\bar{u}\cdot\triangle u)$ (in $L_{\text{loc}}{}^1$) も成り立つ．ゆえに，第2段の最後の部分と同様にして，(6.1)が成り立つことが示される．∎

注意6.1　加藤の不等式は，一般の形式的に自己共役な2階楕円型作用素についても，次の形で成り立つ（文献[24]）．

$$(6.11)\qquad L=\sum_{j,k=1}^n(\partial_j-ib_j(x))\,a_{jk}(x)(\partial_k-ib_k(x))$$

---

1)　以下，$L_{\text{loc}}{}^1$ において $u_\rho\to u$ であること，すなわち，任意のコンパクト集合 $K\subset R^n$ に対して $\|u_\rho-u\|_{L^1(K)}\to 0$ であることを，$u_\rho\to u$ (in $L_{\text{loc}}{}^1$) と書く．

とし，上の表式で b_j, b_k を 0 としたものを L_0 とする．そのとき，$u, Lu \in L_{\mathrm{loc}}^1(\Omega)$ ならば

$$L_0|u| \geqq \mathrm{Re}\,(\mathrm{sgn}\,\bar{u}\cdot Lu). \tag{6.12}$$

係数に関する条件としては，$b_j, a_{jk} \in C^1(\Omega)$ かつ実数値，a_{jk} の1階導関数は Ω で局所 Hölder 連続，$(a_{jk}(x))_{j,k}$ は任意の $x \in \Omega$ で正値対称行列，とすれば十分である．

§6.2 自己共役性への応用

a) 本質的自己共役性

簡単のため，まず $V(x) \geqq 0$ の場合に限る．

定理 6.2 $V \in L_{\mathrm{loc}}^2(\boldsymbol{R}^n)$ かつ $V(x) \geqq 0$ ならば，$-\triangle + V$ は $C_0^\infty(\boldsymbol{R}^n)$ 上で本質的に自己共役である．

証明 $\mathcal{D}(H') = C_0^\infty(\boldsymbol{R}^n)$，$H'u = -\triangle u + Vu$ によって H' を定義する．$V \in L_{\mathrm{loc}}^2$ だから H' は L^2 における作用素として定義される．H' が対称かつ $H' \geqq 0$ であることは明らか．ゆえに，$\mathcal{R}(1+H')$ が L^2 で稠密であることを示せば十分である (命題2.2)．今，$u \in L^2$ が $\mathcal{R}(1+H')$ と直交すると仮定すると

$$(u, \varphi - \triangle\varphi + V\varphi) = 0, \qquad \forall\varphi \in C_0^\infty$$

が成り立つ．これは

$$\langle u, \triangle\varphi \rangle = \langle Vu + u, \varphi \rangle, \qquad \forall\varphi \in C_0^\infty$$

と書き直せるが，このことは，u が超関数として

$$\triangle u = Vu + u$$

をみたすことにほかならない．$u \in L^2 \subset L_{\mathrm{loc}}^1$，$V \in L_{\mathrm{loc}}^2$ だから上式の右辺は L_{loc}^1 に属する．ゆえに，(6.1) により

$$\begin{aligned}\triangle|u| &\geqq \mathrm{Re}\,(\mathrm{sgn}\,\bar{u}\cdot\triangle u) = \mathrm{Re}\,\{\mathrm{sgn}\,\bar{u}\cdot(Vu+u)\} \\ &= V|u| + |u| \geqq |u|\end{aligned}$$

が得られる．ただし，最後の不等号は $V \geqq 0$ による．これを定義通りに書くと

$$\langle |u|, (1-\triangle)\varphi \rangle \leqq 0, \qquad \forall\varphi \in C_0^\infty,\ \varphi \geqq 0. \tag{6.13}$$

ここで，φ の範囲を $\varphi \in \mathcal{S}$，$\varphi \geqq 0$ にまで拡げることができる．実際，このような φ に対して，$\varphi_k \in C_0^\infty$，$\varphi_k \geqq 0$ かつ $(1-\triangle)\varphi_k \to (1-\triangle)\varphi$ (L^2 収束) であるような φ_k が存在することは容易にわかるから，φ_k について (6.13) を書き，$k \to \infty$ とす

ればよい.

次に, $\psi\in\mathcal{S}$, $\psi\geqq 0$ として

$$\varphi=(1-\triangle)^{-1}\psi$$

とおくと, $\varphi\in\mathcal{S}$ かつ $\varphi\geqq 0$ である. 実際, $\varphi\in\mathcal{S}$ であることは, Fourier 変換してみればすぐにわかる. また, $\varphi\geqq 0$ であることは, $(1-\triangle)^{-1}$ の積分核が (3.37) の符号を変えて $z=-1$ としたもの (それは正) で与えられることからわかる. ゆえに φ に (6.13) を適用し, $(1-\triangle)\varphi=\psi$ に注意すれば,

$$\int_{\boldsymbol{R}^n}|u(x)|\psi(x)\,dx\leqq 0,\qquad \forall\psi\in\mathcal{S},\ \psi\geqq 0$$

が成り立つことがわかる. これから $|u(x)|=0$ (a.e.) が従うから, $u=0$ となり, 証明が完了する. ▮

V が負の部分も含む場合として, 次の定理を述べておく (参考書 [7], 定理 X.29).

定理 6.3 $V(x)=V_1(x)+V_2(x)$ とし, V_1, V_2 が次の条件をみたすと仮定する.

(i) $V_1\in L_{\mathrm{loc}}^2(\boldsymbol{R}^n)$, $V_1(x)\geqq 0$,

(ii) V_2 は H_1-有界 $(H_1=-\triangle)$ で V_2 の H_1-限界は 1 より小さい.

そのとき, $-\triangle+V$ は $C_0^\infty(\boldsymbol{R}^n)$ 上で本質的に自己共役である. ——

証明は, 定理 6.2 の証明と同じ方針でできる. 章末の問題として読者に任せる.

注 V_1, V_2 に関する仮定は, もっと弱くできる. たとえば V_1 については $V_1(x)\geqq 0$ を

$$V_1(x)\geqq -c(1+|x|^2)$$

まで緩めることができる (文献 [24], [25]). しかし, ここではこれ以上立ち入らない.

b) Hermite 形式と自己共役性

本講では, Schrödinger 作用素の自己共役性は, 作用素の和の形 $H\cong H_0+V$ を用いて論じてきた. この場合, H_0+V は最低限 C_0^∞ の上で定義されることを要求するが, そのことから必然的に $V\in L_{\mathrm{loc}}^2$ がでてくる. この条件を緩めて, $V\in L_{\mathrm{loc}}^1$ とすると, もはや和の形 H_0+V から出発して H を定義することは難しい. (たとえば $\mathcal{D}(H_0)\cap\mathcal{D}(V)=\{0\}$ となってしまう場合すらある.) しかし, そのときにも, Hermite 形式の理論を利用して, H が定義できる場合がある. この機会にそれについて述べ, 次の小節で加藤の不等式を利用して, H と最大

作用素との関係を調べる.

しばらく X は一般の Hilbert 空間とする. $\mathcal{D}\subset X$ は X で稠密な部分空間とする. $\mathcal{D}\times\mathcal{D}$ 上で定義された準双線型形式 $h:\mathcal{D}\times\mathcal{D}\to\boldsymbol{C}$ を考える. $\{u,v\}$ における h の値を $h[u,v]$ と書き, また $h[u,u]=h[u]$ と書く. $\mathcal{D}=\mathcal{D}[h]$ と書き, それを h の定義域とよぶ. h が条件

(6.14)　(Hermite 対称性)　$h[u,v]=\overline{h[v,u]},\qquad \forall u,v\in\mathcal{D},$

(6.15)　(半有界性)　$h[u]\geqq\gamma\|u\|^2,\qquad \forall u\in\mathcal{D}$

(ただし γ はある実数) をみたすとき, h は**下に有界な Hermite 形式**であるという. (6.15) をみたす γ の上限を h の下限という. また, h が条件

(6.16)
$$[u_j\in\mathcal{D}[h],\ u\in X,\ \|u_j-u\|\to 0,\ h[u_j-u_k]\to 0]$$
$$\Longrightarrow [u\in\mathcal{D}[h] \text{ かつ } h[u_j-u]\to 0]$$

をみたすとき, h は**閉**であるという.

定理 6.4 (Friedrichs)　下に有界な閉 Hermite 形式 h に対して, 条件

(6.17)
$$\begin{cases}\mathcal{D}(H)\subset\mathcal{D}[h],\\ (Hu,v)=h[u,v],\qquad \forall u\in\mathcal{D}(H),\ \forall v\in\mathcal{D}[h]\end{cases}$$

をみたす自己共役作用素 H が一意的に定まる. H は下に有界で, h の下限と H の下限とは等しい:

$$\inf_{u\in\mathcal{D}[h],\|u\|=1} h[u]=\inf_{u\in\mathcal{D}(H),\|u\|=1}(Hu,u).$$

また, $H\geqq\gamma$ とするとき, 任意の $\gamma'\leqq\gamma$ に対して

(6.18)
$$\mathcal{D}[h]=\mathcal{D}((H-\gamma')^{1/2}).$$
——

この定理の証明は省略する. 証明の方針は, 関数解析・定理 10.6 の証明と大体同様である.

再び $X=L^2(\boldsymbol{R}^n)$ にもどり, Schrödinger 作用素を考える. 簡単のため, $V\geqq 0$ の場合に話を限り, 以後

(6.19)
$$V\in L_{\mathrm{loc}}{}^1(\boldsymbol{R}^n),\qquad V(x)\geqq 0$$

と仮定する. この V に対して, H_0+V に相当する作用素を定めるために, h を次のように定義する. (ここで, ある関数と, その関数を掛ける掛け算作用素は同じ記号で表わす.)

$$\mathcal{D}[h]=H^1(\boldsymbol{R}^n)\cap\mathcal{D}(V^{1/2}),$$

$$h[u,v]=(\nabla u,\nabla v)+\int_{\boldsymbol{R}^n}V(x)u(x)\overline{v(x)}dx,$$

ただし

$$(\nabla u,\nabla v)=\sum_{j=1}^{n}\int_{\boldsymbol{R}^n}D_ju(x)D_j\overline{v(x)}dx.$$

命題6.1 h は正値閉 Hermite 形式である.

証明 h が閉であることを証明する. それ以外の主張は明らかであろう. $u_j\in\mathcal{D}[h]$, $u\in L^2$ が (6.16) の第1行の条件をみたすとする. そのとき

$$\|\nabla u_j-\nabla u_k\|\longrightarrow 0,\qquad \int_{\boldsymbol{R}^n}V|u_j-u_k|^2dx\longrightarrow 0 \tag{6.20}$$

が成り立つ. この左側の式と $\|u_j-u\|\to 0$ から $u\in H^1$ かつ $\|u_j-u\|_{H^1}\to 0$ であることがわかる. 一方 $V^{1/2}u_j\in L^2$ だから, (6.20) の右側の式から $\{V^{1/2}u_j\}$ は L^2 の Cauchy 列であることがわかる. ゆえに, ある $v\in L^2$ に対して $\|V^{1/2}u_j-v\|\to 0$ である. さらに, 部分列 $u_{j'}$ をとれば

$$u_{j'}\longrightarrow u\quad\text{(a.e.)},\qquad V^{1/2}u_{j'}\longrightarrow v\quad\text{(a.e.)}$$

とできる. これから $v=V^{1/2}u$ であることがわかる. ゆえに $u\in\mathcal{D}(V^{1/2})$ である. $u\in H^1(\boldsymbol{R}^n)$ はさきに示したから, $u\in\mathcal{D}[h]$ であることがわかった. さらに, $\|\nabla u_j-\nabla u\|\leqq\|u_j-u\|_{H^1}\to 0$, $\|V^{1/2}u_j-V^{1/2}u\|\to 0$ より $h[u_j-u]\to 0$ がでる. これで, h が閉であることがわかった. ▌

命題6.1と定理6.4により, $\mathcal{D}(H)\subset H^1(\boldsymbol{R}^n)\cap\mathcal{D}(V^{1/2})$ かつ

$$(Hu,v)=(\nabla u,\nabla v)+\int_{\boldsymbol{R}^n}V(x)u(x)\overline{v(x)}dx, \tag{6.21}$$
$$\forall u\in\mathcal{D}(H),\quad \forall v\in H^1(\boldsymbol{R}^n)\cap\mathcal{D}(V^{1/2})$$

をみたすような自己共役作用素 H が一意的に定まる.

この H をもって, V が (6.19) をみたす場合の Schrödinger 作用素とするのである. なお, V が第3章で述べたような条件をみたすときには, この H は今までの H と一致する. それをみるのは容易である.

c) 最大作用素との関係

この小節の議論は文献 [25] による. V は (6.19) をみたすと仮定する. そのとき, $H_{\max}$ を次のように定義する:

$$\mathcal{D}(H_{\max}) = \{u \in L^2 \mid Vu \in L_{\text{loc}}{}^1, -\triangle u + Vu \in L^2\},$$

$$H_{\max} u = -\triangle u + Vu, \qquad u \in \mathcal{D}(H_{\max}).$$

ここで，$-\triangle u$ は超関数の意味とする．また，$Vu \in L_{\text{loc}}{}^1$ と仮定したから Vu は超関数とみなせる．$-\triangle u + Vu$ の $+$ は，まずは超関数としての和と考える．しかし，それが L^2 に属することを要求するから，結果的には

$$u \in \mathcal{D}(H_{\max}) \implies \triangle u \in L_{\text{loc}}{}^1$$

となり，$-\triangle u + Vu$ の $+$ は関数としての和と考えてよい．なお，$-\triangle u + Vu \in L^2$ であっても，$-\triangle u$, Vu それぞれが L^2 に属するとは限らない．

定理 6.5　V は (6.19) をみたすとし，H は小節 b) の通りとする．そのとき，

$$H = H_{\max}.$$

証明　まず，$H \subset H_{\max}$ であることを示す．$u \in \mathcal{D}(H)$ ならば (6.21) により

(6.22)　$$(Hu, \varphi) = -(u, \triangle \varphi) + \langle Vu, \varphi \rangle, \qquad \forall \varphi \in C_0^\infty$$

が成り立つ．ここで，$C_0^\infty \subset \mathcal{D}[h]$ であることと

(6.22)′　$$u \in \mathcal{D}[h] \implies Vu = V^{1/2} \cdot V^{1/2} u \in L_{\text{loc}}{}^1$$

であることを用いた．(6.22) により

$$\triangle u = Vu - Hu$$

であることがわかる．ゆえに，$-\triangle u + Vu = Hu \in L^2$ である．$Vu \in L_{\text{loc}}{}^1$ はすでに示したから ((6.22)′)，$u \in \mathcal{D}(H_{\max})$，$H_{\max} u = Hu$ であることがわかった．

あとは，$\mathcal{D}(H_{\max}) \subset \mathcal{D}(H)$ を示せばよい．そこで，$v \in \mathcal{D}(H_{\max})$ とする．H は正値自己共役作用素，したがって $-1 \in \rho(H)$ だから

$$u + Hu = v + H_{\max} v$$

なる $u \in \mathcal{D}(H)$ が存在する．$H \subset H_{\max}$ だからこれから

$$H_{\max}(u - v) = v - u$$

が得られる．そこで $H_{\max}$ の定義を用いれば

$$\triangle (u - v) = (V + 1)(u - v)$$

が成り立つ．ここで，右辺は $L_{\text{loc}}{}^1$ に属するから，(6.1) が適用できて

$$\begin{aligned}\triangle |u - v| &\geqq \operatorname{Re} (\operatorname{sgn} (\bar{u} - \bar{v}) \cdot \triangle (u - v)) \\ &= (V + 1) |u - v| \geqq |u - v|\end{aligned}$$

が得られる．ただし $V \geqq 0$ を用いた．あとは，定理 6.2 の証明と同様にして，$u - v = 0$ すなわち $v = u \in \mathcal{D}(H)$ であることが示される．▌

§6.3 固有関数の指数型減衰

不等式 (6.1) の応用の一例として，表記の問題を考察する．簡単のため，空間3次元の場合に話を限る．証明するのは次の定理である．

定理 6.6 $H=-\triangle+V(x)$ は $\mathscr{D}(H)=H^2(\boldsymbol{R}^3)$ なる自己共役作用素とし，$V(x)$ は $|x|>R$ (R はある正数) のとき有界で

(6.23) $$\liminf_{|x|\to\infty} V(x)=0$$

をみたすとする．また，$E<0$ が H の固有値で，ψ が対応する固有関数であるとする:

(6.24) $$(-\triangle+V(x))\psi(x)=E\psi(x), \qquad E<0, \ \psi\in H^2(\boldsymbol{R}^3).$$

そのとき，$0<\delta<|E|$ なる任意の δ に対して

(6.25) $$|\psi(x)|\leqq c_\delta e^{-(|E|-\delta)^{1/2}|x|}, \qquad \forall x\in\boldsymbol{R}^3$$

が成り立つ．ここで，c_δ は ψ と δ によって決まる定数である．

注 3次元としたのは本質的ではない．定理の証明で，ψ は $|x|$ が大きいとき連続で，$\lim_{|x|\to\infty}\psi(x)=0$ であることを利用する．3次元の場合，これは $\psi\in H^2(\boldsymbol{R}^3)$ から自動的にでる．一般次元の場合には吟味を要する．——

定理を証明するために，次の補題を用いる．

補題 6.1 Ω を $\boldsymbol{R}^n$ の領域とする．実数値関数 $u\in C(\bar{\Omega})$ が条件

(6.26) $$\Omega \text{ 上の超関数として} \quad \triangle u\geqq 0,$$

(6.27) $$u(x)\leqq 0, \qquad \forall x\in\partial\Omega \quad (\partial\Omega \text{ は } \Omega \text{ の境界}),$$

(6.28) $$\lim_{x\in\Omega,\,|x|\to\infty} u(x)=0$$

をみたすならば，$u(x)\leqq 0$ ($\forall x\in\bar{\Omega}$) である．

証明 ある $x_0\in\Omega$ において $u(x_0)=a>0$ であるとして矛盾を導く．

一般に，$\Omega_c=\{x\in\Omega\,|\,u(x)>c\}$ と書く．いま，$\Omega_{a/4}$ の x_0 を含む連結成分を Ω' とする．(6.27), (6.28) により Ω' はその閉包が Ω に含まれる有界領域であり，かつ

(6.29) $$\delta_1\equiv \mathrm{dis}\,(\bar{\Omega}',\Omega^c)>0 \qquad (\Omega^c=\boldsymbol{R}^n\setminus\Omega)$$

が成り立つ．さらに，$\partial\Omega'$ 上では $u(x)=a/4$ だから

(6.30) $$\delta_2\equiv \mathrm{dis}\,(\bar{\Omega}_{a/2},\partial\Omega')>0$$

である．そこで $\delta=\min\{\delta_1,\delta_2\}$ とおく．

例によって，軟化作用素 $J_\rho: u \mapsto j_\rho * u$ を考え，$u_\rho = J_\rho u$ とおく．ただし，ρ は $0<\rho<\delta$ なるものに限る．そして，u_ρ を $\bar{\Omega}'$ 上の関数と考える．そのとき，u_ρ が次の性質をもつことを示そう．

(6.31) $$u_\rho \in C^\infty(\bar{\Omega}'),$$

(6.32) $$\triangle u_\rho(x) \geqq 0, \qquad \forall x \in \Omega',$$

(6.33) $$u_\rho(x) \leqq \frac{a}{2}, \qquad \forall x \in \partial\Omega'.$$

(6.31) は明らか．(6.33) も $\rho<\delta\leqq\delta_2$ と (6.30) の δ_2 の定義から明らかである．(6.32) を示そう．$x \in \Omega'$ のとき $u_\rho(x) = \int_\Omega j_\rho(x-y)u(y)dy$ だから

$$\triangle u_\rho(x) = \int_\Omega \triangle_x j_\rho(x-y)u(y)dy$$
$$= \int_\Omega \triangle_y j_\rho(x-y)u(y)dy.$$

いま $x \in \Omega'$ を固定しているから $j_\rho(x-y)$ は y の関数として $C_0^\infty(\Omega)$ に属する．したがって，上式右辺は超関数 $\triangle u$ の $j_\rho(x-\cdot)$ における値である．$j_\rho \geqq 0$ だから，仮定 (6.26) により，この値は非負である．すなわち，(6.32) が成り立つ．

u_ρ が (6.31)-(6.33) をみたすことから，

(6.34) $$u_\rho(x) \leqq \frac{a}{2}, \qquad \forall x \in \bar{\Omega}'$$

が従う．これは，劣調和関数 ($\triangle u_\rho \geqq 0$) u_ρ に対する最大値の原理による．この原理はよく知られたことであるが，たとえば本講座“数理物理に現われる偏微分方程式”の定理 4.5 (調和関数に関する最大値の原理) の証明と同様な方法で証明することは容易である．

さて，(6.34) により $\limsup_{\rho\to 0} u_\rho(x_0) \leqq a/2$ である．一方 Ω' において $\lim_{\rho\to 0} u_\rho(x) = u(x)$ であるから (軟化作用素の性質)，これは $u(x_0)=a$ ($x_0 \in \Omega'$, $a>0$) と矛盾する．∎

定理 6.6 の証明 (文献 [18] の考えによる)　ψ の実部と虚部は共に (6.24) をみたすから，ψ が実数値関数であるとして証明すれば十分である．$0<\delta<|E|$ とし，簡単のため $\varepsilon = (|E|-\delta)^{1/2}$ とおく．仮定 (6.23) により

$$|x| \geqq R_\delta \Longrightarrow V(x) \geqq -\delta$$

なる $R_\delta>0$ がとれる．そこで $G=\{x\,|\,|x|>R_\delta\}$ とおく．G において不等式(6.1)を使えば

(6.35) $$\begin{aligned}\triangle|\psi| &\geqq \operatorname{sgn}\psi\cdot\triangle\psi=(V-E)|\psi|\\ &\geqq(|E|-\delta)|\psi|=\varepsilon^2|\psi|\end{aligned}$$

が得られる．

一方，$\varphi(x)=ce^{-\varepsilon|x|}$ $(c>0)$ とおくと，簡単な計算により

(6.36) $$\triangle\varphi=c\left(\varepsilon^2-\frac{2}{|x|}\varepsilon\right)e^{-\varepsilon|x|}\leqq\varepsilon^2\varphi$$

が得られる．また，$\psi\in H^2(\boldsymbol{R}^3)$ は有界だから，$c>0$ を十分大きくとって

(6.37) $$|\psi(x)|\leqq\varphi(x),\qquad |x|\leqq R_\delta$$

が成り立つようにできる．そこで

$$u(x)=|\psi(x)|-\varphi(x)$$

とおくと，(6.35)，(6.36) により，G において

(6.38) $$\triangle u\geqq\varepsilon^2u$$

が成り立つことがわかる．

$u(x)\leqq0$ $(x\in G)$ が成り立つことを示す．それができれば，

$$|\psi(x)|\leqq\varphi(x)=ce^{-\varepsilon|x|},\qquad |x|>R_\delta$$

となり，(6.25) が証明される．いま，集合 $\{x\in G\,|\,u(x)>0\}$ が空でないとし，その一つの連結成分を Ω とする．Ω において，u が (6.26) から (6.28) をみたすことをみよう．(6.26) は，(6.38) および Ω において $u>0$ なることからでる．次に，$x\in\partial\Omega$ とするとき，$x\in G$ なら Ω の定義により $u(x)=0$，$x\in\partial G$ なら (6.37) により $u(x)\leqq0$ だから，(6.27) が成り立つ．(6.28) は明らか(定理の直後の注参照)．こうして，u と Ω が補題6.1の仮定をみたすことがわかった．ゆえに，補題により $u(x)\leqq0$ $(\forall x\in\bar{\Omega})$ である．これは Ω の定義に反する．したがって，$\{x\in G\,|\,u(x)>0\}$ は空である．∎

問　　題

1　定理6.3を証明せよ．

［ヒント］ $\lambda>0$，$u\perp\mathcal{R}((\lambda-\triangle+V)|_{C_0^\infty})$ とすると，$\langle|u|,\psi\rangle\leqq-\langle V_2|u|,(\lambda-\triangle)^{-1}\psi\rangle$，$\psi\in\mathcal{S}$，$\psi\geqq0$ までは定理6.2の証明と同様．そこで，$K_\lambda=V_2(\lambda-\triangle)^{-1}\in\mathcal{L}(L^2)$ とすると，

$|u(x)| \leqq -(K_\lambda * |u|)(x)$ がでる．一方，λ が十分大きいとき $\|K_\lambda\| < 1$．これらから $u=0$ がでる．

2 $u, \triangle u \in L^1(\boldsymbol{R}^n)$ のとき

$$\mathrm{Re} \int_{\boldsymbol{R}^n} \mathrm{sgn}\, \overline{u(x)} \cdot \triangle u(x)\, dx \leqq 0$$

が成り立つことを証明せよ．

［ヒント］ $\varphi \in C_0^\infty$，$\varphi(x) \geqq 0$，$\varphi(x) = 1\ (|x| \leqq 1)$，$\varphi_R(x) = \varphi(x/R)$ として，(6.1) を φ_R に作用させる．

3 $u, w \in L^1(\boldsymbol{R}^n)$ とし，簡単のため u, w は共に実数値関数とする．そのとき，超関数の意味で $w = \triangle u$ となるための必要十分条件は，任意の実数 k に対して

$$\triangle |u-k| \geqq \mathrm{sgn}\,(u-k) \cdot w$$

が成り立つことである．これを証明せよ．

注 u, w を複素数値とするときは，上式を次の式でおきかえればよい：

$$\triangle |u-\zeta| \geqq \mathrm{Re}\,(\mathrm{sgn}\,(\bar{u}-\bar{\zeta}) \cdot w).$$

証明は細かい点でこみいってくる．

参　考　書

自己共役作用素のスペクトル定理については，関数解析(位相解析)の数多くの本に書かれている．ここでは次のものだけをあげておく．

[1] Н. И. Ахиезер и И. М. Глазман: Теория линейных операторов в гильбертовом пространстве, Издательство《Наука》(千葉克裕訳：ヒルベルト空間論 上・下，共立出版，1972, 1973).

[2] 伊藤清三：関数解析 III (岩波講座基礎数学)，岩波書店，1978.

[3] 伊藤清三・小松彦三郎編：解析学の基礎(現代数学演習叢書 3)，岩波書店，1977.

スペクトル測度とレゾルベントの関係を重視する立場からは，古典的名著

[4] M. H. Stone: Linear Transformations in Hilbert Space and Their Applications to Analysis, Amer. Math. Soc. Coll. Publ. vol. XV, 1932

も捨て難い．

本講で述べたスペクトル理論は，連続スペクトルに関する摂動論である．線型作用素の摂動論については

[5] T. Kato: Perturbation Theory for Linear Operators, Springer, 1966, 第2版 1976

が定本で，専門家の間で広く読まれている．本講では，[5] にでていることは，よく知られていることとし，文献引用も略式(まえがき参照)にとどめた．本講第3章，第4章前半の内容は，[5] の第 X 章に大体書かれており，[1] の第7章，

[6] N. Dunford-J. T. Schwartz: Linear Operators, Part III, Spectral Operators, Wiley-Interscience, 1971

などにも記述がある．[5] の第2版には，完備した文献表(第2版追加分も含めて)と，散乱理論の最近の研究に関する解説 (Supplement to Chapter X) がある．

量子物理への関数解析の応用を強く念頭におき，関数解析の基礎からはじめて，最近の成果までを広く論じているのが

[7] M. Reed-B. Simon: Methods of Modern Mathematical Physics, Academic Press,

vol. I　Functional Analysis, 1972 (Chapt. I-VIII)

vol. II　Fourier Analysis, Self-Adjointness, 1975 (Chapt. IX-X)

vol. III　Scattering Theory, 1979 (Chapt. XI)

vol. IV　Analysis of Operators, 1978 (Chapt. XII-XIII)

であり，本講でもしばしば引用した．本講で論じた分野に興味を抱かれた読者は，いずれも大作であるが，[5]や[7]のしかるべき巻に親しまれるとよいであろう．散乱理論については，最近

[8] W. O. Amrein–J. M. Jauch–K. B. Sinha: Scattering Theory in Quantum Mechanics, Benjamin, 1977

が出版された．他に

[9] S. T. Kuroda: An Introduction to Scattering Theory, Lecture Notes Series No. 51, Aarhus Univ., 1978

がある．物理サイドから書かれた本としては，

[10] R. G. Newton: Scattering Theory of Waves and Particles, McGraw-Hill, 1966,

[11] 砂川重信：散乱の量子論，岩波全書，1977

のみをあげておく．

一般の楕円型作用素とそのスペクトル理論については，成書では

[12] S. Agmon: Lectures on Elliptic Boundary Value Problems, Van Nostrand, 1966 (村松寿延訳：楕円型境界値問題，吉岡書店，1968)，

[13] 溝畑茂：偏微分方程式論，岩波書店，1965,

[14] M. Schechter: Spectra of Partial Differential Operators, North-Holland, 1971

などがある．[13]は偏微分方程式全般にわたるが，'Green 函数とスペクトル'という章で外部問題などが論じられている．[12]の後半では，楕円型方程式の固有値問題が固有値の漸近分布まで含めて詳しく論じられている．[14]は $L^p(\boldsymbol{R}^n)$ における一般の微分作用素のスペクトルを扱う．これらは，本講では述べ得なかった事柄である．

[15] 池部晃生：数理物理の固有値問題——離散スペクトル——，産業図書，1976

では，有界領域における $-\Delta$ の固有値問題が論じられている．本講と併せ読まれるとよいであろう．

量子力学の教科書は数限りない．本講で引用した

[16] 量子力学 I, II (岩波講座現代物理学の基礎) 第2版，岩波書店，1978

では，数学的側面にも力が注がれている．

次に，本文で引用した論文を掲げる．本講の内容を原論文によって深められたい場合，偏微分方程式論的な方法によるものとしては，[17]が一時期を画した論文でもあり，読み易い．作用素論的アプローチにおける，抽象的定常理論については，その後多少の進歩はあったが，[27]が最も一般的である．(なお[9]では両者の中間をねらった.) 詳しい文献表や研究の歴史については，上記[5]の第2版のほか，[26]や，[7]の各章の Notes (お

よび [9]) などを見られるとよい．本講で述べ得なかった，ポテンシャルが遠距離型である場合の理論や多体問題に関する文献についても，これらを手掛りにされたい．

[17] S. Agmon: Spectral properties of Schrödinger operators and scattering theory, Ann. Scuola Norm. Sup. Pisa, Ser. IV, **2** (1975), 151-218.

[18] P. Deift-W. Hunziker-B. Simon-E. Vock: Pointwise bounds on eigenfunctions and wave packets in N-body quantum systems IV, Comm. Math. Phys., **64** (1978), 1-34.

[19] V. Enss: Asymptotic completeness for quantum mechanical potential scattering, I. Short range potentials, Comm. Math. Phys., **61** (1978), 285-291.

[20] L. Hörmander: The existence of wave operators in scattering theory, Math. Z., **146** (1976), 69-91.

[21] T. Ikebe: Eigenfunction expansions associated with the Schroedinger operators and their application to scattering theory, Arch. Rational Mech. Anal., **5** (1960), 1-34.

[22] T. Kato: Fundamental properties of Hamiltonian operators of Schrödinger type, Trans. Amer. Math. Soc., **70** (1951), 195-211.

[23] T. Kato: Scattering theory with two Hilbert spaces, J. Functional Anal., **1** (1967), 342-369.

[24] T. Kato: Schrödinger operators with singular potentials, Israel J. Math., **13** (1972), 135-148.

[25] T. Kato: A second look at the essential selfadjointness of Schrödinger operators, C. P. Enz and J. Mehra ed., Physical Reality and Mathematical Description, D. Reidel Publ. Comp., 1974, 193-201.

[26] 加藤敏夫: 量子力学の関数解析，江沢洋-恒藤敏彦編・量子物理学の展望 下，岩波書店，1978, 669-686.

[27] T. Kato-S. T. Kuroda: Theory of simple scattering and eigenfunction expansions, F. E. Browder ed., Functional Analysis and Related Fields, Springer, 1970, 99-131.

[28] N. Okazawa: Singular perturbation of m-accretive operators, J. Math. Soc. Japan 近刊.

[29] D. B. Pearson: A generalization of Birman's trace theorem, J. Functional Anal., **28** (1978), 182-186.

[30] B. Simon: An introduction to the self-adjointness and spectral analysis of Schrödinger operators, W. Thirring-P. Urban ed., The Schrödinger Equa-

tion, Springer, 1977, 19–42.

[31] B. Simon: Phase space analysis of simple scattering systems: Extensions of some work of V. Enss, Duke Math. J., **46**(1979), 119–168.

谷島賢二氏は，原稿または校正刷りによって本講を通読され，多くの誤りを正すと共に，種々有益な注意を与えられた．記して感謝の意を表する．

■岩波オンデマンドブックス■

岩波講座 基礎数学
解析学 (II) xi
スペクトル理論 II

1979年 9月25日 第1刷発行
1988年10月4日 第3刷発行
2019年11月8日 オンデマンド版発行

著 者 黒田成俊（くろだしげとし）

発行者 岡本 厚

発行所 株式会社 岩波書店
〒101-8002 東京都千代田区一ツ橋 2-5-5
電話案内 03-5210-4000
https://www.iwanami.co.jp/

印刷／製本・法令印刷

ISBN 978-4-00-730950-2 Printed in Japan